煤炭高等教育“十四五”规划教材

无机材料机械设备

主　编　刘振英　王金香　王　斌　刘　银
副主编　胡　标　赵晓青　束翔凤　林　鑫

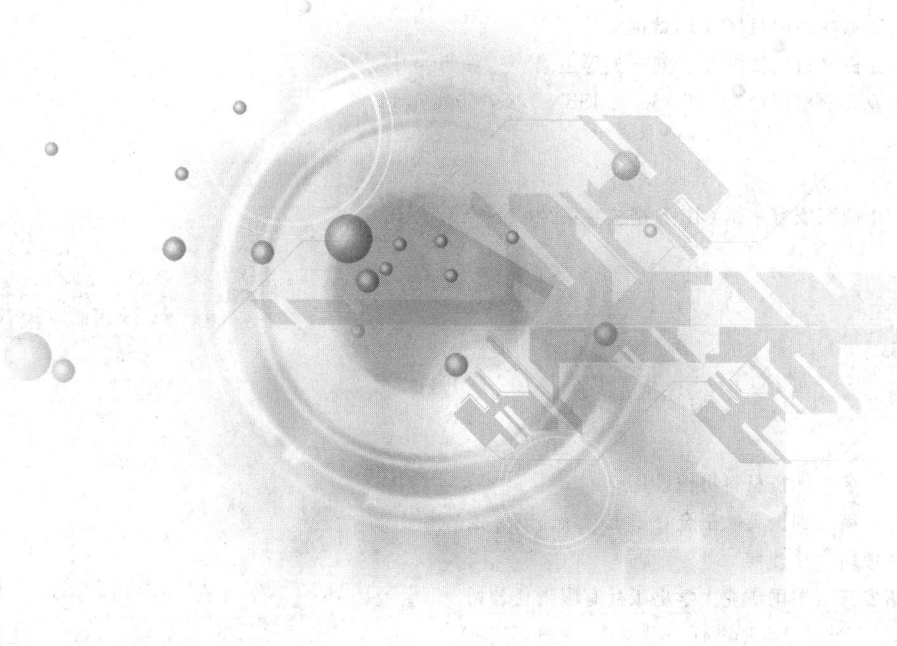

中国矿业大学出版社
· 徐州 ·

内容提要

本教材主要介绍了无机材料生产过程中常用的机械设备，涵盖破碎、粉磨、分级、收尘、输送等设备，详细阐述了设备的构造、原理、性能和应用。并附有适当的练习题、设备安全与预防小知识、设备动态图、线上测试题等电子资源，使内容更新颖、系统、实用，有助于读者掌握相关设备方面的原理、结构及应用技术。

本书内容紧扣创新型人才培养和工程实际，注重理论联系实际，做到通俗易懂，以科学性、实用性为原则，并突出较强的实践性，能够反映新设备、新技术和新工艺，体现本学科的前沿发展。本书适合高等院校无机材料、矿物加工专业以及冶金、生产厂矿、建材、环保及资源综合利用等行业领域从事科学研究、技术开发、工程设计等方面的人员参考使用。

图书在版编目(CIP)数据

无机材料机械设备 / 刘振英等主编. — 徐州 ：中国矿业大学出版社，2025. 5. — ISBN 978-7-5646-6711-5

Ⅰ. TB321

中国国家版本馆 CIP 数据核字第 2025H3Y128 号

书　　名　无机材料机械设备
主　　编　刘振英　王金香　王　斌　刘　银
责任编辑　褚建萍
出版发行　中国矿业大学出版社有限责任公司
（江苏省徐州市解放南路　邮编 221008）
营销热线　(0516)83885370　83884103
出版服务　(0516)83995789　83884920
网　　址　http://www.cumtp.com　**E-mail**:cumtpvip@cumtp.com
印　　刷　江苏淮阴新华印务有限公司
开　　本　787 mm×1092 mm　1/16　**印张** 14.5　**字数** 371 千字
版次印次　2025 年 5 月第 1 版　2025 年 5 月第 1 次印刷
定　　价　36.00 元

前 言

工厂的每一条工艺生产线都需要相应的设备来实现。工业生产的发展水平在很大程度上取决于机械设备的完善程度。机械设备行业是一个涉及面广、发展前景广阔的领域。未来，随着科技的不断进步和市场需求的持续增长，机械设备行业将继续保持蓬勃发展的态势。

近年来，无机材料生产取得了飞速发展，新方法、新技术、新工艺、新设备及操作控制手段日新月异。为了适应现代教学、科研和生产的需求，培养能够在无机非金属材料结构研究与分析、材料制备、材料成型与加工等领域从事科学研究、技术开发、工艺和设备设计、生产及经营管理等方面工作的人才，以实现高等院校培养专业面宽、知识面广、综合素质高的现代化人才的目标，并突出无机非金属材料工程专业的特色，编写了这部教材。教材编写人员主要从事无机非金属材料的教学和科研工作，主要研究方向包括无机功能材料、耐火材料及固体废弃物综合利用的开发与应用，具备扎实的理论基础和丰富的实践经验，并取得了一系列研究成果。

在新工科背景下，本教材综合了无机非金属材料的最新制备理论、设备和技术研究成果，旨在培养创新型人才，以无机非金属材料各操作单元为主线，重点阐述原料加工设备，包括破碎、粉磨、选粉、收尘、输送、装卸等环节所用设备。主要介绍设备的类型、构造、工作原理、工作参数及性能用途，以帮助读者掌握相关知识和技能，并应用于生产实践，指导生产和科学实验。

为联系工程实际，启迪思维，培养分析问题和解决问题的能力，以及具备从事科学研究和技术革新的技能，本教材更加重视内容的工程性、实用性和启发性，增加了较多的工程应用实例，使教材内容更加丰富。本教材引入了一些新的制备技术和生产工艺相互交叉、渗透、融合的典型案例；将较为成熟的新技术、新成果、新观念融入教材，使其在内容上保持先进性和前沿性，以适应无机非金属材料工业现代化发展的需要。同时，引入动态的视频、动画等元素，学生可通过手机学习动态教学内容，突破固定时间和特定地点的局限，完成由静态向动静结合的转变，使内容更新颖、系统、实用。每一章都有知识点总结和能力培养，并配有相应的线上线下练习题，以帮助读者掌握新理论、新设备及其应用技术。

本书由刘振英、王金香、王斌、刘银担任主编。具体编写分工如下：安徽理工大学刘振英编写第 1、2、3、6 章，束翔凤编写第 4 章，胡标编写第 5 章，刘银编写第 7 章，王斌编写第 8，9，10，11 章，赵晓青编写第 12 章，王金香编写第 13 章；安徽暹罗耐火材料有限公司林鑫编写第14章。

本书的出版不仅得到了中国矿业大学出版社的大力支持和帮助，还得到了校企合作项目和安徽理工大学教材建设项目的资助。此外，材料学院研究生黄守武、王开、潘婷婷和董少风等在本书的编写过程中也给予了帮助，在此一并表示感谢。

本书参考了大量文献资料和互联网上的相关内容，在此对相关作者表示感谢。如有遗漏未列在参考文献中，敬请谅解。

由于作者水平有限，书中不妥或错误之处在所难免，恳请读者批评指正。

刘振英

2024年10月于淮南

目　录

第1章　绪　论

在无机材料的生产过程中，需要使用各种设备。这些设备根据其功能和用途，可以分为原料加工设备、运输设备、成型设备、烧成设备等。本教材重点阐述原料加工设备，主要包括破碎、粉磨、选粉、收尘、输送、装卸等设备。这些设备主要用于处理无机材料的原始材料，确保原料的纯净度和均匀性，为后续材料的成型和烧结做好准备。

1. 破碎设备

破碎设备是矿山开采和建筑材料加工中的重要机械设备，主要用于将大块岩石、矿石或其他硬质材料破碎成较小粒度的物料。这些设备在矿业、建筑、公路、铁路、水利和化工等多个领域中发挥着关键作用。破碎设备的种类繁多，包括颚式破碎机、圆锥式破碎机、辊式破碎机、锤式破碎机、反击式破碎机等，每种设备都有其特定的工作原理和适用范围。

2. 粉磨设备

粉磨设备是用于研磨和加工矿石等物料的设备。它可以将物料粉碎成更小的颗粒，并供应给其他设备或各行业使用。粉磨设备广泛应用于冶金、建材、化工、矿山等领域对矿物材料的粉磨加工。这些设备能够将物料粉碎至所需粒度，通过提升机送入储料斗，然后由振动给料机将物料均匀、连续地喂入主磨室。在磨室内，物料被研磨成细粉，然后通过鼓风机的循环风送入选粉机进行分选，合格的细粉被收集，不合格的粗料则回落再磨。

粉磨设备的种类很多，包括球磨机、辊磨机、辊压机等，每种类型的粉磨设备都有其特定的应用场景和优势，以满足不同行业的粉磨需求。此外，粉磨设备的组成结构包括主机、鼓风机等，随着技术的进步，新型粉磨设备与传统粉磨设备相比具有占地面积小、节能、生产能力高等优点，适应不同的工作环境和产能要求。

3. 选粉设备

选粉设备的主要目的是筛选合格的粉料，而不合格的则进入设备重新粉磨。选粉设备通过其特定的工作原理和结构，能够显著提高各种选粉生产线的工作效率，避免过磨现象的出现，同时有效筛选不合格颗粒。这一过程不仅提高了整个生产线的效率，从长远来看，还能延长各个设备的工作寿命，节省能耗，增加收益。

选粉设备有多种类型，不同的类型适合不同的物料，型号的制作也会根据客户对物料细度的要求而变化。一般常见的选粉设备有离心式选粉机、旋风式选粉机和高效选粉机等。

4. 收尘设备

收尘设备的主要作用是收集和处理空气中的颗粒物，改善环境质量，减少污染，同时也用于筛选和收集粉状产品。收尘设备广泛应用于各种工业领域，如粮食加工、冶金、化工、钢铁、焦化、建材等行业，用于颗粒收集和废气处理。这些设备通过不同的工作原理，如重力沉降、筛滤、惯性力作用和电场作用等，有效地收集粉尘，同时保护环境和员工健康。

收尘设备的类型多样，包括惯性收尘器、袋式收尘器、脉冲袋式收尘器、电收尘器、湿式收尘器等，每种类型都有其特定的应用场景和优势。例如，袋式收尘器通过过滤材料捕捉粉尘，适用于捕集较大粒径的粉尘。而电收尘器则利用电场作用来捕集含尘气体，具有高效收尘、设备阻力小、能耗低等特点，适用于捕集粒径较小的粒子和高温烟气的处理。

5. 输送设备

输送设备主要包括输送带、螺旋输送机、斗式提升机、链式输送机、气力输送系统、输送管道和提升机等。这些设备在提高生产效率、降低劳动强度和保障生产安全方面发挥着重要作用。输送设备的设计旨在沿特定的路线从装货点到卸货点输送散装货物和成件货物。这种连续的输送方式使物料能够在企业内部、企业之间甚至城市之间进行有效的搬运，成为物料搬运系统机械化和自动化不可或缺的组成部分。输送设备的应用非常广泛，几乎涵盖了所有需要物料搬运的行业，从制造业到物流业，从矿业到农业，随处可见。它们不仅能够进行水平、倾斜和垂直输送，还可以组成复杂的空间输送线路，以适应各种工作环境和运输要求。此外，输送设备的设计和维护也日益智能化，通过引入先进的控制系统和监测技术，可以提高输送效率和安全性，降低维护成本。

6. 装卸设备

装卸设备是用于装车、卸车和搬运的机械。这些设备是实现装卸搬运作业机械化的基础，其作用是提高装卸效率、降低人工劳动强度、减少人为误工和货物损失率、保障卡车或铁路拖车等车辆快速出库等。

第 2 章　颚式破碎机

◇ 本章教学要点

知识要点	能力培养
1. 重点掌握颚式破碎机的基本构造、工作原理及类型； 2. 熟悉颚式破碎机的主要工作过程、工作参数； 3. 了解颚式破碎机的性能及应用。	1. 能够分析不同颚式破碎机的运动轨迹，并根据受力分析推导公式； 2. 能将力学知识应用到破碎设备工作参数确定方面。

2.1　颚式破碎机的分类

颚式破碎机出现于 1858 年，它虽然是一种古老的碎矿设备，但由于其具有构造简单、工作可靠、制造容易、维修方便等优点，至今仍在冶金、矿山、建筑材料、化工和铁路等领域广泛应用。颚式破碎机是矿山机械破碎设备里面应用最广泛的破碎机，是目前国际上使用最普遍的碎石设备，主要用于各种矿石与大块物料的中等粒度破碎。颚式破碎机俗称颚破，又名老虎口，它是由动颚和定颚两块颚板组成破碎腔，模拟动物的两颚运动而完成物料破碎作业的破碎机。颚式破碎机主要作为一级（粗碎和中碎）破碎机械使用。颚式破碎机按动颚的运动特征，分为简单摆动型和复杂摆动型两种型式，如图 2-1 所示。

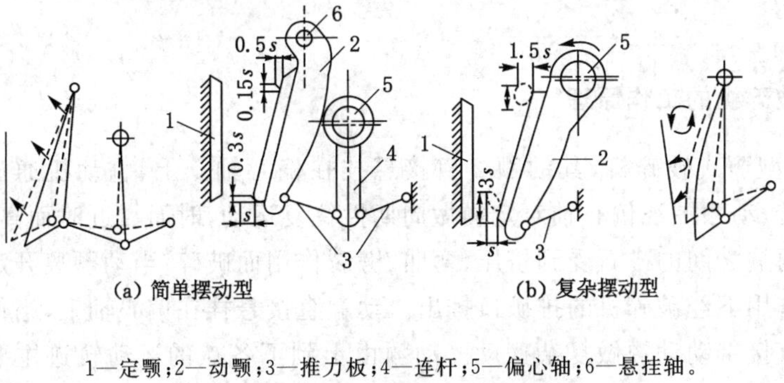

(a) 简单摆动型　　(b) 复杂摆动型

1—定颚；2—动颚；3—推力板；4—连杆；5—偏心轴；6—悬挂轴。

图 2-1　颚式破碎机的主要类型

颚式破碎机视频

2.2 颚式破碎机的工作原理

2.2.1 简单摆动型颚式破碎机的工作原理

图 2-1(a)是简单摆动型颚式破碎机，其关键组成部件是定颚和动颚，定颚固定在机架的前壁上，动颚悬挂在轴上，可做左右摆动，偏心轴旋转时，连杆做上下往复运动，带动两块推力板也做往复运动，从而推动动颚做左右往复运动，实现破碎和卸料。当动颚摆向定颚时，落在颚腔的物料主要受到颚板的挤压作用而粉碎。当动颚摆离定颚时，已被粉碎的物料在重力作用下，经颚腔下部的出料口自由卸出，因此颚式破碎机的工作是间歇性的，粉碎和卸料过程在颚腔内交替进行。

动颚做左右往复运动，动颚上每点运动轨迹都是以悬挂轴为中心的圆弧线，运动轨迹简单，故称为简单摆动型颚式破碎机。图 2-2 为简单摆动型颚式破碎机的模拟图。分析动颚运动轨迹可知，动颚做弧线摆动，摆动的距离上面小、下面大，以动颚底部（即出料口处）为最大。颚板上部（进料口处）的水平位移和垂直位移都只有下部的 1/2 左右，见图 2-1(a)。进料口处动颚的摆动距离小是不利于对喂入颚腔的大块物料的夹持和破碎的，因而不能向摆幅较大、破碎作用较强的颚腔底部供应充分的物料，限制了破碎机生产能力的提高。根据动颚的运动轨迹可知，其最大行程在动颚的下部，而且卸料口宽度在破碎机运转中是变动的，因此破碎的物料粒度不均匀。由于简单摆动型颚式破碎机动颚垂直位移小，破碎时过粉碎现象小，物料对颚板的磨损小，所以简单摆动型颚式破碎机可做成大、中型设备，主要用于坚硬物料的粗碎和中碎。

图 2-2 简单摆动型颚式破碎机的模拟图

2.2.2 复杂摆动型颚式破碎机的工作原理

图 2-1(b)是复杂摆动型颚式破碎机，其动颚 2 直接悬挂在偏心轴 5 上，电动机通过胶带、胶带轮带动偏心轴旋转，动颚围绕偏心轴对定颚做周期性往复运动，时而靠近时而离开，当动颚靠近定颚时，处在两颚之间的矿石受到挤压、弯曲、劈裂作用而破碎；当动颚离开定颚时，已破碎的矿石在重力作用下经破碎机的排矿口排出。动颚直接悬挂在偏心轴上，当偏心轴按逆时针方向旋转时，直接带动动颚做复杂摆动。动颚由上到下各点的运动轨迹主要分为以下几个方面：破碎腔顶部，运动轨迹为椭圆形；破碎腔中部，运动轨迹为更扁的椭圆形；破碎腔底部，运动轨迹几乎为往复运动，由于动颚上各点的运动轨迹比较复杂，故称为复杂摆动型颚式破碎机。因此，在相同条件下，这类破碎机的生产能力较简单摆动型颚式破碎机高 20%～30%。复杂摆动型颚式破碎机一般都制成中小型，因为它在碎矿过程中，动颚受到巨大的挤压力，而且大部分作用在偏心轴和轴承上面，致使偏心轴和轴承受力恶化，极易

损坏。但是,随着耐冲击的大型滚动轴承的出现,复杂摆动型颚式破碎机逐渐走向大型化。

2.3　颚式破碎机的结构

颚式破碎机在长期使用过程中,结构上有许多改革,但基本结构和工作原理迄今无根本改变,在此介绍广泛应用的颚式破碎机的构造。颚式破碎机主要由机架、偏心轴、飞轮、侧护板、推力板(肘板)、肘板座、调整楔块、调隙螺杆、拉杆弹簧、定颚与动颚等组成,其中推力板起到保险作用。

2.3.1　简单摆动型颚式破碎机

图 2-3 所示为 1 200 mm×1 500 mm 简单摆动型颚式破碎机。简单摆动型颚式破碎机主要由机架、动颚、定颚、推力板、偏心轴、飞轮、电机、润滑装置等多个部分组成。简单摆动型颚式破碎机因水平行程上小下大,而以动颚的底部(排矿口处)为最大。由于落入破碎腔的矿石,上部均为大矿块,往往达不到矿石破碎所必需的压缩量,故上部的大块矿石,需反复压碎多次,才能破碎。破碎负荷大都集中在破碎腔的下部,整个颚板没有均匀工作,同时这种破碎机的垂直行程小,磨剥作用小,排矿速度慢,从而降低了破碎机的生产能力。但颚板的磨损较轻,产品过粉碎少。在后推力板与后支座之间,有一组垫板,用来调整排料口宽度。增加垫板厚度,使推力板和动颚向左方推移,排料口减小;反之,减少垫板厚度,排料口将增大。为了防止破碎机超负荷运行导致破碎机损坏,在零件设计计算时,将后推力板制成最薄弱的一个环节,过负荷时使它首先折断,以保护轴承及机器其他部分不受损害。

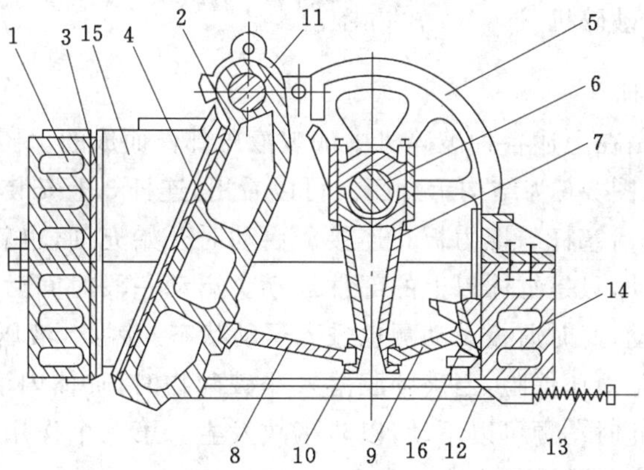

1—定颚;2—动颚;3、4—破碎齿板;5—飞轮;6—偏心轴;7—连杆;8—前推力板;9—后推力板;
10—推力板支座;11—悬挂轴;12—水平拉杆;13—弹簧;14—机架;15—破碎腔侧面肘板;16—楔块。

图 2-3　1 200 mm×1 500 mm 简单摆动型颚式破碎机

2.3.2　复杂摆动型颚式破碎机

图 2-4 为复杂摆动型颚式破碎机。复杂摆动型颚式破碎机,由于其动颚又是曲柄连杆机构的连杆,在偏心轴的带动下,动颚上点的运动轨迹近似椭圆形,椭圆度是上小下大,其上部则近似圆形。这种破碎机的水平行程正好与简单摆动型颚式破碎机相反,其上部大下部

小,上部的水平行程约为下部的1.5倍,这样就可以满足破碎腔上部大块矿石破碎所需的压缩量。同时整个动颚的垂直行程都比水平行程大,尤其是排矿口处,其垂直行程约为水平行程的3倍,有利于促进排矿和提高生产能力。实践表明,在相同条件下,复杂摆动型颚式破碎机的生产能力比简单摆动型颚式破碎机高30%左右。但颚板的磨损快,产品过粉碎严重。

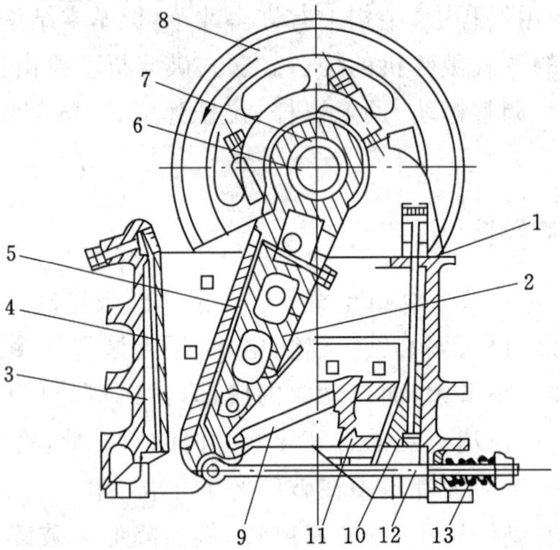

1—机架;2—动颚;3—定颚;4、5—破碎齿板;6—偏心轴;7—轴孔;
8—飞轮;9—轴板;10—调节架;11—楔块;12—水平拉杆;13—弹簧。

图2-4 复杂摆动型颚式破碎机

2.3.3 其他型式颚式破碎机

1. 液压颚式破碎机

液压颚式破碎机是在上述各种破碎机中加装液压部件而成的。图2-5为液压简单摆动型颚式破碎机结构图,图2-6为结构示意图。可以看出,连杆3上安装一液压油缸和活塞6,油缸和连杆上部连接,活塞杆与推力板5连接。启动时开始充油,也就是启动时下连杆头、前后肘板及动颚均不动,只是缸体以上的部件运动。启动一段时间后,缸内油已充满,活塞与缸体不能再相对运动,此时肘板及动颚也进入运动状态。因此,液压的第一个作用是分两段启动。第二个作用是液压保险,当破碎腔落入非破碎物时,缸体内油急升,缸体上的安全阀打开,油自动流出,此时动颚可以不动,以防事故发生。第三个作用是借后肘板与机架后壁之间的液压调整缸调整排矿口大小。

液压颚式破碎机由于具有启动、调整容易和保护机器部件不受损坏等优点,在国内外已得到广泛使用。

2. 细碎颚式破碎机

细碎颚式破碎机在简单摆动、复杂摆动型颚式破碎机的基础上进行了改进,采用了由多个动颚和偏心轴组成的偏心轴结构。运行时,每个动颚分别对物料进行压碎,从而减轻了机器的负荷,启动容易,运转平稳,能耗低。目前国内有复杂摆动型细碎颚式破碎机和简单摆动型细碎颚式破碎机,其工作原理与原型破碎机相同,只是进料口的长度有所增加,破碎比可达5~8。

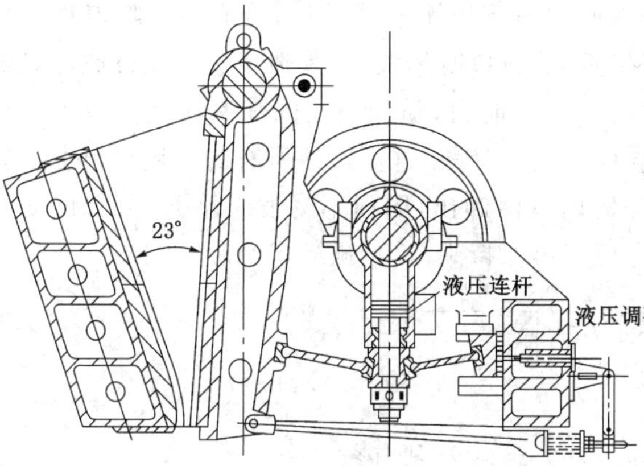

图 2-5　液压简单摆动型颚式破碎机结构

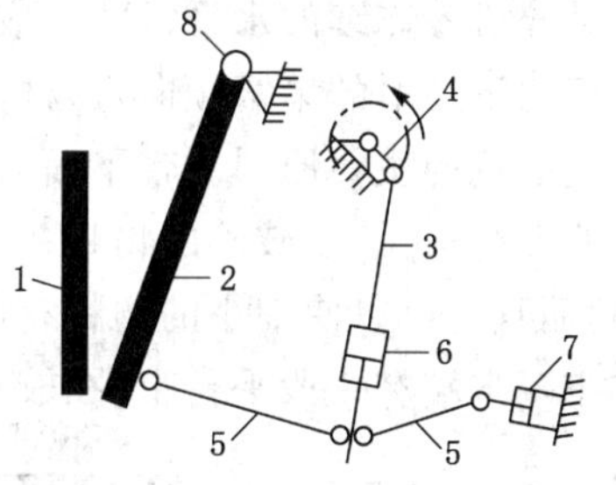

1—定颚；2—动颚；3—连杆；4—偏心轴；
5—推力板；6—液压油缸和活塞；
7—出料口调整器液压缸；8—悬挂轴。

图 2-6　液压颚式破碎机示意图

3. 混合摆动型颚式破碎机

为了克服简单摆动型和复杂摆动型颚式破碎机的缺点，研制出混合摆动型颚式破碎机，其工作原理与图 2-1(b)相同。动颚与连杆共同安装在偏心轴上，连杆头装在偏心轴的中部，动颚的两个轴壳则分别安装在连杆头的两侧。两个推力板仍然是支承在动颚、连杆的下端及机架的后壁上。动颚各点的运动轨迹均为椭圆，其长轴向着卸料方向倾斜，可促使物料前进，并将物料推向出料口，从而改善了卸料条件，提高了破碎机生产能力。同时，动颚底部的水平摆幅与垂直摆幅之比为 1∶0.8，较复杂摆动型颚式破碎机更为合理，能减少齿板的磨损。由于动颚与连杆都悬挂在偏心轴上，偏心轴及其轴承受力很大，工作条件恶劣，容易损坏。同时，构造也比较复杂，尽管国内有关矿山机械厂曾制造出混合摆动型颚式破碎机，但均因以上原因未能得到推广。

2.3.4　主要结构部件简述及装配

颚式破碎机主要由机架和支承装置、破碎部件、传动机构、拉紧部件和润滑装置等部分组成。颚式破碎机以电动机为动力，通过电动机胶带轮，由三角胶带和槽轮驱动偏心轴，使动颚按预定轨迹做往复运动。物料在固定颚板、活动颚板和边护板组成的破碎腔内破碎后通过下部的排料口排出。

1. 机架和支承装置

机架是整个设备的支承部分，机架内部安装齿板，与动颚形成破碎腔，上端面安装轴承座，为破碎机主轴的支承部分。机架在工作中承受很大的冲击载荷，因此要求具有足够的强度和刚度。中小型机架一般采用铸钢整体铸造，小型机架则可用优质铸铁代替。上机架和下机架用螺栓牢固连接，结合面之间还用键和销钉承受破碎物料时传给机架的强大剪切力，同时在上下机架装配时也起着定位作用。

2. 破碎部件

颚式破碎机的破碎部件，即工作机构，由定颚和动颚两部分组成。两颚板上均安装由锰钢制成的衬板，衬板用螺栓和楔块固定在颚板上。由于它直接参与破碎，因此为提高破碎效果，衬板表面均有纵向波纹，而且凹凸相对。目前，国内颚式破碎机的衬板齿形多为三角齿形和波浪形，如图 2-7 所示。衬板的工作面有平面和曲面两种，从图 2-8 可看出，平面衬板的破碎机各连续的水平线间形成的梯形断面面积向下依次递减，因而造成一种随着物料降落而向下递增的堵塞倾向，这种倾向在物料达到出料口时最大，这是造成破碎机过载和衬板下端磨损的主要原因。带平面衬板的破碎机的生产能力，随卸料区的加深而大大减少。采用曲面衬板时，已破碎的物料在容积大的破碎区向下降落，这不仅使所有的大块物料容易移动，而且也可以使细小的物料有可能从破碎区内自由卸出，因而不易发生堵塞。同时，动颚和定颚末端有一段平行带，在较长期工作之后仍可保持平行，故破碎产品较均匀。

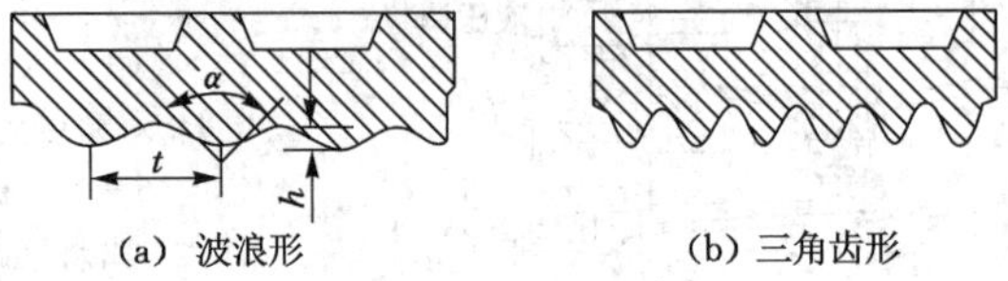

图 2-7　衬板工作表面的齿形

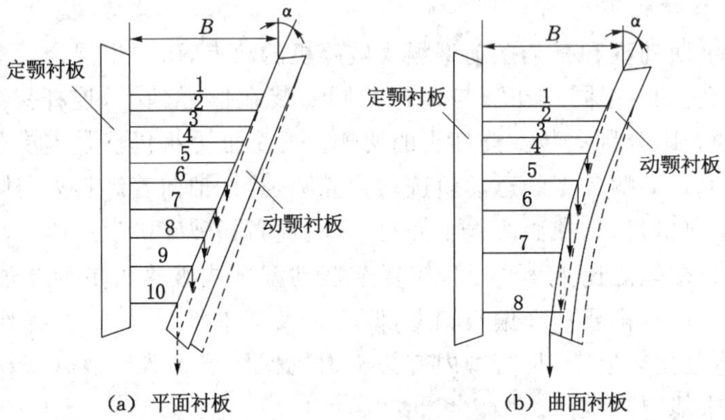

图 2-8　两种衬板的工作比较

3. 传动机构

颚式破碎机的传动机构主要包括偏心连杆、推力板、飞轮、偏心轴，偏心轴的偏心部分悬挂连杆（或动颚），两端分别装有飞轮和胶带轮，胶带轮除了起传动作用外，还兼起飞轮的作用。连杆采用铸钢制造，连杆做上下运动，为了减小其惯性力，连杆下部的断面常制作成工字、十字或箱形结构。

推力板是颚式破碎机的保险装置。当颚腔内进入不能破碎的物体（如电铲耙齿、钎头等金属块）时，破碎机会停止工作，从而保护了动颚、机架、偏心轴等大型贵重部件免受损坏。一般颚式破碎机的安全装置是将推力板分成两段，中间用螺栓连接，设计时故意减弱螺栓的强度；也有在推力板上开孔或采用铸铁制造，推力板的最小断面尺寸是根据破碎机在超负荷时能自行断裂而设计的。推力板是经过精确计算的铸铁件，它不只是传力构件，也是破碎机的保险零件。当破碎机中落入不能破碎的物料而使机器超过正常负荷时，推力板就会立即折断，使破碎机停止工作，从而避免整个机器的损坏。

推力板是连接连杆、动颚和机架的中间连接构件，起着传递连杆作用力的作用。推力板工作时承受压力，通常用铸铁铸成整体，也有制成组合式的。推力板有一定角度的摆动，它与其他部件采用活铰连接。为了避免磨损，顶座、连杆和动颚的底部有沟槽，内部镶嵌有容易更换的衬套，称之为推力板支座或支承滑块。推力板支座用高锰钢制造。为了增加推力板的耐磨性，常在端头部分作冷硬处理。大型破碎机的推力板两端装上可拆换的耐磨钢制造的肘头，或采用滚柱式推力板。为了减少推力板和推力板支座的磨损，除了经常在其结合处注入润滑剂外，还要防止灰尘和细粒物料进入结合处，所以在结合处的上部应加装挡灰板。

4. 调整装置

为了得到所要求的产品粒度，颚式破碎机都有出料口调整装置。调整装置是用于调整排料口大小以及补偿颚板、推力板和推力板垫之间磨损的机构。

排料口的调整如图 2-9 所示，当调整排料口时，首先适度拧松拉紧部件的拉杆螺母，松开弹簧，然后再松开楔块螺栓，松开楔块，拧紧起顶螺栓，或把液压起顶机头部装入顶头，旋入机架后的螺母内，将液压起顶机的出油阀打开，扳动手柄。起顶螺栓或顶头向前推动调整座，达到一定的开口度时，取出调整垫片，以达到增大排料口的需要。若放入调整垫片，则可达到减小排料口的需要。在达到用户所需的排料口尺寸后，首先松开起顶螺栓(可打开液压起顶机的进油阀，扳动手柄，松开顶头)，在动颚部件自重的推力作用下，调整座及调整垫片组会向机架后墙靠拢、压实。注意起顶螺栓或顶头松开程度应使调整座向后墙靠拢并压实后不接触。然后再拧紧楔块螺栓，将楔块与调整座与机架牢固地连接，并适度拧紧拉杆螺母以收紧弹簧，这样就完成了调整排料口工作。

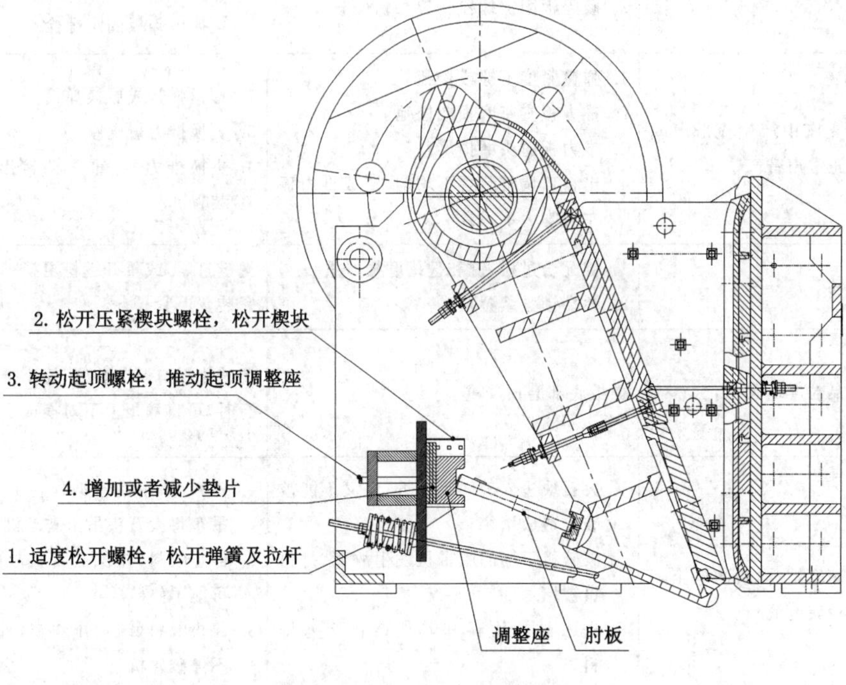

图 2-9　排料口的调整

5. 拉紧部件

拉紧部件用以保证破碎机整个机构紧密结合，并能够平衡动颚与推力板在工作时产生的惯性力。拉紧部件的装配过程为：拉杆的一端铰接于动颚下端的耳环上，另一端通过垫圈支承在机架后墙的下端，弹簧通过其两端的垫圈和螺母压紧。破碎机工作时弹簧需要一定的预紧力，以防止推力板在工作时脱落，但预紧力不宜过大，只需能消除推力板与动颚、调整部件之间的冲击声即可，否则将影响弹簧的使用寿命，甚至导致弹簧断裂。

6. 润滑装置

颚式破碎机的连杆轴承、偏心轴轴承、推力板肘头处采用润滑油润滑。如果破碎机是经常连续工作，冬季有加温装置，夏季环境温度又不太高，则均可采用 50 号机械油润滑。另外，及时做好摩擦面的润滑工作，确保机器正常运转和延长设备的使用寿命。加入轴承座内的润滑脂应为其空间容积的 50%左右，每 3～6 个月更换一次。换油时，应使用洁净的汽油或煤油清洗滚珠轴承的滚道。在肘板与肘板座之间应注入适量的润滑脂。

颚式破碎机在使用过程中，常见的故障和排除方法见表 2-1。

表 2-1　颚式破碎机在使用过程中可能发生的故障和排除方法

可能发生的故障	主要原因	排除方法
1. 飞轮旋转但是动颚停止转动	1. 弹簧断裂 2. 拉杆断裂 3. 肘板折断	1. 更换弹簧 2. 更换拉杆 3. 更换肘板
2. 破碎板抖动并产生撞击声	1. 破碎板固定螺栓松动 2. 破碎板固定螺栓断裂	1. 紧固破碎板固定螺栓，如防松动弹簧弹性不足应更换 2. 更换破碎板固定螺栓
3. 推力板支座中产生撞击声或其他不正常声音	1. 弹簧紧度不够或松弛 2. 推力板支座磨损或松弛 3. 推力板肘头磨损严重 4. 出料口调整装置不均匀，造成推力板左右吃力不一致	1. 拧紧弹簧或更换弹簧 2. 更换推力板支座 3. 更换推力板，重新调整出料口调整装置
4. 飞轮松动	1. 键配合过松，键和键槽磨损严重 2. 轴端锁紧装置松动	把键打紧，或重开键槽更换键，将轴端锁紧装置上紧
5. 破碎产品粒度增大	颚板底部磨损严重	调整排料口调节装置，缩小排料口，如不行时，可将颚板上下对换或更换新颚板
6. 破碎腔堵塞，主电机的电流高于正常运转电流	1. 大石块进入破碎腔上方，但又不能被破碎造成堵塞 2. 破碎机下面的胶带机发生故障，排料口被堵 3. 进入黏性物料和其他杂物堵塞排料口 4. 喂料量太大	1. 停车后，用钢丝绳拴住大石头，再用吊车将大石头吊出破碎机 2. 停止喂料，排除胶带机故障，此时尽可能不停破碎机 3. 停止喂料，疏通出料口，此时尽可能不停破碎机 4. 调慢喂料机转速，减少喂料量
7. 轴承温度过高	1. 润滑脂不足 2. 润滑脂脏污 3. 轴承损坏	1. 加入适量的润滑脂 2. 清洗轴承后更换润滑脂 3. 更换轴承

2.4　颚式破碎机工作参数的确定

2.4.1　钳角

颚式破碎机钳角就是动颚与定颚之间的夹角，如图 2-10 所示。钳角的大小可以通过物料的受力分析来确定。如果钳角太大，会使破碎腔中的矿石被挤出，从而可能造成人身伤害或损坏其他设备，同时随着钳角的增大（破碎比加大），生产率也会下降。调节排矿口的大小，也就是改变钳角的大小。在实际生产中，根据排矿粒度的要求来调节排矿口的大小。因此，在保证产品粒度的要求下，尽量把排矿口放大是合理的。排矿口大小可以通过调节块来实现，在调节排矿口大小时要注意破碎比和生产率之间的相互关系。

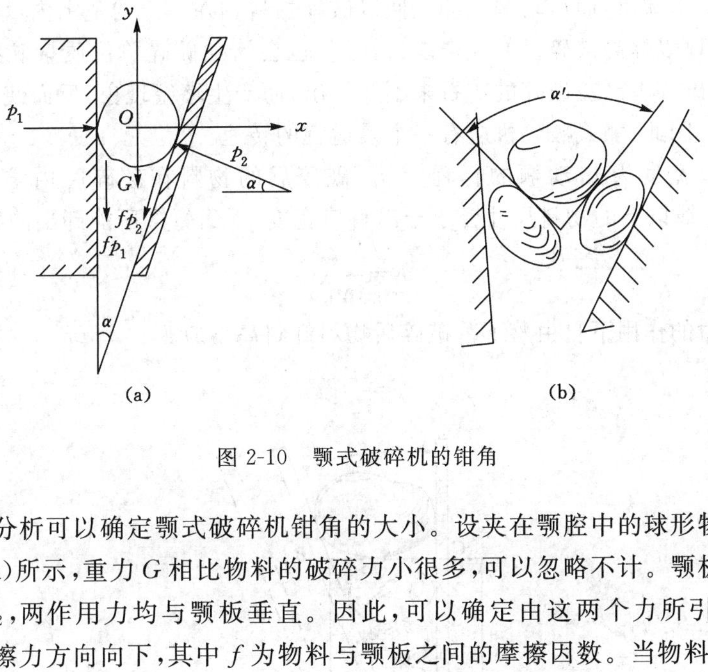

图 2-10　颚式破碎机的钳角

通过受力分析可以确定颚式破碎机钳角的大小。设夹在颚腔中的球形物料所受重力为 G，如图 2-10(a)所示，重力 G 相比物料的破碎力小很多，可以忽略不计。颚板对物料的作用力设为 p_1 和 p_2，两作用力均与颚板垂直。因此，可以确定由这两个力所引起的摩擦力为 fp_1 和 fp_2，摩擦力方向向下，其中 f 为物料与颚板之间的摩擦因数。当物料夹在颚腔内时，这几个作用力应互相平衡，在 x、y 方向的分力之和应分别等于零。于是

$$\sum p_x = 0 \quad p_1 - p_2\cos\alpha - fp_2\sin\alpha = 0 \tag{2-1}$$

$$\sum p_y = 0 \quad -fp_1 - fp_2\cos\alpha + p_2\sin\alpha = 0 \tag{2-2}$$

消去 p_1、p_2，得

$$-2f\cos\alpha + (1-f^2)\sin\alpha = 0 \tag{2-3}$$

或

$$\tan\alpha = \frac{2f}{(1-f^2)} \tag{2-4}$$

因摩擦因数 f 与摩擦角 φ 的关系为：

$$f = \tan\varphi \tag{2-5}$$

则

$$\tan\alpha = 2\tan\varphi/(1-\tan^2\varphi) = \tan 2\varphi \tag{2-6}$$

为了使破碎机工作可靠，必须要求

$$\alpha \leqslant 2\varphi \tag{2-7}$$

即钳角应小于物料与颚板之间摩擦角的 2 倍。

根据计算一般最大钳角可达 32°，而实际使用中都小于 25°，一般为 18°～20°。实际上，当破碎机喂料粒度相差很大时，虽然 $\alpha \leqslant 2\varphi$，仍有可能产生物料被挤出情况。这是由于大块物料楔塞在两个小块物料之间，如图 2-10(b)所示，这时物料的钳角必然大于两倍物料与颚板间的摩擦角。

2.4.2 偏心轴的转速

影响颚式破碎机工作效率的因素有多种，其中偏心轴的转速就是比较重要的一个因素。偏心轴每转一圈，动颚即前后往返一次，前半圈为破碎物料，后半圈为物料的卸出。为了获得最大的生产能力，破碎机的转速 n 应根据这样的条件确定：当动颚后退时，破碎后物料应在重力作用下全部卸出，而后动颚立即返回以破碎物料。在一定的范围内，增加颚式破碎机偏心轴的转速，可以提高破碎机的生产能力，但是也会增加破碎单位质量矿石的电能消耗。转速太大，会使破碎腔已被破碎的矿石来不及排出，而产生堵塞现象，反而使生产能力降低，电能消耗增加。因此，颚式破碎机应有一个最适宜的转速。

假定出料口宽度为 e，动颚的行程为 s。破碎后的物料在破碎腔内堆积成梯形截面(图 2-11)。BC 线以下的物料尺寸皆小于出料口宽度，因而每次所能卸出的物料高度为：

$$h = \frac{s}{\tan \alpha} \tag{2-8}$$

物料在重力的作用下自由落下。破碎后物料卸料高度应为：

$$h = \frac{1}{2} g t^2 \tag{2-8a}$$

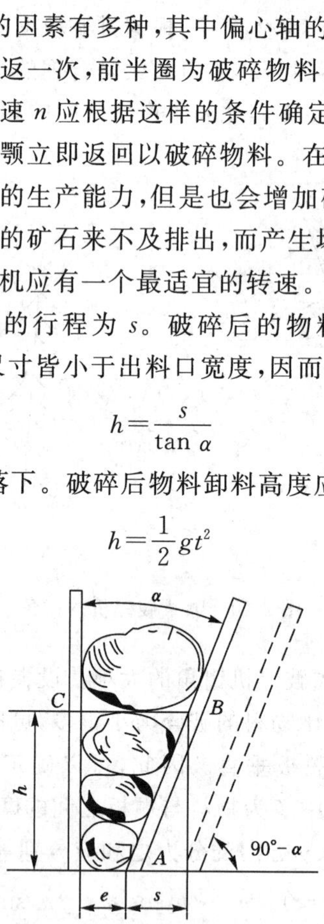

图 2-11　偏心轴转速计算简图

则要使高度 h 的梯形截面内物料全部自由卸出，则所需时间为：

$$t = \sqrt{\frac{2h}{g}} \quad (\mathrm{s}) \tag{2-9}$$

式中，g 为重力加速度。为了保证已达到要求尺寸的物料能及时地全部卸出，卸料时间应等于动颚空转行程经历的时间 t'。而

$$t' = \frac{60}{2n} = \frac{30}{n} \quad (\mathrm{s}) \tag{2-10}$$

即有

$$\sqrt{\frac{2h}{g}}=\frac{30}{n} \tag{2-11}$$

得

$$n=\frac{30}{\sqrt{\frac{2h}{g}}}=\frac{30}{\sqrt{\frac{2s}{g\tan\alpha}}}=12\ 600\sqrt{\frac{\tan\alpha}{s}}\quad (\mathrm{r/min}) \tag{2-11a}$$

式中　n——偏心轴转速，r/min；

s——动颚行程，cm；

α——钳角，(°)。

实际上，由于在动颚空转行程的初期，物料仍处于压紧状态，不能立即落下，因此偏心轴的转速应比式(2-11a)算出的值低 30%左右。于是

$$n=8\ 820\sqrt{\frac{\tan\alpha}{s}}\quad (\mathrm{r/min}) \tag{2-12}$$

转速的选择依据主要包括物料的性质和破碎机的类型。对于坚硬的物料，适宜采用产生弯曲和劈裂作用的破碎机械，因此转速应取小些；而对于脆性和塑性的物料，适宜采用产生冲击和劈裂作用的破碎机械，因此转速可适当取大些。此外，较大规格的破碎机，转速应适当降低，以减小振动，节省动力消耗。

2.4.3　生产能力

颚式破碎机的生产能力与被破碎物料的性质、破碎机的性能和操作条件等因素有关，目前还没有把所有这些因素包括进去的理论计算方法，还须广泛采用实际资料和经验公式。

可采用下面经验公式计算颚式破碎机的生产能力：

$$Q=K_1K_2K_3qe\quad (\mathrm{t/h}) \tag{2-13}$$

式中　q——标准条件下(指开路破碎堆积密度为 1.6 t/m^3 的中等硬度物料)的单位出口宽度的生产能力，t/(mm・h)；

e——破碎机出料口宽度，mm；

K_1——物料易碎性系数；

K_2——物料堆积密度修正系数，$K_2=\frac{\rho_s}{1.6}$，ρ_s为堆积密度，t/m^3；

K_3——进料粒度修正系数。

2.4.4　功率

颚式破碎机的功率消耗可以根据体积理论，通过计算破碎物料需要的破碎力得出。实验表明，颚式破碎机在破碎不规则物料时所需要的破碎力与破碎物料的纵向断面尺寸成正比，与物料的抗拉强度极限成正比。因此，在颚式破碎机中，破碎单块物料所需的破碎力为：

$$p=\sigma bh\quad (\mathrm{N}) \tag{2-14}$$

式中　σ——料块断裂面上的破碎应力，Pa，破碎单块不规则形状的花岗岩时，$\sigma=10.8\times10^6$ Pa；

b——料块的纵向长度，m；

h——料块的厚度，m。

颚式破碎机的类型代号常用汉字拼音开头的字母表示，如简单摆动型颚式破碎机的代号为 PEJ，复杂摆动型颚式破碎机用 PEE 表示。颚式破碎机的规格用进料口的宽度和长度表示。

常用颚式破碎机的规格和性能如表 2-2 所示。

表 2-2 颚式破碎机的规格和性能

型号	进料口尺寸（长×宽）/mm	最大进料边长 /mm	出料口可调节范围 /mm	产量 /(t/h)	电机功率 /kW	外形尺寸（长×宽×高）/mm
PE400×600	400×600	350	40～100	15～60	30～37	1 700×1 732×1 653
PE500×750	500×750	425	50～100	40～100	45～55	2 035×1 921×2 000
PE600×900	600×900	480	65～160	60～140	55～75	2 290×2 206×2 370
PE750×1060	750×1 060	630	80～150	80～230	90～110	2 655×2 302×3 110
PE900×1200	900×1 200	750	95～165	140～320	110～132	3 789×3 050×3 025
PE1000×1200	1 000×1 200	850	105～185	180～400	160～200	3 900×3 320×3 280
PEX250×1000	250×1 000	210	25～60	15～50	30～37	1 964×1 550×1 380
PEX250×1200	250×1 200	210	25～60	20～60	37～45	2 192×1 605×1 415

PEE 系列复杂摆动型颚式破碎机的技术特点如下：

(1) 独特的破碎腔设计提高了颚板材料利用率，颚板可以互换调头多次使用，从而实现颚板破碎面均匀磨损，提高材料利用率，延长使用寿命。

(2) 具有结构可靠、生产效率高、调整方便、产品粒形佳、粒度分布均匀、使用经济等特点，目前在国内外广泛使用。弹簧保险系统是过载保护装置，可使异物铁块通过破碎腔而不危害破碎机。

(3) 机器结构紧凑简单，偏心轴等传动件受力较小；由于动颚垂直位移较小，加工时物料较少有过度破碎的现象，动颚颚板的磨损较小。

2.5 颚式破碎机的性能及应用

2.5.1 性能及应用

颚式破碎机优势有很多，对于生产应用来说，要选择实用优质的新型设备。颚式破碎机的优点是：构造简单，管理和修理方便，工作安全可靠，适用范围广。其缺点是：工作间歇性，有空转行程，增加了非生产性的功率消耗；由于动颚和连杆做往复运动，工作时产生很大的惯性力，使零件承受很大的负荷，对基础的要求也很高；在破碎黏湿的物料时，会使生产能力下降，甚至会发生堵塞现象；在破碎干片状物料时，片料易沿颚板宽度方向通过而达不到破碎目的，造成出料溜子或下级破碎机进料口堵塞；粉碎度不大。尽管有这些缺点，颚式破碎机仍是工业中广泛应用的粗、中碎设备，在无机非金属材料工业中用来破碎石灰石、长石、石英、熟料和石膏等物料。在实验室中也使用小型颚式破碎机，破碎尺寸较小的物料。

2.5.2　使用注意事项

由于石块的挤压过程和破碎过程中都存在不稳定冲击力，例如，石块在挤压过程中，它们之间的间距会因为某一石块的自身转动而突然减小，或在破碎时由裂缝逐渐扩大而形成。这些过程都会对动颚产生不恒定的振荡反作用力。因此，在实际生产中，颚式破碎机会在胶带轮的另外一侧配置一个很大的转动飞轮，这样既可以平衡轮轴的作用力，又可以为抵消这些振荡反作用力起到一定的缓冲作用。

练习题

1. 简述颚式破碎机的工作原理。
2. 简述颚式破碎机的工作部件并绘制结构简图。
3. 简单摆动型颚式破碎机与复杂摆动型颚式破碎机的区别都有哪些？

颚式破碎机测试题

第3章 圆锥破碎机

◇ 本章教学要点

知识要点	能力培养
1. 掌握圆锥破碎机的基本构造、工作原理； 2. 了解圆锥破碎机的性能及应用。	能针对复杂工程问题选择、使用所学破碎设备，并对复杂工程问题进行分析。

随着当代社会经济的迅速发展，各种非金属、金属、化工矿物以及水泥等物料的社会需求量日益扩大，需破碎的物料量迅速增加，因此对破碎机性能的要求也随之提高。圆锥破碎机是一种适用于冶金、建筑、筑路及硅酸盐行业的原料破碎机械。高效和节能已成为圆锥破碎机的重要发展方向。根据破碎原理和产品颗粒大小的不同，可将圆锥破碎机分为多种型号。圆锥破碎机具有破碎比大、效率高、能耗低、产品粒度均匀等特点，适合中碎和细碎各种矿石。

3.1 圆锥破碎机的分类

圆锥破碎机按用途可分为粗碎和中细碎两种。粗碎圆锥破碎机主要由机架、动锥、定锥、主轴、大小伞轮和偏心套筒等组成，如图 3-1 所示。动锥的主轴支承在横梁上面的固定悬挂点 A 上，主轴下部置于偏心套筒内。偏心套筒转动时，使锥体绕中轴连续地偏心旋回运动。动锥靠近定锥时，矿石受到挤压而破碎；离开时，破碎产品靠自重经排矿口排出。

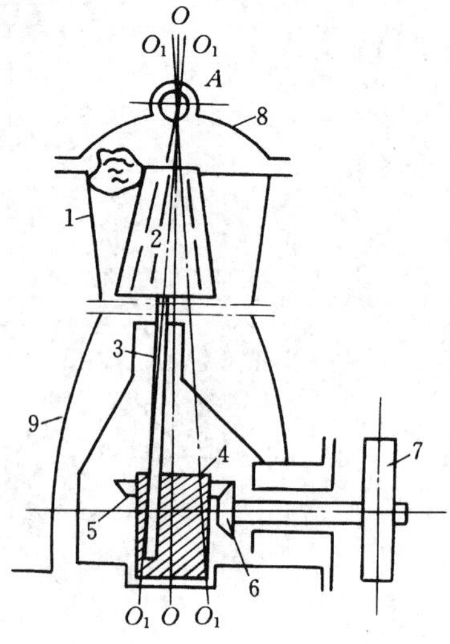

1—定锥；2—动锥；3—主轴；4—偏心套筒；5—大伞齿轮；6—小伞齿轮；7—胶带轮；8—横梁；9—下部机座。

图 3-1 粗碎圆锥破碎机示意图

与颚式破碎机相比，粗碎圆锥破碎机的破碎过程是沿着圆环形破碎腔内连续进行的，因此生产率较高，电耗低，工作平稳，适合破碎片状物料。此外，原始物料可以从运输工具直接倒入进料口，无须设置喂料机。粗碎圆锥破碎机的缺点是：构造复杂，价格较高；检修比较困难，修理费用大；机身较高，导致厂房、基础等构筑物的成本增大。

中细碎圆锥破碎机，又称为菌形圆锥破

碎机，如图 3-2 所示。它处理的是经过初次破碎后的料块，故进料口不必很大，但要求加大卸料范围，以提高生产能力，且要求破碎产品具有比较均匀的粒度，所以动锥和定锥都是正置的。动锥制成菌形，在卸料口附近，动、定锥之间有一段距离相等的平行带，以保证卸出物料的粒度均匀。这类破碎机因为动锥体表面斜度较小，卸料时物料沿着动锥斜面滚下。因此，卸料会受到斜面摩擦阻力的作用，同时也会受到锥体偏转、自转时离心惯性力的作用，故这类破碎机并非自由卸料。菌形圆锥破碎机具有破碎比大、生产能力高、产品粒度均匀等特点，但不适宜破碎黏湿物料。

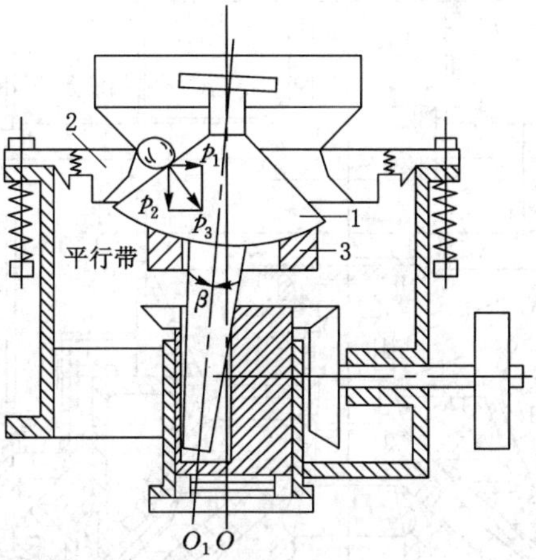

1—动锥；2—定锥；3—球面座。

图 3-2　菌形圆锥破碎机示意图

圆锥破碎机又可以根据破碎腔的不同分为标准型（中碎用）、中间型（中、细碎）和短头型（细碎用）三种型式，如图 3-3 所示，其中以标准型和短头型应用最广。对于我国研制的中细碎圆锥破碎机，一般采用汉字、拼音、字母和动锥的底部直径来表示圆锥破碎机的型号，如 PYB 2200，PYZ 2200 和 PYD 2200，其中 P 代表破碎机，Y 代表圆锥，B 代表标准型，Z 代表中间型，D 代表短头型，2200 代表动锥底部直径（mm）。

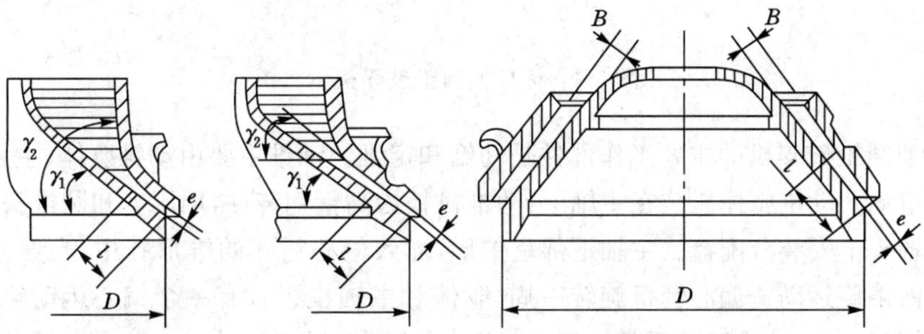

图 3-3　圆锥破碎机破碎腔的形状

3.2 圆锥破碎机的结构

圆锥破碎机主要由机架、传动机构、偏心轴套、球面轴承、动锥、调整环六大部分组成。机架是整个破碎机的主体，所有部分都装在机架上，它被 4 个地脚螺栓固定在基础上。另外圆锥破碎机的辅助部分由电气系统、稀油润滑系统以及液压清腔系统组成。标准型圆锥破碎机如图 3-4 所示。

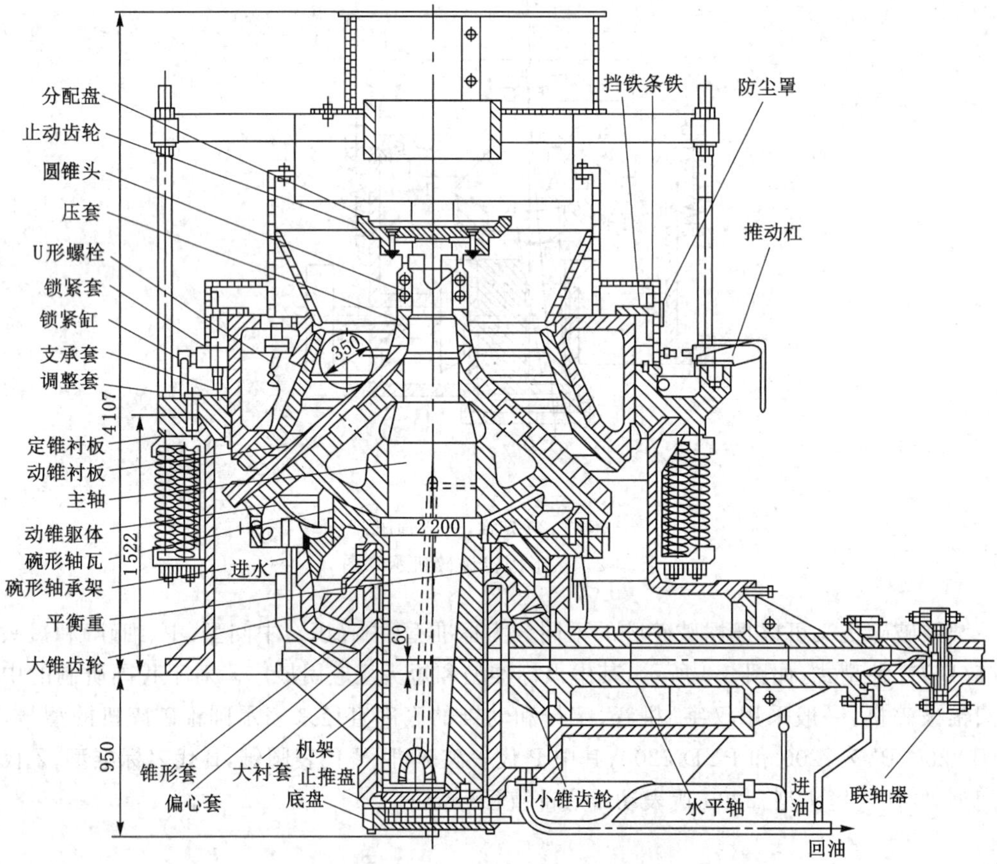

图 3-4 标准型圆锥破碎机示意图

标准型圆锥破碎机的主要工作部件是动锥和定锥。动锥主要由动锥躯体、主轴、动锥衬板和分配盘组成。动锥躯体压装在主轴上，动锥衬板为高锰钢铸件，用压套和圆锥头压在动锥躯体上。主轴头上安装分配盘。主轴下部呈锥形，插入偏心衬套的锥形孔中，当偏心套转动时，带动动锥做偏旋运动。偏心套每旋转一周，躯体和主轴也跟着有一个偏心运动轨迹。为了保证动锥的偏旋运动，动锥躯体下部加工成球面，并支承在碗形轴承上。碗形轴承由碗形轴瓦和轴承架组成，轴承架用方销固定在机架套筒上，动锥所受的全部力量都由机架承受。

定锥主要由定锥衬板和调整套构成。定锥衬板连同吊钩一起用高锰钢铸出，用 U 形螺栓悬挂在调整套的筋上，它们之间浇注锌合金，使之紧密结合。接料漏斗用螺钉固接在调整套上。调整套和支承套用梯形螺纹连接，而支承套又用弹簧螺杆压紧在机架上。调整套外圆加工有锯形螺纹，由支承套内圆的锯形螺纹支承。通过在支承套内顺时针或逆时针旋转调整套可使其上升或下降。调整调整套可控制给矿口和排矿口尺寸。

偏心套支承在由几个垫件组成的端轴承(或称止推盘)上，端轴承又坐落在机架的底盘上。为了减轻摩擦，最上面的钢垫随偏心衬套旋转，最下面的青铜垫和机架连接，中间的青铜垫和钢垫自由转动。垫件的接触面上有油槽，以便送入润滑油，减轻磨损。偏心套在大衬套内旋转，后者装在机架中心的套筒内。在偏心套锥形膛孔内还有锥形套，内锥的主轴在锥形套内旋转。

破碎机的电动机通过弹性联轴器、水平轴、小圆锥齿轮带动大圆锥齿轮，从而使偏心套旋转，迫使动锥以其球面中心为悬点绕破碎机的中心线旋转。喂入的料块经漏斗落到分配盘上，然后分布到破碎腔中，破碎后物料沿锥面卸出。

破碎能否获得最高效率直接取决于给料配置。如果给料适量，物料会均匀地布满破碎腔，破碎机就能实现最高效率。正确的给料方式与破碎机的分料盘相结合，给料箱将有助于保证经过充分混合的物料沿整个破碎腔均匀分布。应尽量使细料和粗料的偏析保持在最低程度，以最大限度地减小衬板磨损。无论是短头式还是标准型破碎机，最好采用预先筛分，筛去给料中的细料和黏性物料。同时，还应安装一台金属探测器，以便除掉引起调整环移动的金属物体。控制进入破碎机的给料速度很重要，因为从很高距离落到破碎机内的物料几乎可以全部通过破碎腔的开口侧。未经破碎而直接落入破碎腔底部的物料将会造成调整环异常跳动，从而导致主机架与调整环接触面的严重损坏。

3.3　圆锥破碎机的工作原理

物料的破碎过程是在定锥和旋回运动的动锥之间完成的，当挤压力超过物料颗粒之间的内聚力时，物料就产生破碎。定锥和动锥之间形成的空间称为破碎腔，如图 3-5 所示。破碎腔对物料的作用包括挤压、弯曲和冲击研磨。圆锥破碎机工作时，电机通过胶带轮驱动水平轴，偏心套在水平轴和齿轮的作用下绕定锥中心线旋转，动锥在偏心套的驱动下不但绕定锥中心线旋转，而且由于物料与衬板的摩擦力作用，动锥还绕自己的轴线旋转，使得动锥衬板表面时而靠近定锥表面，时而远离定锥表面。当动锥靠近定锥表面时，物料被挤压破碎；当动锥远离定锥时，物料沿衬板表面滑落或自由下落。

结合图 3-5、图 3-6，圆锥破碎机的破碎过程阐述如下：电动机的动力经传动轴 7 传递给小锥齿轮，通过两齿轮的啮合，小锥齿轮带动大锥齿轮转动。自由插在偏心轴套 5 的锥形孔里的主轴 4 随着偏心轴套 5 旋转。带动固定安装在主轴 4 上的动锥的中心线绕圆锥破碎机的中心线做旋回运动。两中心线的夹角 γ 为偏旋角。同时，动锥 1 以自身轴线为中心线自转。当动锥 1 自转到图示位置时，动锥一边靠近定锥，此时这一侧的物料处于被挤压和破碎的过程，而动锥另一侧远离定锥，已经被挤碎的物料则靠重力作用下降，从两锥体底部排出。在圆锥破碎机的工作过程中，电动机通过传动装置带动偏心套旋转，动锥在偏心轴套的推动下做旋转摆动，靠近定锥的区段即成为破碎腔，物料受到动锥和定锥的多次挤压和撞击而破碎。动锥离开该区段时，已破碎至要求粒度的物料在自身重力作用下下落，并从锥底排出。圆锥破碎机是随动锥转动连续进行破碎物料的，因此它比其他同类型破碎机的生产效率高，且工作平稳。

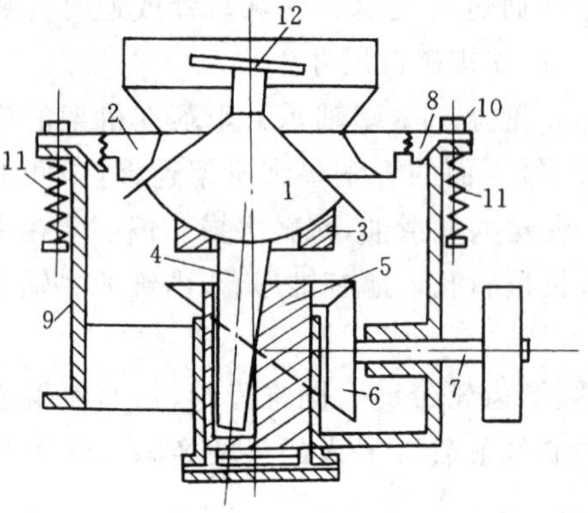

1—动锥；2—定锥；3—球面轴承；4—主轴；
5—偏心轴套；6—伞形齿轮；7—传动轴；8—支承环；
9—机体；10—螺栓；11—弹簧；12—分矿盘。

图 3-5 圆锥破碎机简图

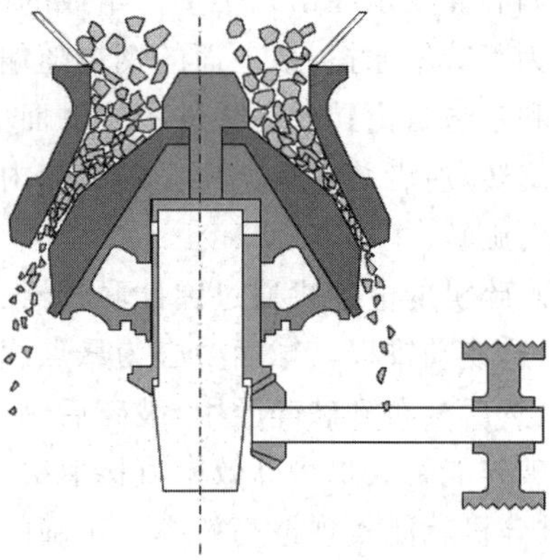

图 3-6 圆锥破碎机原理图

3.4 几种典型圆锥破碎机的应用

圆锥破碎机按其结构特点分为液压圆锥破碎机、弹簧圆锥破碎机和高效圆锥破碎机。

3.4.1 液压圆锥破碎机

1. SMH 系列液压圆锥破碎机简介

SMH 系列液压圆锥破碎机是吸收了当今世界先进破碎技术研制出的具有先进水平的圆锥破碎机，如图 3-7 所示。它广泛应用于冶金、建筑、水电、交通、化工、建材工业中，适合破碎坚硬、中等硬度以上的各种矿石和岩石。SMH 系列液压圆锥破碎机是高性能圆锥破碎机，在设计中对转速、冲程以及破碎腔型进行了优化组合，实现了粒间层压破碎，显著提高了产量，产品形状也大为改善。

2. SMH 系列液压圆锥破碎机特点与技术优势

SMH 系列液压圆锥破碎机具有比一般液压圆锥破碎机更大的优越性。

(1) 破碎比大、生产效率高

将更高的转速与冲程结合，使 SMH 系列液压圆锥破碎机的额定功率和通过能力大大提高，从而提高了破碎比和生产效率。该液压圆锥破碎机将破碎冲程、破碎速度以及破碎腔形状完美结合，比老式弹簧圆锥破碎机的产量提高了 35%～60%。

(2) 易损件消耗少、运行成本低

结构合理，破碎原理及技术参数先进，运转可靠，运行成本低。破碎机的所有部件均有耐磨保护，将维修费用降低到最低限度，一般使用寿命可提高 30%以上。

(3) 层压破碎、成品粒形优异

通过采用粒间层压原理设计的特殊破碎腔及与之相匹配的转速，取代了传统的单颗粒破碎原理，实现了物料的选择性破碎，显著提高了产品细料比例和立方体含量，极大程度上

图 3-7　SMH 系列液压圆锥破碎机

减少针片状物料。

(4) 液压保护及液压清腔、自动化程度高、停机时间减少

液压调节排料口和过载保护使破碎机运转水平得到很大提高，维修简单、操作方便、停机时间短；SMH 系列液压圆锥破碎机的双向过铁释放液压缸能够让铁块快速通过破碎腔，在发生过铁及瞬时闷车的情况下，能液压起顶，自动排料，极大解决了原弹簧圆锥破碎机需停机进行人工排料的问题，而许多厂家的破碎机却会因过铁卡死而停机。

(5) 稀油润滑、可靠先进、使用寿命提高

其独特的稀油润滑系统设计大大提高了设备使用寿命。高性能非接触式迷宫密封件无磨损，提高了阻挡粉尘的可靠性，从根本上消除了原弹簧圆锥破碎机油水混合等常见故障。

(6) 多种破碎腔型、应用灵活、适应性强

SMH 系列液压圆锥破碎机只需更换定锥衬板、动锥衬板。破碎腔型可从标准超粗腔型到短头超细腔型任意变换，适应大范围产品粒度要求。

(7) 维修简便、操作使用方便

SMH 系列液压圆锥破碎机所有零件都可以从顶部或侧面拆装和维护，动锥和定锥拆装方便，无须拆装机架、紧固螺栓，因而 SMH 系列液压圆锥破碎机日常更换衬板更便捷。利用液压马达，可使破碎机生产效率最佳。

3. SMH 系列液压圆锥破碎机主要技术参数

SMH 系列液压圆锥破碎机主要技术参数如表 3-1 所示。

表 3-1 所示圆锥破碎机的生产能力可作为工艺生产设备选型的参考。破碎机作为生产线的组成部分，其性能受给料机、胶带机、振动筛、电动机、传动部件及给料仓的正确选择和操作的影响。

表 3-1　SMH 系列液压圆锥破碎机主要技术参数

型　号	最大给料尺寸/mm	最小排矿口/mm	电机功率/kN	生产能力/(t/h)									
				9	13	16	19	22	26	32	38	51	63
				开路循环,闭边排料口/mm									
SMH120C	160	22～32						120	130	150			
SMH120M	130	13～26	75～90		65	85	100	120	130				
SMH120F	50	9～19		40	60	80	90						
SMH180C	180	22～32						185	195	215			
SMH180M	140	13～32	132～160		90	115	135	160	180	200			
SMH180F	60	9～22		60	80	100	120	140					
SMH250C	260	26～51							250	290	340	395	
SMH250M	150	16～38	160～220			125	140	165	220	275	330		
SMH250F	80	9～22		70	90	115	130	150					
SMH350EC	315	38～64									555	649	766
SMH350C	230	26～64	250～280						366	430	468	629	657
SMH350M	205	22～52						266	299	348	393	451	
SMH350F	180	16～38			100	130	170	210	250	300			
SMH550EC	253	19～38					415	445	545	675	895		
SMH550C	303	25～51	400						665	800	885	1 095	
SMH550M	334	31～63								870	925	1 200	1 390
SMH550F	425	38～63									960	1 300	1 495

3.4.2　弹簧圆锥破碎机

1. 弹簧圆锥破碎机简介

弹簧圆锥破碎机主要由机架、传动部、偏心套部、碗形轴承部、破碎圆锥部、支承套部、调整套部、弹簧部以及调整排料口用的液压站和提供润滑油的稀油站等组成,外观如图 3-8 所示。弹簧圆锥破碎机结构紧凑,生产效率高。当需要调整排料口大小时,可启动液压站通过推动缸进行调整。当破碎腔内进入无法破碎的物料时,弹簧安全装置能保护设备不受破坏。

当不可破碎异物通过破碎腔或因某种原因导致机器超载时,弹簧圆锥破碎机的弹簧保险系统会启动,从而增大排矿口,异物将从破碎机的破碎腔排出。如异物卡在排矿口,可使用清腔系统使排矿口继续增大,从而将异物排出破碎腔。在弹簧的作用下,排矿口会自动复位,破碎机恢复正常工作。破碎腔表面铺有耐磨高锰钢衬板,排矿口的大小可通过液压或手动进行调整。

图 3-8　弹簧圆锥破碎机外观图

2. 弹簧圆锥破碎机应用

弹簧圆锥破碎机适用于破碎中等及以上硬度的各种矿石和岩石。其具有高性能的破碎腔,显著提高了破碎能力。同时,它又吸取了层压破碎原理,在一定程度上减少了针片状物料。弹簧保险系统作为过载保护装置,对异物(铁块)提供"弹簧式"过铁释放保护。在正常使用情况下,设备无故障运行率超过 95%。

3. 弹簧圆锥破碎机技术参数

表 3-2 列出了弹簧圆锥破碎机技术参数,可作为设备选型依据。

表 3-2 弹簧圆锥破碎机技术参数

型 号	腔 型	破碎锥大端直径/mm	排料口调整范围/mm	推荐最小排料口时开口边给料口尺寸/mm	最大给料尺寸/mm	处理能力/(t/h)	主电动机功率/kW	外形尺寸(长×宽×高)/mm
PYB75X	标准细型	900	13~38	102	85	45~92	75	2 705×2 270×2 120
PYB75C	标准细型		25~38	175	150	57~164		
PYB75T	标准细型	900	25~38	178	150	116~162	75	2 705×2 270×2 120
PYD75X	短头细型		3~13	41	35	25~92		
PYD75Z	短头细型	900	3~16	76	51	25~100	75	2 705×2 270×2 120
PYD75T	短头细型		6~19	137	65	55~130		
PYB160X	标准细型	1 300	13~31	210	115	105~185	160	2 985×1 870×3 160
PYB160Z	标准细型		16~38	241	178	130~255		
PYB160C	标准细型	1 300	19~51	259	205	170~350	160	2 985×1 870×3 160
PYB160T	标准细型		25~51	64	220	235~360		
PYD160X	短头细型	1 300	3~16	89	54	35~165	160	2 985×1 870×3 160
PYD160Z	短头细型		6~16	105	76	80~165		
PYD160C	短头细型	1 300	8~25	133	89	105~228	160	2 985×1 870×3 160
PYD160T	短头细型		16~25	209	113	205~240		
PYB220X	标准细型	1 670	16~38	241	178	180~330	220	3 905×2 935×3 245
PYB220Z	标准细型		22~51	269	205	255~420		
PYB220C	标准细型	1 670	25~64	368	228	295~630	220	3 905×2 935×3 245
PYB220T	短头特粗型		38~64	70	313	432~630		
PYD220X	短头特粗型	1 670	5~13	88	60	90~210	220	3 905×2 935×3 245
PYD220Z	短头特粗型		6~19	89	76	135~285		
PYD220C	短头特粗型	1 670	10~25	133	113	190~335	220	3 905×2 935×3 245
PYD220T	短头特粗型		13~25	152	129	252~338		

3.4.3 CZS 高效圆锥破碎机

CZS 高效圆锥破碎机广泛应用于矿山、建材、冶金等行业,可对各种金属矿石、玄武岩、花岗岩、石灰石、鹅卵石、砂岩等中等及以上硬度的物料进行中、细碎作业。

1. CZS 高效圆锥破碎机简介

CZS 高效圆锥破碎机工作时，电动机通过胶带轮、三角带将动力传递给圆锥破碎机传动轴。圆锥破碎机传动轴和一对锥齿轮带动偏心轴套转动，破碎圆锥轴心线在偏心轴套的作用下做旋摆运动，使破碎壁和固定圆锥破碎壁时而靠近，时而远离；矿石在破碎腔内不断地受到挤压、撞击和弯曲而被破碎。

2. CZS 高效圆锥破碎机技术参数

表 3-3 列出 CZS 高效圆锥破碎机技术参数，可作为设备选型依据。

表 3-3 CZS 高效圆锥破碎机技术参数

型 号	腔 型	最大给料尺寸/mm	排料口调整范围/mm	处理能力/(t/h)	电机功率/kW	机器质量/t	外形尺寸(长×宽×高)/mm
CZS36B	细 型	85	9～22	45～91	75	14.5	2 656×1 746×2 410
	粗 型	150	13～38	59～163			
	特粗型	152	25～38	118～163			
CZS36D	细 型	35	3～13	27～90		15.0	
	中 型	65	5～16	36～100			
	粗 型	85	6～19	59～129			
CZS51B	细 型	115	13～31	109～181	160	26.5	2 958×2 354×3 156
	中 型	178	16～38	132～253			
	粗 型	205	19～51	172～349			
	特粗型	220	25～51	236～358			
CZS51D	细 型	54	3～16	36～163		27.0	
	中 型	76	6～16	82～163			
	粗 型	89	8～25	109～227			
	特粗型	113	16～25	209～236			
CZS66B	细 型	178	16～38	181～327	220	51.0	3 941×2 954×3 771
	中 型	205	22～51	258～417			
	粗 型	228	25～64	299～635			
	特粗型	313	38～64	431～645			
CZS66D	细 型	60	5～13	90～209		52.0	
	中 型	76	6～19	136～281			
	粗 型	113	10～25	190～336			
	特粗型	125	13～25	253～336			
CZS84B	细 型	236	19～38	381～726	315	90.0	4 613×3 251×4 732
	中 型	284	25～51	608～998			
	粗 型	314	31～64	789～1270			
	特粗型	391	38～64	880～1361			
CZS84D	细 型	89	5～16	190～408		92.0	
	中 型	113	10～19	354～508			
	粗 型	151	13～25	454～599			
	特粗型	172	16～25	508～653			

3.5 圆锥破碎机工作参数的确定

物料破碎后的粒度除了受圆锥破碎机的紧边排矿口宽度影响外，还与破碎机运行参数和腔型有关。破碎腔型随着衬板的磨损而不断变化，这导致破碎后物料粒度过大或者不均匀，从而增加了破碎粉磨成本。此外，评价破碎机工作性能的一个重要指标是其生产能力。生产能力是指在既定的生产条件下，散体物料最大的处理量，反映出破碎机的工作能力，直接决定了其应用范围。除了破碎机工作性能外，经济性能也是破碎机用户关注的重点。破碎能耗和衬板磨损是影响破碎机经济性能的重要指标。因此，圆锥破碎机的工作参数、腔型结构参数是影响物料在破碎腔内运动特性的关键因素，决定了物料在破碎腔内的通过方式以及其在破碎腔内的挤压程度，进而对破碎机性能如生产率、能耗、磨损等产生重要影响。圆锥破碎机的工作参数主要包括钳角、动锥转速及腔型结构参数平行区长度等。

3.5.1 钳角

钳角为动锥衬板与定锥衬板之间的夹角。钳角的作用是保证动锥衬板与定锥衬板有效地咬住物料，防止其向上滑动，因此其值要小于物料与两衬板摩擦角之和。钳角大小可按式(3-1)计算。

$$\alpha=\gamma_2-\gamma_1\leqslant 2\varphi \tag{3-1}$$

式中，γ_2、γ_1为定锥和动锥与水平线的夹角；φ是摩擦因数。通常钳角的取值在 21°～23°之间。若定锥底角和进动角不变，减小动锥底角，钳角增加，物料自由下落时间越短，相应的速度也越小。

3.5.2 动锥转速

动锥转速即偏心衬套转速。这类破碎机用于物料的中细碎，为了保证产品粒度的均匀性，使卸出料块的尺寸都小于出料口宽度，工作时每块物料在平行带上至少应受到一次破碎作用，即物料经过平行带的时间应不少于动锥偏转一次所需的时间。

3.5.3 平行区长度

平行区长度是影响破碎机性能的重要腔型结构参数之一。平行区是为了保证产品达到一定粒度和均匀度而设计的。当转速、动锥底角等参数不变时，若平行区长度过长，破碎机生产率下降，磨损加剧，破碎消耗的能量增加；若平行区长度过短，破碎机生产率升高，磨损量减小，破碎消耗的能量减小，产品粒度增大。

3.6 圆锥破碎机的性能及应用

随着生产技术的进步，圆锥破碎机现在采用层压破碎原理，特别是在细碎领域，还引入了计算机控制和现代液压技术。因此，它具有破碎比大、生产效率高、易损件保护、消耗少、运行成本低、稀油润滑、可靠先进、使用寿命长、多种破碎腔型、应用灵活、适应性强等优点，在国内外市场上有着广泛的应用。随着国家建设扩大内需，基础设施建设加大，对砂石料及相关破碎机械的需求剧增，圆锥破碎机的市场前景广阔。在我国，圆锥破碎机最重要的应用领域是水泥行业、铺路和矿山，这几个行业的破碎机使用量约占整个行业的 31%。

破碎机作业事故案例分析与防范

练习题

1. 简述圆锥破碎机的工作原理。
2. 相比颚式破碎机，圆锥破碎机的优势有哪些？
3. 调研文献，了解一下圆锥破碎机的发展史。

圆锥破碎机测试题

第 4 章　辊式破碎机

◇ 本章教学要点

知识要点	能力培养
1. 掌握辊式破碎机工作原理及构造； 2. 熟悉辊式破碎机工作参数的确定； 3. 了解辊式破碎机的性能及应用。	针对处理能力相同、粉碎粒径大小相近的不同破碎设备，在进行设备选型时，能够做出合理选择。

辊式破碎机也称为对辊式破碎机、双辊式破碎机、辊压式破碎机，是利用辊面的摩擦力将物料咬入破碎区，使之承受挤压或劈裂而破碎的机械。该破碎机适用于水泥、化工、电力、冶金、建材、耐火材料等工业部门破碎中等硬度的物料，如石灰石、炉渣、焦炭、煤等的中碎、细碎作业，具有入料粒度大、出料粒度可调的特点，可对耐压强度≤160 MPa 的物料进行破碎，特别是煤炭行业，使用辊式破碎机破碎原煤时，只要经过除铁和除杂，无须除矸便可直接进行破碎，破碎出的物料粒度均匀，从而简化了选煤工艺，降低了投资和生产成本。图 4-1 所示为辊式破碎机外形图。

图 4-1　辊式破碎机外形图

4.1　辊式破碎机的分类

4.1.1　按辊子的安装方式划分

根据辊子的安装方式可分为三类：一个辊筒的轴承是活动安装的，而另一个辊筒的轴承是固定安装的破碎机；两个辊筒的轴承都是活动安装的破碎机；两个辊筒的轴承都是固定安装的破碎机。

4.1.2 按辊面形式划分

根据辊面的形式，辊式破碎机可分为平滑表面的光辊破碎机、表面带凸棱或带凹槽的槽面破碎机和齿形表面的齿辊破碎机。对于硬度较大、腐蚀性强的物料一般使用光面辊子，对物料具有压碎和研磨作用。齿面或者有凹槽的辊子，除对物料有挤压作用外，还有剪切作用，更适合处理硬度低、脆性或者含水分比较多的黏湿物料。槽面可以很好地将物料拉入破碎腔内，破碎出的物料破碎比更大。齿面辊子如图 4-2 所示，它由一块块带有齿的钢盘 1 拼合而成，钢盘用键 3 装在轴 2 上，螺栓 4 将各块钢盘串联起来拉紧成为一个整体。齿面辊子破碎物料时，除了施以挤压作用外，还兼施劈裂作用，故适于破碎具有片状节理的软质和低硬度的脆性物料。齿面和槽面辊子都不适于破碎坚硬物料。同时，为了保证辊式破碎机的正常工作，在辊圈上配有刮泥板装置(辊面均为光面情况下)。刮泥板在机械压紧力的作用下紧靠在辊圈表面，将辊圈表面黏附的原料清除。

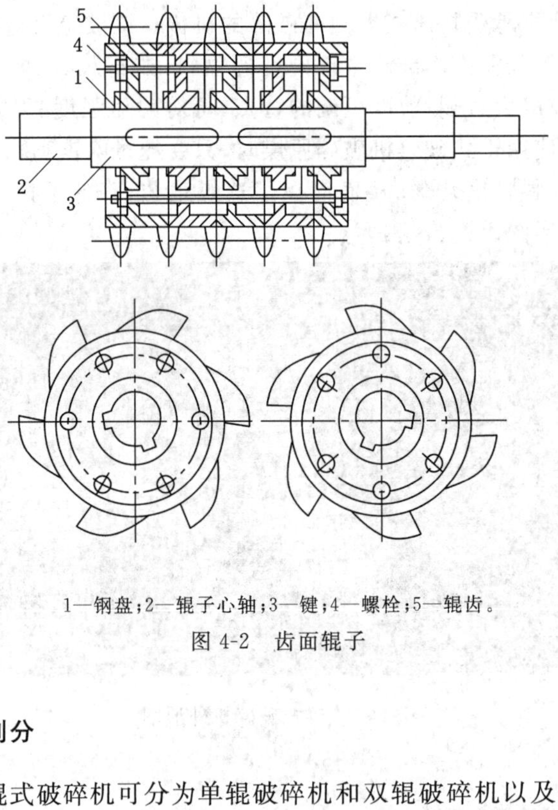

1—钢盘；2—辊子心轴；3—键；4—螺栓；5—辊齿。

图 4-2 齿面辊子

4.1.3 按辊筒数目划分

根据辊筒数目，辊式破碎机可分为单辊破碎机和双辊破碎机以及多辊(一般是四辊)破碎机，如图 4-3 所示。而双辊破碎机按辊筒转速又可分为高速双辊破碎机和低速双辊破碎机；按两辊筒转速的比值可分为等速双辊破碎机和差速双辊破碎机。双辊破碎机主要用于 80 mm 以下物料的细碎作业，破碎后的物料粒度均匀。通过调节装置，可以将成品粒度调节在 0.5～40 mm 之间，适合用于粉煤灰、煤炭、非金属矿、黄沙、矿砂等物料的细碎。四辊破碎机的进料粒度一般在 90 mm 以下，出料粒度可控制在 0.1～3 mm 以下，适合物料的细碎、超细碎作业，适用于方解石、石英、大理石、铁矿石、花岗岩、玄武岩等物料的破碎。

(a) 双辊破碎机

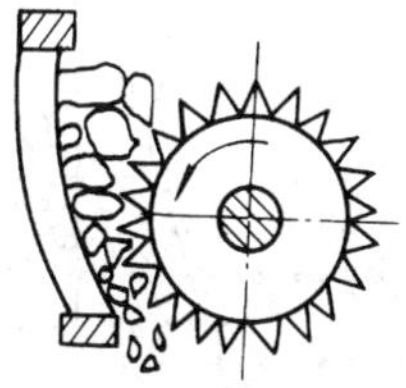

(b) 单辊破碎机

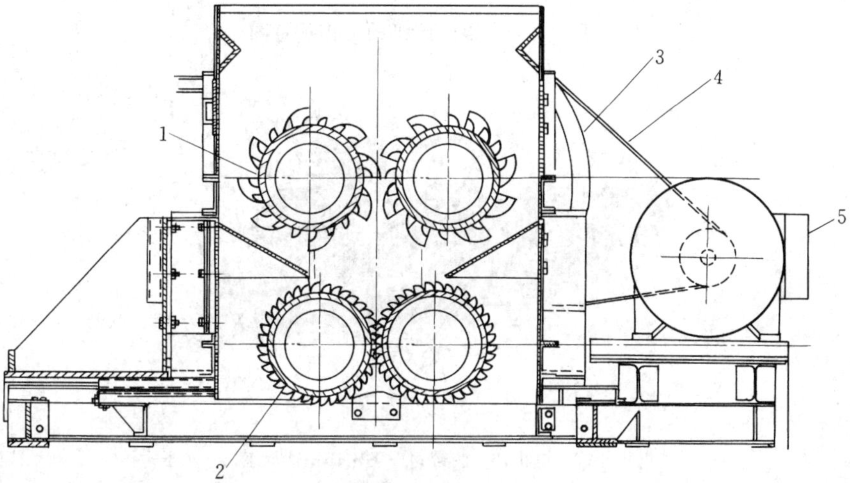

(c) 四辊破碎机

1—上段齿辊；2—下段齿辊；3—胶带轮；4—胶带；5—电机。

图 4-3　辊式破碎机结构简图

辊式破碎机的代号表示如下：一般用 PG 表示单辊破碎机，用 2PG 表示双辊破碎机，用 PGC 表示齿面辊式破碎机。辊式破碎机的规格用辊子直径×长度($D\times L$) (mm)来表示。因为辊子表面磨损得不均匀，因此辊子的长度 L 应小于辊子直径 D，一般取 $L=(0.3\sim0.7)D$。

4.2　辊式破碎机的工作原理

常用的辊式破碎机是双辊破碎机，它的破碎机构是一对圆柱形辊子，辊子互相平行，水平安装在机架上，前辊和后辊做相向旋转。两辊旋转如采用差速可使物料受到搓磨、剪切的作用，能够更有效地破坏物料的自然结构，提高物料的粉碎效果。双辊破碎机的工作原理如图 4-4 所示，物料从上方喂料口加入，经过相向转动的两个粉碎辊，借助于摩擦力和重力作用，将给入的物料咬入破碎腔中，使其受到挤压和磨削作用而破碎，最后从下面的出料口排出。因此，辊式破碎机是连续操作，且有强制卸料的作用，粉碎黏湿的物料也不易堵塞。双辊破碎机的保险装置可以通过弹簧来调整，图 4-5 中缓冲弹簧 7 为保险装置，当物料中夹有大块杂物或硬质杂物落到破碎腔中不能被挤碎时，辊筒受力增大，活动辊筒就可以向左移动，通过活动轴承座压缩弹簧，待杂物排出后，借助弹簧的弹力使辊筒恢复到原来的位置。

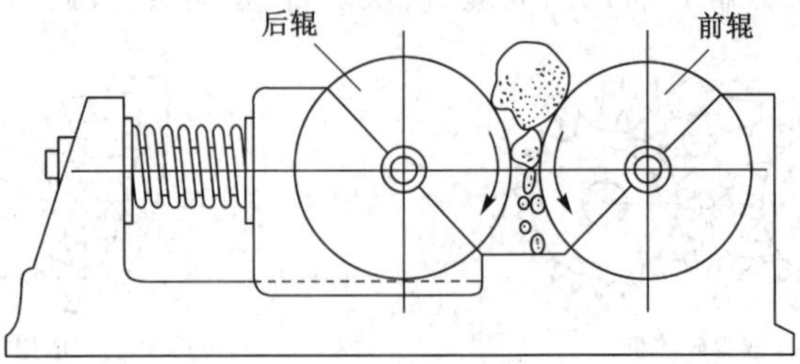

图 4-4　双辊破碎机的工作示意图

1—电机轮；2—电机；3—胶带；4—飞轮；5—轴承座；6—转子；
7—缓冲弹簧；8—机架；9—外壳；10—辊体；11—卧式支座。

图 4-5　传动部分

双辊破碎机的传动部分如图 4-5 所示。双辊破碎机的传动方式是电机通过三角胶带和齿轮将动力传递给固定辊筒，固定辊筒再通过齿轮将运动和动力传递给活动辊筒，从而使两个辊筒不等速地反向旋转。

4.3　辊式破碎机的结构

4.3.1　双辊破碎机的结构

双辊破碎机的结构如图 4-6 所示，主要分为破碎辊、调节装置、弹簧安全装置、传动机构和机架 5 个部分。

破碎辊是双辊破碎机的主要工作机构，由轴、轮毂和辊皮组成。辊皮与矿石直接接触，因此，在生产中应选用耐磨高锰钢或特种碳钢，并定期更换。

调节装置用于调节两个破碎辊之间的间隙，即出矿口，从而控制双辊破碎机的产品粒度。具体来说，它在轴承与顶座之间放有钢垫片，通过增加或减少两个辊轮轴承之间的垫片数量来调节两转辊的间距。

弹簧安全装置在双辊破碎机的正常运行和过载保护中起着非常重要的作用。强力弹簧压紧在顶座上，当转辊之间落入难碎物时，弹簧被压缩，后辊后移一定距离，让硬物落下，然后弹簧又恢复原来位置。由于双辊破碎机在运行中处于振动状态，容易造成疲劳损坏，因此

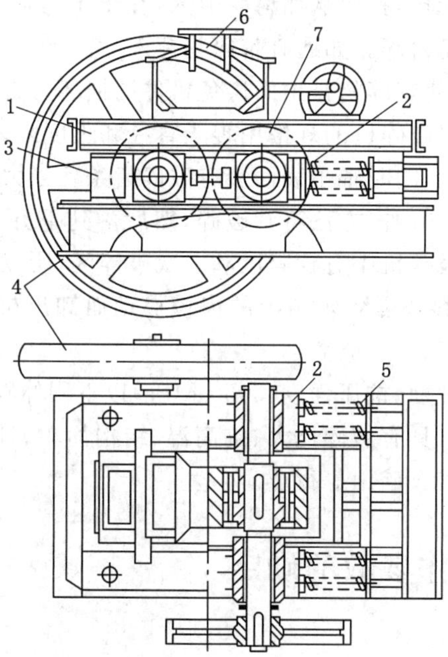

1—机架；2—活动轴承；3—固定轴承；4—胶带轮；5—强力弹簧；6—喂料箱；7—对辊。

图 4-6　双辊破碎机的结构

需要定期检查和更换。

传动机构由电机、齿轮减速器和一对长齿轮组成。双辊破碎机在进入未破碎物体后，两辊之间的距离会发生变化，以确保长齿轮正常啮合。但是这种长齿齿轮很难制造，工作中容易固定或折断，维修困难，且噪声大，所以长齿齿轮传动装置主要用于低速的双辊破碎机。

4.3.2　单辊破碎机的结构

单辊破碎机由一个旋转的辊子和一块颚板组成，又称为颚辊式破碎机，如图 4-7 所示。矿石在辊子和颚板之间被压碎，然后从排矿口排出。这种破碎机可用于中等硬度黏性矿石

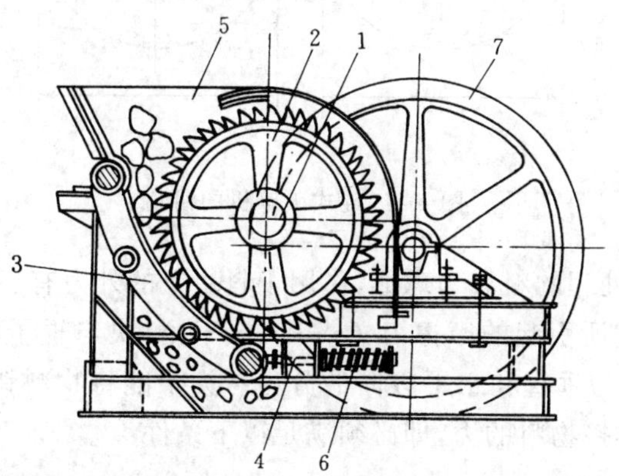

1—齿辊轴；2—齿辊；3—弧形破碎板；4—拉杆；5—漏斗；6—弹簧；7—胶带轮。

图 4-7　单辊破碎机的结构

的粗碎。工作时只有辊子旋转，料块从加料斗喂入，在辊子与颚板之间受到挤压作用，并受到齿尖的冲击和劈裂作用而粉碎。如遇有难碎物掉入，所产生的作用力就会使弹簧压缩，颚板离开辊子而增大出料口，使难碎物排出而避免机件的损坏。辊子轴上装有沉重的飞轮，以平衡破碎机的动载荷。单辊破碎机的规格用辊子直径和长度来表示。

单辊破碎机进料口较大，同时辊子表面装有破碎齿条。当大块物料喂入时，较高的齿条将大块物料钳住，并以劈裂和冲击方法将其破碎，然后落到下方，由较小的齿将其进一步破碎到要求的尺寸。在一台破碎机中有预碎区和二次破碎区，所以可用于粗碎物料，而且粉碎度较大，可达 15。破碎时，料块受到辊子上的齿棱拨动而卸出机外，因此是强制卸料，粉碎黏湿物料时也不致发生堵塞。

单辊破碎机适用于中硬度(抗压强度＜150 MPa)以下固体物料的粗碎作业，如烧结矿、煤、炉渣、油页岩、软矿石等，具有破碎比大、抗高温、结构简单、性能可靠、耗电量少等特点，可用于冶金、煤矿、电力、化工、矿山等行业。

4.4 辊式破碎机工作参数的确定

4.4.1 钳角

物料与两辊子接触点的切线夹角 α 称为辊式破碎机的钳角(图 4-8)。与颚式破碎机一样，为了能钳住物料进行破碎，要求辊式破碎机有一定的钳角。钳角的极限值可以从作用力的平衡关系求得。

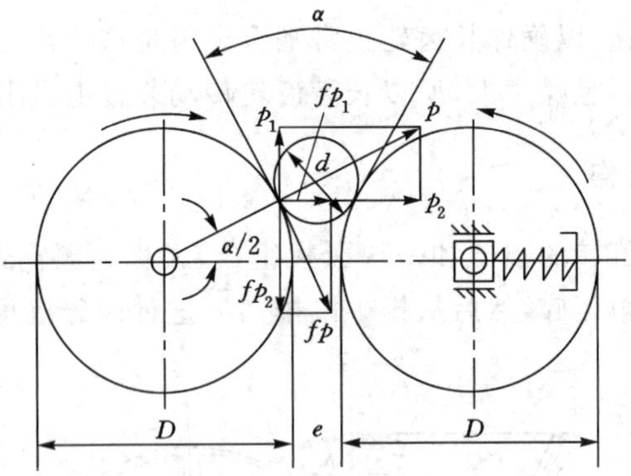

图 4-8 辊式破碎机的钳角

为了便于计算，设处理的料块为球形，作用于料块上的外力有：料块的重力 G、辊子对料块的作用力 p 以及由它所引起的摩擦力 fp，其中 f 为料块与辊子间的摩擦因数。将作用力 p 及摩擦力 fp 分解为垂直和水平方向的分力。为了能将物料钳进转辊间隙，必须使向下拉扯物料的力大于排挤物料的力，即必须满足以下条件：

$$2fp\cos\frac{\alpha}{2} \geqslant 2p\sin\frac{\alpha}{2} \tag{4-1}$$

$$f \geqslant \tan \frac{\alpha}{2} \tag{4-2}$$

物料与辊面间的摩擦角为 φ，则

$$\tan \varphi = f \tag{4-3}$$

$$\alpha \leqslant 2\varphi \tag{4-4}$$

即钳角应小于或等于物料与辊子之间的摩擦角的两倍，实际上应用的钳角要更小些。

4.4.2 辊子尺寸

为了能将物料钳入转辊间隙，喂入破碎机的料块尺寸 d 与辊子直径 D 之比值应受到一定的限制。辊子直径与原料的大小、硬度及破碎程度有关。考虑到辊子的磨损不均匀，中部比两边磨损快，因此辊子的长度不宜过长。对于双辊破碎机，入料的最大粒度和破碎比决定了齿辊直径，入料量决定了要选择齿辊的长度。根据生产率，一般辊子长度为直径的 0.8～2 倍。同一台破碎机，选择的破碎比越大，单位长度处理量就越小。最大入料粒度一样，如果破碎比越大，选择的齿辊直径就越大。

结合图 4-8，通过受力分析，料块尺寸 d 与辊子直径 D 之间的关系如式(4-5)所示。

$$\left(\frac{D}{2} + \frac{d}{2}\right)\cos \frac{\alpha}{2} = \left(\frac{D}{2} + \frac{e}{2}\right) \tag{4-5}$$

整理得

$$\frac{D}{d} = \frac{\cos \frac{\alpha}{2} - \frac{e}{d}}{1 - \cos \frac{\alpha}{2}} \tag{4-6}$$

齿辊破碎机的破碎比在 2～6，一般为 4，将钳角 α 的极限值代入式(4-6)可知，对于干硬物料 $\frac{D}{d} = 17$；对于湿软物料 $\frac{D}{d} = 7.5$。实际上，为了使破碎机可靠地进行工作，$\frac{D}{d}$ 的数值还必须加大 20%～25%。

4.4.3 辊子转速

辊子最佳转速的选择，应满足最大生产率、最小功耗、均匀的产品粒度以及减小辊子表面磨损等要求。辊子的转速与辊子表面形状、被破碎物料硬度和大小有关，通常根据物料在辊子上的惯性离心力与各作用力的平衡条件，可得出当粉碎比为 4 时，光面辊式破碎机的极限转速为：

$$n_{\max} = 616\sqrt{\frac{f}{\rho d D}} \quad (\text{r/min}) \tag{4-7}$$

实际上，为了减小破碎机的振动与辊子表面的磨损，取

$$n = (0.4 \sim 0.7) n_{\max} \quad (\text{r/min}) \tag{4-8}$$

辊子的合理转速一般通过实验确定。对于光面辊子，转速取上限值，对于槽面和齿面辊子则取下限值。对于不同硬度的物料，其转速也不同，影响因素很多。

4.4.4 生产能力

与一般破碎机相比，辊式破碎机性能更加优越。在设计辊式破碎机时，当物料体积

较大且无法从齿轮中取出时，辊式破碎机可以实现二次破碎，并且可以采用劈碎的方式，强行破碎物料。所以，在计算辊式破碎机的生产能力时，不能直接运用传统破碎机生产能力的计算公式，应根据辊式破碎机的运行能力，从而能更加准确地计算出辊式破碎机的生产能力。

对于齿辊破碎机生产能力的计算，一般采用面积通过法。计算物料通过面积时，需考虑两种极限情况：两齿辊上的辊齿完全啮合时为物料通过的最小面积，反之，当辊齿完全错开时为物料最大通过面积。

表 4-1 为齿辊破碎机的相关参数，可为设备选型提供参考依据。

表 4-1　齿辊破碎机的相关参数

破碎机	名　称	直径/mm	宽度/mm	转速/(r/min)	最大通过面积/m^2
一级破碎机	快速齿辊	1 040	2 200	65.2	0.386
	慢速齿辊	1 040	2 200	58.2	0.146
二级破碎机	快速齿辊	860	2 500	81.6	0.337
	慢速齿辊	860	2 500	72.5	0.144

4.4.5　功率

目前尚无可靠的理论公式计算辊式破碎机功率，一般采用经验公式来估算。粉碎中硬物料时，破碎机所需功率为：

$$N=0.749\ KLv\quad (\mathrm{kW}) \tag{4-9}$$

式中　v——辊子圆周速度，m/min；

L——辊子长度，m；

K——系数，$K=0.6\dfrac{d}{d_e}+0.15$，其中 d 与 d_e 分别是喂料和卸料粒度。

为了准确估算辊式破碎机的电动机功率，有时也会采用实际测得的单位功率消耗数据。表 4-2 和表 4-3 列出了每吨产品的功率消耗。

表 4-2　辊式破碎机破碎不同物料的单位功率消耗

物料	辊子间距/mm	每破碎 1 t 物料的功率/kW
硬质原料	30～100	0.92～1.36
硬质石灰石、矿渣、水泥熟料	5～6	1.47～2.23
粗碎黏土(用齿面辊子)	8～10	0.55～0.66
石膏、白垩、焦炭	5～6	0.88～1.03
细碎黏土(或用除石式破碎机)	2～3	0.66～0.92

表 4-3　辊式破碎机的单位功率消耗与辊子间距及辊子直径的关系

辊子间距/mm	辊子直径/mm			
	400	600	750	1 000
	单位功率消耗/(kW/t)			
6	2.23～1.76	1.63～1.47	1.63～1.57	2.45～1.84
8	0.81～0.66	0.52～0.29	0.46～0.27	0.74～0.33

4.5　辊式破碎机的性能及应用

4.5.1　辊式破碎机的优点

(1) 粒度调节灵活：通过调整两辊之间的间隙来控制成品粒度，这种设计极大地增强了设备的灵活性，使其能够适应更广泛的应用场景。

(2) 低噪声、无污染：在环保意识日益增强的今天，辊式破碎机采用了低噪声、低振动的设计理念，配备有高效的收尘系统，确保作业环境清洁，符合现代工业的环保标准。

(3) 操作简便、维护成本低：该设备结构简单，易于操作和维护，减少了停机时间和维护成本。

(4) 耐用性和可靠性：采用高质量耐磨材料制造的关键部件，保证了设备的长寿命和高稳定性，即使在恶劣工况下也能保持高效稳定运行。

4.5.2　辊式破碎机的缺点

(1) 生产能力低，要求将物料均匀连续地喂到辊子全长上，否则辊子磨损不均，且所得产品粒度不易均匀，需要经常修理。

(2) 对于光面辊式破碎机，喂入料块的尺寸要比辊子的直径小得多，故不能破碎大块物料，也不宜破碎坚硬物料，通常用作中硬或松软物料的中、细碎。齿面辊式破碎机虽然可以钳进较大的料块，但也限于在中碎时使用，否则齿棱很易折断。

4.5.3　辊式破碎机的应用

辊式破碎机是一种广泛应用于各种工业领域的破碎设备，具有高效、节能、易维护等特点。辊式破碎机主要适用于破碎中等硬度的物料，如石灰石、炉渣、焦炭、煤等。它特别适用于水泥、化工、电力、建材、耐火材料等工业部门的中碎和细碎作业。它具有体积小、破碎比大、噪声低、结构简单、维修方便等优点，特别适用于大型煤矿或选煤厂的原煤(含矸石)破碎。液压对辊破碎机通过双辊挤压技术，利用两台电机和减速机带动两副辊轴对物料进行挤压和研磨。其出料粒度可以通过液压系统精确调节，确保破碎效果的优化。这种设备还配备了智能控制系统，可以实时监测和调整辊间距、转速和进料速度，确保高效运行。小型煤炭对辊式破碎机具有灵活的操作性和高效的破碎能力，适用于多种物料的粗碎和细碎。它采用封闭式设计，有效降低了粉尘和噪声污染，符合绿色环保要求。

练习题

1. 查阅文献，概述辊式破碎机的分类。
2. 试述辊式破碎机的工作原理。
3. 在选择辊式破碎机时，应注意什么？
4. 根据辊式破碎机的缺点，有哪些需要改进的地方？

辊式破碎机测试题

第 5 章　冲击式破碎机

◇ 本章教学要点

知识要点	能力培养
1. 掌握冲击粉碎原理、冲击式破碎机分类； 2. 重点掌握锤式破碎机的工作原理、类型以及主要工作部件的构成； 3. 重点掌握反击式破碎机的工作原理、类型、主要工作部件以及工作过程； 4. 了解锤式破碎机与反击式破碎机的区别。	1. 通过冲撞原理的学习，能够确定反击板的作用和锤头的选取原则，为设备选型提供参考依据； 2. 针对粉碎需求，能够利用工程知识进行设备选型并分析其局限性，具备解决复杂问题的能力。

冲击式破碎机，简称冲击破，俗称制砂机，是一种具有国际先进水平的高能低耗破碎机，其性能在各种矿石细碎设备中起着不可替代的作用，是目前最行之有效、实用可靠的碎石机械。冲击式破碎机广泛应用于各种金属和非金属矿石、耐火材料、建筑骨料、人工造砂、鹅卵石、山石等特硬物料及细碎领域，它是一种新型高效率的碎矿设备，其特点是破碎比大、能耗低、生产能力大、产品粒度均匀。

冲击式破碎机的特征是机器内都有旋转的工作部件转子，通过工作体（棒、锤或叶片等）对料块的冲击或使料块彼此冲击进行粉碎。冲击式破碎机主要利用高速冲击能量的作用使物料在自由状态下沿其脆弱面破碎，因此特别适用于粉碎石灰石等脆性物料。该设备粉碎效率高，产品粒度多呈方块状。

属于这类破碎机的有锤式破碎机、反击式破碎机、反击-锤式破碎机、立式冲击破碎机、笼式粉碎机和锤磨机等。

5.1　锤式破碎机

锤式破碎机通过高速转动的锤体与物料碰撞实现破碎，具有结构简单、破碎比大、生产效率高等特点，可作干、湿两种形式破碎。该设备适用于矿山、水泥、煤炭、冶金、建材、公路等行业，用于中等硬度及脆性物料的细碎作业。锤式破碎机具备多种破碎方式，如打击、冲击、剪切、研磨作用等，实际应用时可根据物料性质选择合理破碎方式，从而达到有效破碎力度。

5.1.1　锤式破碎机的结构

锤式破碎机由机壳、转子、锤头、衬板和打击板、筛板、传动装置等组成。具体结构如图 5-1 所示。

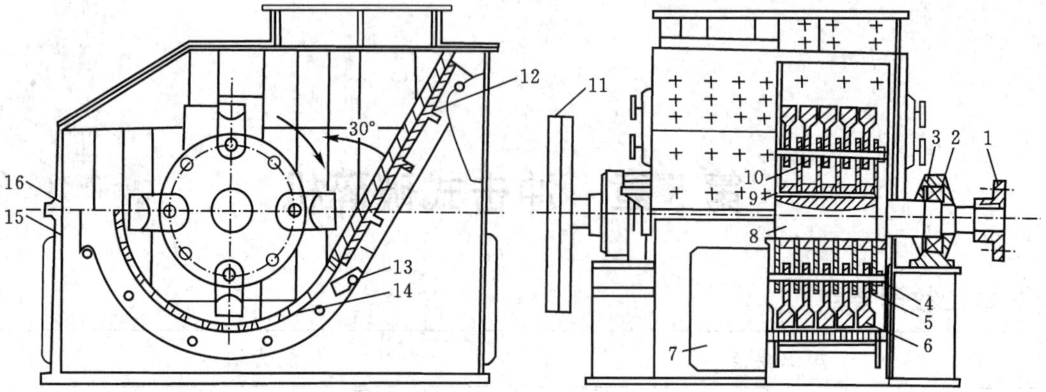

1—弹性联轴节；2—球面调心滚柱轴承；3—轴承座；4—销轴；5—销轴套；6—锤头；7—检查门；8—主轴；9—间隔套；10—圆盘；11—飞轮；12—破碎板；13—横轴；14—格筛；15—下机架；16—上机架。

图 5-1　锤式破碎机的结构

1. 机壳

锤式破碎机的机架、机壳由下机体、后上盖、左侧壁和右侧壁组成，通过螺栓将各部分连接为一体，用钢板焊接而成，也可做成箱形结构。沿转子中心线可以把机架分为上、下两部分，彼此用螺栓连接。其中上机架的上部为进料口，机架内部和矿石接触部分均装有锰钢衬板，方便磨损后进行更换。机架下部直接用地脚螺栓固定在混凝土上。为了防止漏灰，机壳的任意部位与轴接触的地方全部设有轴封。另外，在侧壁和下机体都设置了小门，供安装和检修使用。

2. 转子

转子是锤式破碎机的主要工作部件，由主轴、锤盘、销轴等组成。主轴是锤式破碎机支承转子的最主要的部件，转子、锤头的重量以及冲击力都由其承受，所以主轴的材质需要具有较高的韧性和强度，一般采用高质量合金钢。锤头悬挂在锤盘上的销孔中，用锁紧螺母在销轴两端固定，以防锤盘和锤头轴向窜动。锤盘在设备运转中无法避免会受到物料的冲击与磨损，锤头更是主要的易磨损部件，所以两者都需要采用高强耐磨的材料制成。

转子是一个质量大、回转速度较高的部件，为了使破碎机能正常工作，首先必须使其获得平衡。如果转子的重心偏离转轴的几何中心，则产生静力不平衡现象；若转子的回转中心线与其主惯性轴中心线不重合而呈交叉状态，则产生动力不平衡现象。当转子发生不平衡时，破碎机的轴承除了承受转子质量之外，还受到惯性离心力、惯性离心力矩的作用，以致轴承迅速被磨损，功率消耗增加，机械产生振动。因此，转子制造与修理后，还要精确地进行平衡校准。

3. 锤头

锤头是锤式破碎机最为重要的工作部件。在使用中比较容易磨损，所以锤头应采用高强耐磨材料制成，一般使用的是高锰钢。锤头的形状主要有板状和块状，块状锤头比板状锤头重，主要用于块度和硬度较大及长度较长的物料破碎。近几年又研制出新的圆形锤头，简称环锤。环锤悬挂在十字形转盘上，不仅能随转子公转而对物料进行冲击破碎，而且能绕轴自转，对物料进行碾压破碎，因此功耗较低。装有环锤的破碎机主要用于破碎煤炭等物料。

在锤式破碎机中，料块受到高速旋转的锤子冲击而被粉碎。当转子的圆周速度一定时，锤子质量越大，动能就越大，越容易将大块和坚硬的物料粉碎。所以，在粉碎大块而坚硬的物料时，宜选用重型的锤子，但重型锤子的个数必须有所限制。在粉碎小块而松软的物料时，宜选用轻型的锤子，这时锤子的数目可以适当增加，以提高对物料的冲击次数，从而有利于物料的粉碎。

常用的锤子类型如图 5-2 所示，图(a)、图(b)、图(c)三种是轻型锤子，质量通常为 3.5～15 kg。其中图(a)、图(b)两种是两端带孔的，磨损后可以调换 4 次使用；而图(c)只能调换 2 次。图(d)为中型锤子，质量为 30～60 kg，且重心距悬挂中心较远，磨损后可以调换使用 2 次。图(e)、图(f)是重型锤子，质量达 50～120 kg，主要用来粉碎大块而坚硬的物料，磨损后只能调换使用 2 次。具体的选用方式需根据实际情况选择。

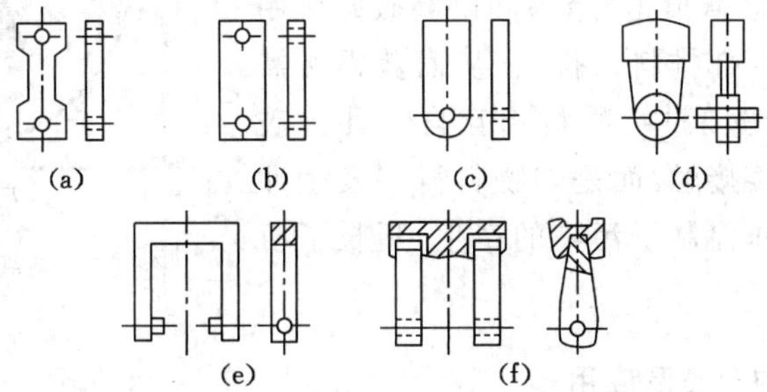

图 5-2　锤式破碎机的锤子类型

为了延长锤头的使用寿命，破碎机锤头的材质至关重要。一般常用的锤头材质有：① 高锰钢系列：高锰钢、变质高锰钢、超高锰钢、改性高锰钢等，其硬化指数至少比其他材料高 5～7 倍，能够承受强大的冲击力。这些材料需要在高速动力下迅速硬化，用于提高锤头的耐磨性，所以对碎石机设备本身要求较高。② 高铬合金系列：高铬铸铁、高铬合金、超高铬铸铁、高低铬铸铁，属于优质耐磨材料，非常适用于细碎机、反击破碎机等设备，但由于高铬合金的韧性比较差，如果缺乏锤架支承会很容易发生断裂。③ 硬质合金类：耐磨合金钢、双金属复合、复合材料、多元合金钢。通过对多种材质进行合理搭配，避免了裂纹、脱焊、崩口、掉块等缺点，并具有很高的硬度以及抗弯强度。④ 锻造类：由优质的火车轮钢材制作而成，利用锻造方法能够消除金属在冶炼过程中产生的铸态疏松缺陷。

4. 衬板和打击板

锤式破碎机通过锤头高速捶打矿石，使矿石瞬间具有极大的速度和动能。为了防止机架的磨损，在机架的内壁用锰钢做衬板，而打击板则采用高锰钢铸造并经过淬火强化处理，这保证了衬板和打击板优越的耐磨性和耐冲击性。

5. 筛板

锤式破碎机的筛板由弧形筛架和筛板组成，设置在转子的下方。筛板由许多块拼成，利用自重以及相互挤压的方式固定在筛架上。筛板上有内小、外大的锥形筛孔。当锤头磨损后，调节螺栓的上下位置即可改变锤头端部和筛板表面的间隙大小，以保证该间隙在一定的范围内，从而保证产品的粒度在一定范围内。

6. 传动装置

锤式破碎机的工作原理是利用高速回转的锤头冲击物料使之破碎，所以传动装置由电动机通过弹性联轴节直接带动主轴旋转，主轴则通过球面调心滚珠轴承安装在机架两侧的轴承座中。轴承用干油定期润滑，保证设备在使用过程中正常运转。

5.1.2 锤式破碎机的工作原理

锤式破碎机主要靠冲击作用来破碎物料，其工作示意图如图5-3所示。锤式破碎机的工作部件是许多按一定规律安装在转盘上的锤子。当转盘高速旋转时，锤子因离心力和旋转力打击装入机内的物料，使其破碎，同时，受到打击的物料彼此之间以及与机器内板、箅条之间的相互撞击也促使物料破碎。这样，物料在破碎腔内受到多次撞击、摩擦和研磨破碎作用后，破碎后的物料由下部排料口排出，从而获得所需粒度的产品。在破碎过程中，物料相互自行冲击破碎，不与金属元件直接接触，而是与物料衬层发生冲击或摩擦而粉碎，这样控制了污染的产生，延长了机械的使用寿命。

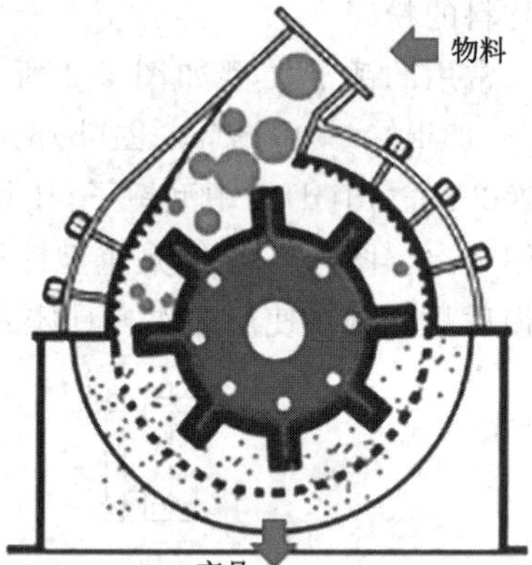

图5-3 锤式破碎机工作示意图

5.1.3 锤式破碎机的分类及应用

随着锤式破碎机技术的不断发展，破碎机按照组成结构、成品粒度、生产工艺的不同，可以分为单转子锤式破碎机、双转子锤式破碎机、重锤式破碎机和环锤式破碎机。由于不同类型的破碎机适用的环境不同、实现的功能也不一样，为了能够正确选型，以下就锤式破碎机的种类及具体应用进行分别描述。

1. 单转子锤式破碎机

单转子锤式破碎机分为可逆式和不可逆式两种，如图5-4所示。

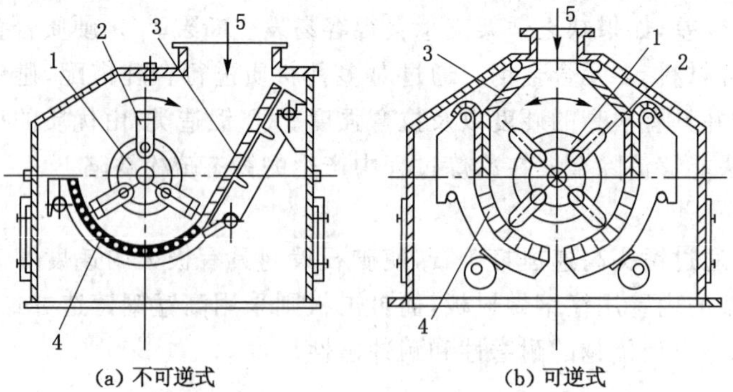

1—转子；2—锤头；3—挡板；4—箅条筛；5—入料口。

图5-4 单转子锤式破碎机示意图

(1) 单转子可逆式锤式破碎机

如图5-5所示，由于转子可以向左或向右旋转，破碎机按垂直中心线对称，给料口设在机器中部。筛条装在两边的弧形侧板上，侧板的上端悬挂于心轴上，下端支承在偏心轮上。

转动手柄，偏心轮随之转动，即调节锤子与筛条之间的径向间隙。拉紧弹簧使侧板与偏心轮保持接触。在左右侧板下端，有一段距离内没有筛条，其下方装有一个可左右摆动的笼筐，非破碎物落到此筐内，每隔一定时间拉动拉杆，可使积存于笼筐内的非破碎物排出。

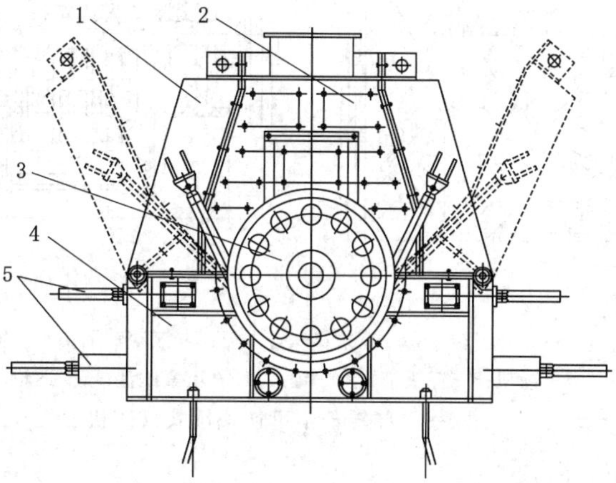

1—后盖部件；2—上壳体部件；3—转子部件；4—下壳体部件；5—调整部件。

图 5-5　单转子可逆式锤式破碎机

单转子可逆式锤式破碎机是冶金、建材、化工和水电等工业部门中用于细碎的主要设备，具有破碎比大、生产能力高、产品粒度均匀等特点。该设备结构先进，性能可靠，工作平稳，能耗低，主要用于对矿石抗压强度不超过 150 MPa 中等硬度的脆性物料的破碎，如煤、石灰石、石膏、软质耐火材料等。

单转子可逆式锤式破碎机一般命名为 PCK 系列，PCK 系列单转子可逆式锤式破碎机技术参数见表 5-1。

表 5-1　PCK 系列技术参数

规格型号	给料粒度/mm	排料粒度/mm	生产能力/(m^3/h)	功率/kW	外形尺寸(长×宽×高)/mm	质量/kg
PCK1000×1000	<40/80	<3	83～125	280	4 200×2 500×1 800	11 500
PCK1250×1250	<40/80	<3	125～160	320	4 560×2 684×2 057	19 100
PCK1430×1300	<40/80	<3	160～320	380～550	4 737×3 180×22 780	21 680
PCK1680×1800	<80	<3	360	630		39 000

(2) 单转子不可逆式锤式破碎机

图 5-6 所示为单转子不可逆式锤式破碎机。这种锤式破碎机的转子只能沿一个方向运转，故称不可逆式。它主要由机壳、转子、箅条和打击板等四部分组成。机壳由上下两部分组成，分别用钢板焊成，各部件用螺栓连接成一体。顶部有喂料口，机壳内壁镶有活动衬板，便于衬板磨损后进行拆换。为了便于检修、调整和更换箅条，机壳的前后两面均开有检修孔。为了检修时更换锤子方便，两侧壁也开有检修孔。

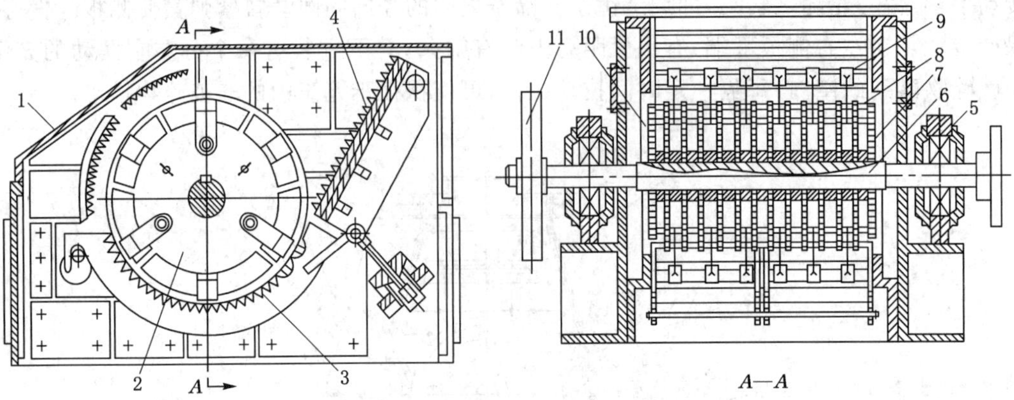

1—机壳；2—转子；3—箅条；4—打击板；5—滚动轴承；6—主轴；

7—锤架；8—锤头销轴；9—锤头；10—压紧锤盘；11—飞轮。

图 5-6　单转子不可逆式锤式破碎机

① 工作原理

单转子不可逆式锤式破碎机的工作原理图如图 5-7 所示。单转子不可逆式锤式破碎机由多个按一定规律铰接在转盘上的锤子组成。当转盘高速旋转时，锤子因离心力和旋转力打击装入机内的物料，使其破碎。同时，受到打击的物料彼此之间以及与机内衬板、箅条之间相互撞击也促使物料破碎。破碎后的物料从锤头处获得动能，以高速冲击机壳内壁的衬板，进行二次破碎，最后通过筛板(筛条)排出机外。单转子不可逆式锤式破碎机主要通过铰接在转盘的锤子高速回转冲击物料，使物料沿自然裂缝、层理面和节理面等薄弱处破碎。

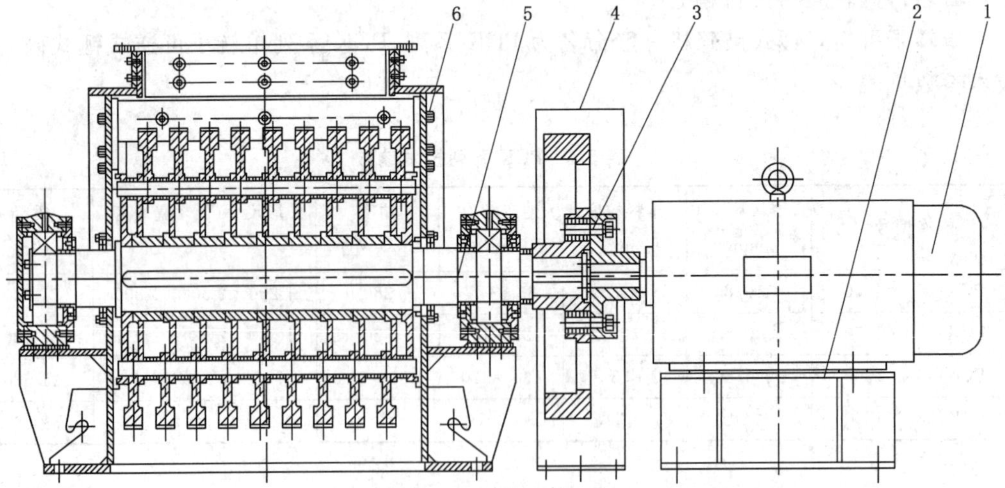

1—电动机；2—电机底座；3—飞轮装置；4—飞轮罩；5—转子部分；6—机架部分。

图 5-7　单转子不可逆式锤式破碎机原理图

② 性能特点

单转子不可逆式锤式破碎机具有适用物料多、应用范围广、锤头设计合理、工作效率高、三重破碎、高效节能、运行稳定、破碎效果佳、破碎比大、产品均匀、配件材质耐磨度高、寿命长等特点。但当破碎坚硬物料时，锤子和箅条磨损大，消耗较多金属和检修时间；另外，需进行均匀喂料，以避免出现破碎不均匀等问题；在破碎黏湿物料时，产量会减少，甚至因堵塞而停机。为避免堵塞，被破碎物料的含水量不应超过 15%（特殊用途的锤式破碎机例外）。

2. 双转子锤式破碎机

双转子锤式破碎机主要适用于抗压强度小于 150 MPa、水分小于 25%的固体物料的细碎作业，如各种物料进入球磨机前的预破碎；砖厂破碎页岩、煤矸石；铁矿行业破碎各种品位的铁矿石；煤矿行业破碎煤矸石回填；免烧砖行业原材料处理以及生产多孔砖、大孔薄壁砖、烧结砌块等行业。

双转子锤式破碎机可以理解为两台锤式破碎机共同发挥作用，两套转子相互串连使用，同时设计时去掉了筛板，采用上下两级双转子结构，也是双重粉碎。在腔内形成锤打料、料打料，第一级先将物料初步打击破碎，第二级再次打击破碎，工作时不沾料、不堵料，锤头采用硬质合金与锰铬镶嵌技术铸造，如采用可逆工作方式时耐磨周期是普通高铬锤头的 2～4 倍；靠重型飞轮高速旋转惯性做功，因此运行电耗低。双转子锤式破碎机具有成品率高、出粉率高、破碎比大、运行费用较低等特点，适合脆性物料的细碎。

(1) 构造

双转子锤式破碎机构造如图 5-8 所示。它有两根平行的主轴，安装两个转子。转子由臂形的挂锤体及铰接在其上的锤子组成，挂锤体安装在方轴上。锤子是多排式排列，相邻的挂锤体相互交叉成十字形。两转子由单独的电动机带动做相向旋转，进料口设在机壳上方正中，下面有两排弧形箅条，回转锤头从弧形箅条之间的间隙中通过。物料在弧形箅条上受两组相向回转的锤头打击，预破碎后的物料通过弧形箅条继续受到锤头的打击，经卸料箅条卸出。

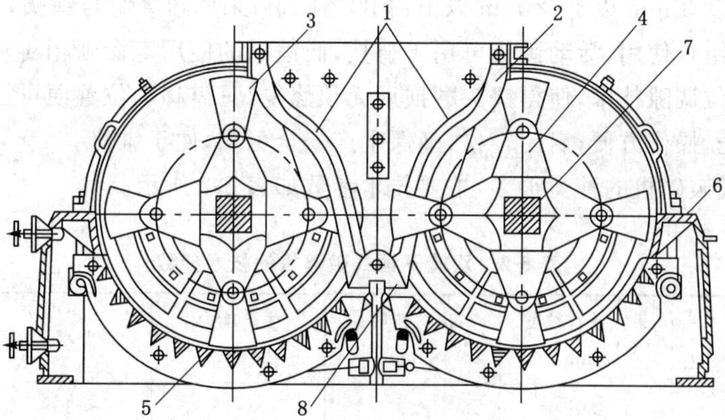

1—弓形篦篮；2—箅条；3—锤子；4—挂锤体；5—箅条筛；6—机壳；7—方轴；8—砧座。

图 5-8　双转子锤式破碎机结构示意图

双转子锤式破碎机由于分几个破碎区，同时具有两个带多排锤子的转子，所以粉碎度较大，可达 40；生产能力相当于两台同规格单转子锤式破碎机。

(2) 工作原理

双转子锤式破碎机工作时，在双电机的带动下，互相串连的两套转子同时高速旋转，物料在机内腔经上级转子击碎，立即被飞速旋转的下级转子的锤头再次细碎，相互粉碎，形成了出料粒度小于 3 mm 的颗粒。双转子锤式破碎机的原理图如图 5-9 所示。原料从进料口进入破碎腔内，第一组锤头逆时针不断向下翻动，对物料进行拍打，互相粉碎，达到粉碎的效果，再进入第二组锤头进行反复拍打，两组锤头对物料进行高速拍打式粉碎，当物料粉碎到一定细度后将从锤头缝隙中排出，从而保证出料粒度的细度。

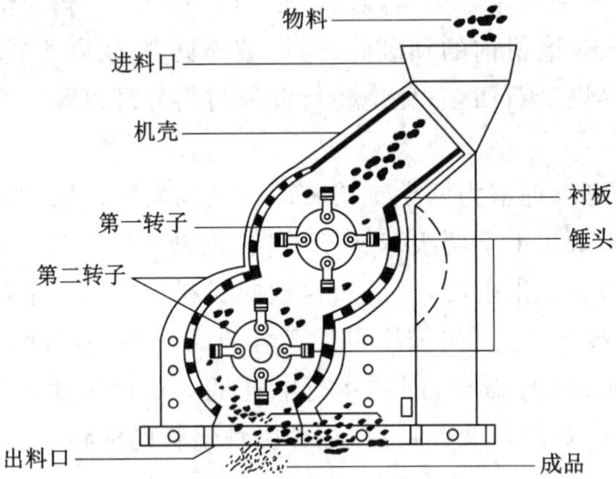

图 5-9 双转子锤式破碎机原理图

(3) 性能特点

双转子锤式破碎机相对于普通的锤式破碎机具有较明显的优势，具体表现在以下几个方面：双转子锤式破碎机没有筛网箅底，能够有效避免高硬料、高湿料的堵塞，其进料含水量可达到 100%，干湿两用，即使在下雨天也能照常生产；产量大、出料细，双转子进行两段粉碎，使得出料粒度 3 mm 以下、2 mm 以下占 80%以上；采用耐磨组合锤头，由高合金材料制成，锤头与锤柄组合使用，活动锤头可用于替换，而锤柄的使用寿命则相对较长，降低了使用成本；独特的移位调隙技术，使得锤头磨损后无须修复，只需移动位置便可反复使用；配有液压手动启动机壳，操作方便，启闭轻松，确保生产安全可靠，便于维修。

双转子锤式破碎机的种类很多，主要技术参数如表 5-2 所示。

表 5-2 双转子锤式破碎机的技术参数

规格型号	最大进料粒度 /mm	出料粒度 /mm	生产能力 /(t/h)	物料要求含水率	电机功率 /kW
2PCX400×600	80	<3	8～15	<35%	22+22
2PCX600×600	100	<3	10～30	<35%	45+45
2PCX600×800	100	<3	20～40	<35%	75+75
2PCX800×1000	100	<3	30～55	<35%	90+110
2PCX1000×1000	120	<3	45～80	<35%	132+132
2PCX1000×1200	120	<3	80～100	<35%	160+160
2PCX1000×1400	120	<3	100～120	<35%	185+185

3. 重锤式破碎机

重锤式破碎机也称重型锤式破碎机，适用于破碎各种中等硬度和脆性物料，破碎比大，生产效率高，设备型号齐全，一次碎石成型，无须二段破碎。重锤式破碎机对于石灰石、大理石、花岗岩、砂岩、鹅卵石等抗压强度≤ 200 MPa 的中等硬度石料均能“锤到必碎”，是矿山、冶炼、化工、公路等工业部门石料破碎的主要设备。

（1）工作原理

重锤式破碎机的主要工作部件为带有锤头的转子。重锤式破碎机转子由主轴、圆盘、销轴和锤子组成。PCZ 型重锤式破碎机的工作原理如图 5-10 所示。电动机经三角带、大带轮带动转子高速旋转，待破碎物料由喂料设备经入料口送入破碎腔，高速旋转的转子带动锤头先对物料进行一次打击，获得动能后的物料高速撞向反击板得到二次破碎，碰撞反弹后或遭锤头再次打击或与其他物料相互碰撞。物料在碰撞的过程中逐渐向破碎腔下部的活动反击板移动，当物料粒度小于锤头与活动反击板之间的间隙时，在自重和其他物料的压挤下脱离破碎腔，从而结束一次完整的破碎过程。排出后的物料由筛选设备筛选后，部分尺寸大于选用的物料需运送至破碎机进行二次破碎。

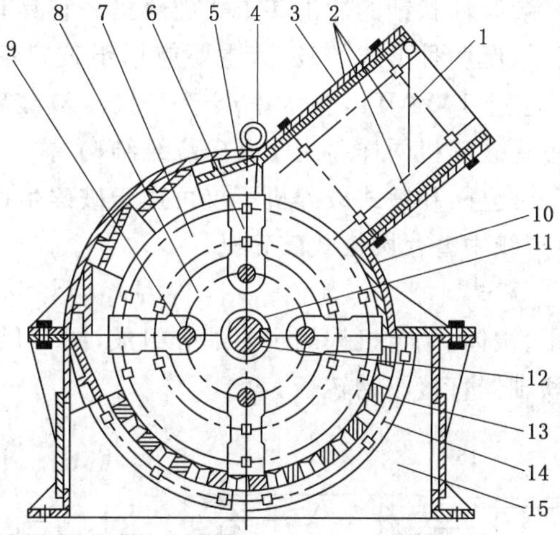

1—挡板；2—口护板；3—机壳；4—吊环；5—反击板；6—锤头；7—边护板；8—转子盘；9—转子轴；10—前护板；11—隔环套；12—传动轴；13—筛条；14—支筛板；15—检查门。

图 5-10　PCZ 型重锤式破碎机原理图

（2）性能特点

PCZ 型重锤式破碎机有以下几方面特点：破碎石料一次成型，无须二次破碎；可持续高强度作业，采用智能化的设计理念，结构紧凑，可以长时间正常运行；破碎比大，产品的粒度均匀，呈立方体形，不会出现过度破碎的现象；耐磨度高，寿命长，其锤头采用优质高锰钢材料，与锰钢、轨道等产品相比使用寿命提高五倍以上，工作效率提高 30％以上；环保效果好，噪声低，设备采用密封性结构设计，加入了防尘及消音装置，避免了粉尘、噪声，满足了生产过程中的清洁要求。

重锤式破碎机种类很多，PCZ 型重锤式破碎机技术参数如表 5-3 所示。

表 5-3　PCZ 型重锤式破碎机的技术参数

型　号	最佳进料粒度/mm	处理能力/(t/h)
PCZ1308	≤380	60～160
PCZ1410	≤450	80～210
PCZ1610	≤480	100～230
PCZ1612	≤500	120～350
PCZ1615	≤550	200～550
PCZ1716	≤600	400～850
PCZ1720	≤650	500～1 000
PCZ1920	≤750	800～1 500
PCZ2225	≤1 000	1 500～3 000

4. 环锤式破碎机

环锤式破碎机是一种装有环状锤的冲击转子式破碎机。它具有结构简单、破碎比大，生产效率高等特点，可用于干、湿两种形式的破碎，主要应用于破碎各种中硬且磨蚀性弱的物料，其物料的抗压强度不超过 100 MPa，含水率小于 15%。被破碎物料为煤、盐、白垩、石膏、砖瓦、石灰石等。环锤式破碎机同样适用于破碎纤维结构、弹性和韧性较强的废料，如碎木头、纸张或石棉水泥等。此外，环锤式破碎机不仅可用于破碎生产线、制砂生产线、石棉纤维回收线，也可在选矿生产线中替代圆锥式破碎机。

(1) 构造

环锤式破碎机由转子、机体、调节机构等主要部分组成，图 5-11 为环锤式破碎机结构示意图。电动机通过弹性联轴器直接驱动转子。

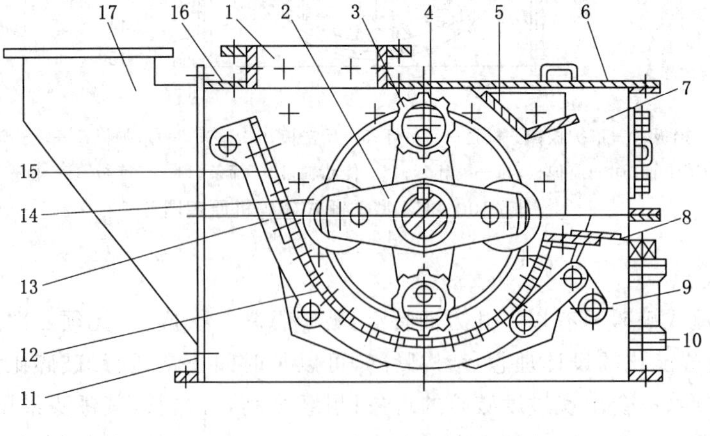

1—进料口；2—转子部分；3—环锤；4—锤销；5—反击板；6—活动盖板；7—金属收集器；8—活动板；9—机体部分；10—调节机构部分；11—下机壳；12—筛板；13—托板；14—环锤；15—破碎板；16—上机壳；17—旁路槽。

图 5-11　环锤式破碎机结构示意图

转子部分由主轴、端板、隔板、锤销、环锤等主要零件组成。环锤吊挂在锤销上，锤销安装在端板和隔板上，端板和隔板用平键和螺母固定在主轴上。机体部分由上下机壳、破碎板、筛板、托板、反击板、衬板等主要零件组成。破碎板和筛板安装在托板上。衬板安装在机壳两侧的内壁上，用来保护机壳不受磨损。破碎板、筛板、反击板与转子形成破碎腔。调节机构主要由蜗杆、蜗轮、指针、间隙指示牌等主要零件组成，用来调节并显示转子与筛板之间的间隙。

（2）工作原理

环锤式破碎机的主要工作部件为带有环锤的转子，环锤不仅能随转子旋转，还能绕环锤销自转。环锤式破碎机的工作原理如图 5-12 所示，电机带动转子在破碎腔内高速旋转。需破碎的物料自上部给料口输送到机内，在破碎腔内受到转子高速旋转的环锤冲击而破碎，被破碎的物料同时从环锤处获得动能，高速冲向破碎板受到一次破碎，然后落到筛板上。受高速旋转运动环锤的打击及物料间相互碰撞、挤压、研磨作用而再次破碎。在转子部的下方，设有箅板，小于箅板孔尺寸的物料可被排除，大于箅板孔尺寸的物料则继续受到环锤的打击，从而减小粒度尺寸，达到箅板孔径标准。

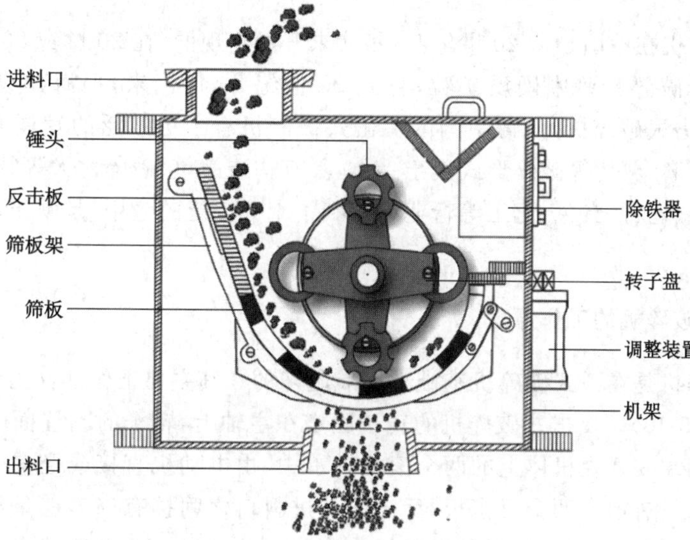

图 5-12　环锤式破碎机原理图

（3）性能特点

相比于传统的破碎机，环锤式破碎机具有很明显的优势：进料口大，破碎腔高，适应物料硬度高、块度大；物料悬空，破碎功耗小；新颖锤头，冲击力大；锤轴安装可调，锤头寿命长；栅格尺寸可调，产品粒度可控，颗粒形状好；机箱可翻转，检修更方便；结构紧凑，机器刚性强；拼体结构，搬运、安装方便；集冲击、反击、撞击、破碎功能于一体，生产效率高，机件磨耗小，综合生产效益显著。

环锤式破碎机的几大优势让其应用领域更广，使用频率更高，主要适用于破碎各种脆性物料，如煤矸石、焦炭、炉渣、红砂岩、页岩、疏松石灰石等。

环锤式破碎机种类很多，其主要技术参数如表 5-4 所示。

表 5-4 环锤式破碎机的技术参数

型号	转子尺寸（直径×长度）/mm	转子转速/(r/min)	设备外形尺寸（长×宽×高）/mm	进料口尺寸（长×宽）/mm	生产能力/(t/h)	最大进料尺寸/mm	出料粒度/mm
PCH0402	400×200	970	950×870×570	280×440	8～12	150	≤30
PCH0404	400×400	970	980×890×570	310×440	16～25	200	≤30
PCH0606	600×600	980	1 350×1 270×820	460×670	30～60	200	≤30
PCH0808	800×800	740	1 750×1 620×1 080	470×828	75～105	200	≤30
PCH1010	1 000×1 000	740	2 100×2 000×1 340	586×1 040	160～245	300	≤30
PCH1216	1 200×1 600	740	3 100×2 800×1 750	686×1 840	500～800	400	≤30
PCH1221	1 210×2 100	740	3 620×3 350×1 950	846×2 032	800～1 000	400	≤30

5.2 反击式破碎机

反击式破碎机在中国是从 20 世纪 50 年代末开始出现的，在 20 世纪 80 年代前，反击式破碎机主要用于破碎一些中硬质矿粒，直到 20 世纪 80 年代末，上海建设机器厂引入了 KHD 型硬岩反击式破碎机，使得中国的反击式破碎机有了更广泛的发展。反击式破碎机将反击、打击、研磨、剪切等破碎形式集于一体，具有构造简单、破碎比大等特点。因此，反击式破碎机在冶金、建材、有色、化工等行业中得到了十分广泛的应用，是硬质矿物破碎领域中的重要设备。

5.2.1 反击式破碎机的工作原理

反击式破碎机是在锤式破碎机基础上发展起来的。其主要工作部件为带有板锤的高速旋转的转子(图 5-13)。反击式破碎机的转子固定在主轴上，转子的圆柱面上装有多个坚硬的板锤。轴的两端安置在机体上的两个滚柱轴承中，由电动机直接或经皮带轮传动。在转子上方机壳内壁吊有前后两个反击板，反击板与进料口之间接有许多链条组成的链幕。这样就罩住了整个破碎腔，以免物料被反击板碰撞溅出给矿口。反击板的一端是吊在机壳上的悬挂轴上，另一端则通过拉杆、螺帽悬吊在机壳上方，通过拉杆和螺帽可调整反击板的角度和它与板锤的间距。机壳、反击板和板锤都是最易磨损的部分，所以在机壳、反击板和板锤上都装有一层用高锰钢制成的耐磨材板。

反击式破碎机的工作原理就是通过高速旋转的转子上的板锤对矿物进行打击，受到打击后的矿物撞击反击板，被反击板反弹回来的矿物在破碎腔内再次受到板锤的打击和反击板的反击作用，同时矿物在破碎腔中还会受到其他矿物颗粒的撞击，直到矿物颗粒粒度小于反击板与板锤之间间隙时从出料口排出。

图 5-14 所示为一种典型的反击式破碎机结构原理示意图。物料的破碎过程主要在转子的第一象限上部进行，在该区域，对反弹回来的物料进行重复冲击条件最佳。物料经导板喂入锤击区 a 点，有两种不同情况：小块物料受到板锤冲击后，将按板锤运动的切线方向抛出，此时接触角 $\varphi=90°$(图 5-15)，料块所受的冲击力可近似地认为是通过料块的重心，这是最佳情况；

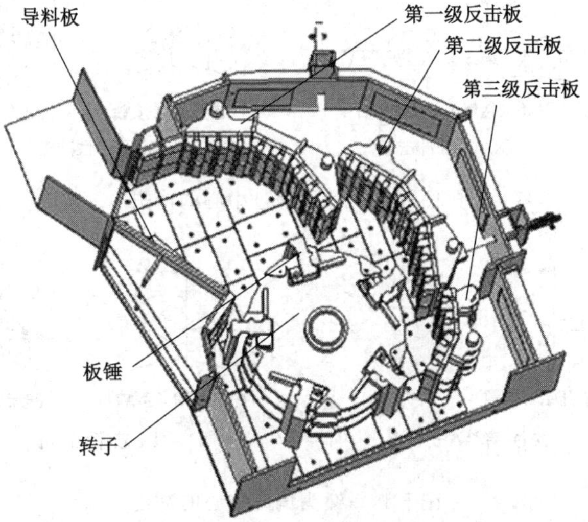

图 5-13　反击式破碎机构造示意图

大块物料接触角 $\varphi<90^{\circ}$(图 5-16)时，由于偏心冲击而产生力矩，物料与切线抛掷方向呈 δ 角的明显偏斜而被抛出，同时由于与摩擦有关的切向冲击，物料又绕重心自转。在冲击时物料若产生破碎，粉碎的物料就构成锥形碎片群飞溅出去[图 5-15(b)和图 5-16(b)]。为了消除偏心冲击产生的力矩，使物料更好地导入破碎腔，需将喂料导板下端折成一定角度，同时调整第一块反击装置的反击面 1，使它与抛射上去的物料群的中心飞行方向近似于垂直。物料受到第一次冲击后，在机内反复地来回抛掷。此时，物料由于局部的破坏和扭转，已不再按预定轨迹做有规则的运动，而是在第一象限上部破碎腔Ⅰ的不同位置反复冲击，而后物料进入第二象限上部的破碎腔Ⅱ，进一步冲击粉碎。最后，粉碎的物料从机体下部卸出。

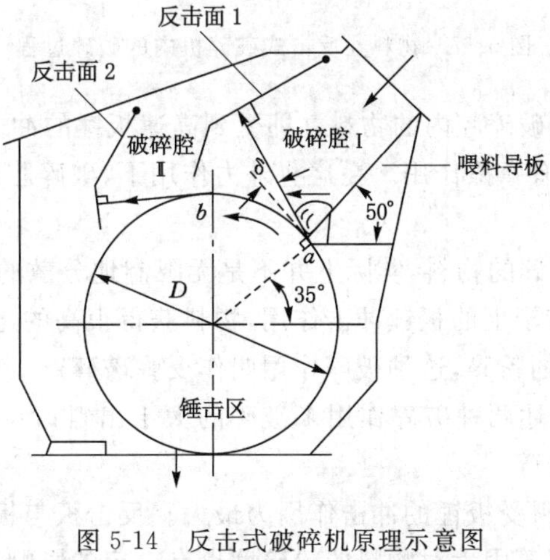

图 5-14　反击式破碎机原理示意图

反击面 1 及反击面 2 与转子间构成的缝隙大小对产品粒度组成具有一定影响。破碎腔的增多还起着均整产品粒度以及减少过大颗粒的作用，但会引起电耗增加以及生产能力下降。通常作粗碎用的反击式破碎机具有 1～2 个破碎腔，而用于细碎的反击式破碎机则有 2～3 个甚至更多的破碎腔。

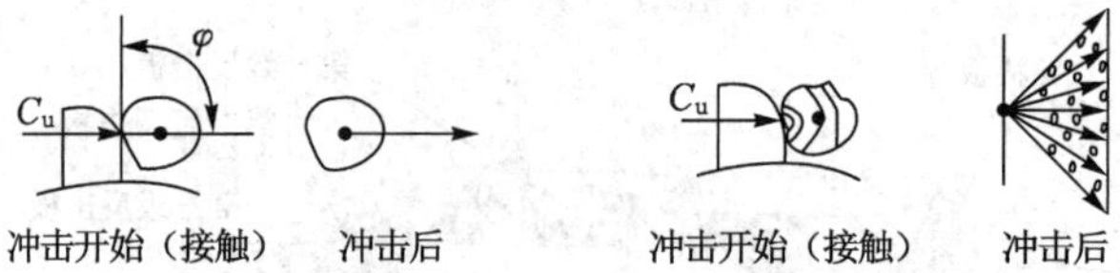

(a) 弹性冲击　(b) 破碎性冲击

图 5-15　锤头通过中心的冲击

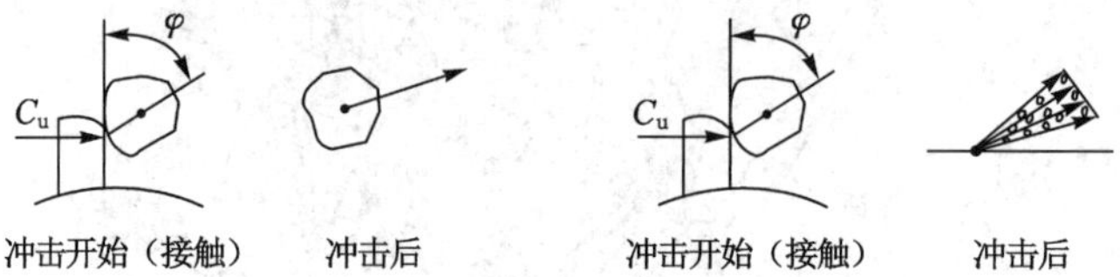

(a) 弹性冲击　(b) 破碎性冲击

图 5-16　锤头偏离中心的冲击

从上述可见，反击式破碎机是以冲击方式粉碎物料的，并以高频自击粉碎为主，其破碎作用如图 5-17 所示，主要分为下述三个方面。

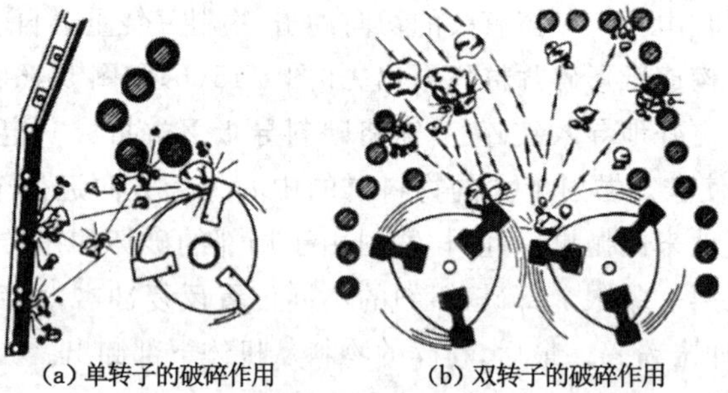
(a) 单转子的破碎作用　(b) 双转子的破碎作用

图 5-17　物料在反击式破碎机内的破碎过程

(1) 自由破碎。进入破碎腔内的物料立即受到高速板锤的冲击以及物料之间的相互撞击，同时板锤与物料之间有摩擦作用。在这些外力作用下，破碎腔内物料在自由状态下沿其脆弱面破碎。

(2) 反弹破碎。被破碎的物料，实际上并不是无限制地分散的，而是被集中在箱形体区间里。由于高速旋转的转子上的板锤冲击作用，物料获得很高的运动速度，然后撞击到反击板上，使物料得到进一步的粉碎，这种破碎作用叫作反弹破碎。

(3) 铣削破碎。经上述两种破碎作用未破碎的大于出料口尺寸的物料，在出料口处被高速旋转的锤头铣削而破碎。

实践表明，其中以物料受板锤的冲击作用为最大。反击板与板锤间的缝隙、板锤露出转子体的高度以及板锤数目等因素对物料的粉碎度也有一定的影响。

5.2.2　反击式破碎机的结构

反击式破碎机虽有不同类型，但大都由机壳、传动机构、转子、锤头及反击板等组成，如图 5-18 所示。

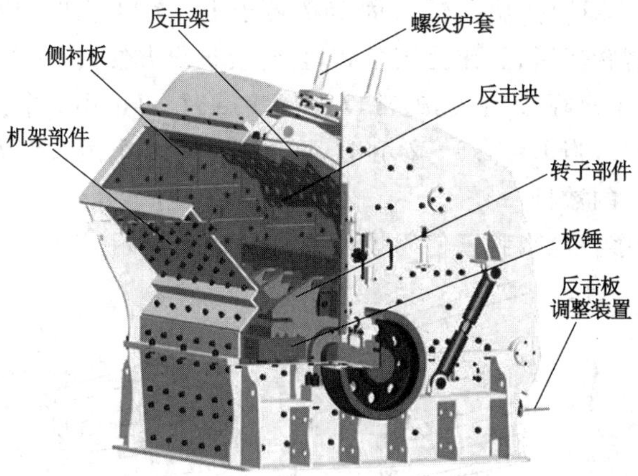

图 5-18　反击式破碎机结构图

1. 机壳

机壳由下机体、后上盖、左侧壁以及右侧壁构成，各部分用螺丝衔接成一体，顶部开一个加料口，机壳内壁均镶有锰钢衬板，衬板磨损后能够更换。下机体由 20 mm 以及 40 mm 的普通碳素构造钢板焊接而成，两侧为了安置轴承以支持转子，用钢板焊接了轴承支座和机壳。如果没有防护措施，将会产生严重的漏灰现象，为了解决漏灰问题，机壳上设置了轴封系统。

2. 传动机构

反击式破碎机的传动机构很简单，由电动机通过带轮直接带动主轴和转子做高速回转。主轴通过滚动轴承支承在机架两侧的轴承座中，轴承一般采用干油定期润滑。

3. 转子

反击式破碎机的锤头和转子是刚性连接，利用整个转子的回转惯性冲击矿石而使之破碎。因此，其转子就必须具有足够的质量才能满足破碎矿石的要求。若转子质量过轻，破碎效率则会降低。当然，也不能太重，否则启动将很困难。

反击式破碎机的转子一般采用整体式的铸钢结构，这种结构质量较大，比较容易满足破碎机所需的质量能。同时坚固耐用，便于锤头的安装使用。也有些反击式破碎机采用由数块铸钢或型钢做成的圆盘叠合而成的转子，这种组合式转子便于制造，也容易平衡。小型反击式破碎机采用钢板焊接的空心转子，虽结构简单、制造容易，但强度和耐用性较差。另外，转子的入料速度也会对反击式破碎机的工作产生影响。

4. 锤头

锤头是由高锰钢或其他耐磨材料制成(合金钢锤头可提高反击式破碎机的工作性能)，固定在转子上，一般有下述三种固定方法。

(1) 螺钉固定法。即用螺钉固定锤头。这种方法简单，但螺钉露在打击表面，易损坏，另外螺钉也容易被剪断，使锤头从转子上飞出而造成严重事故。

(2) 压板固定法。锤头从侧面插入转子沟槽中，两端用压板压紧以防其左右窜动。由于锤头采用耐磨材料制成，加工难度较大，难以确保尺寸精度，采用此法容易导致装配不牢而在工作中出现松动。

(3) 楔块固定法。即用楔块把锤头固定在转子上。在工作时，由于离心力的作用，锤头、楔块和转子便会越转越紧，工作比较可靠，且拆装也很方便。

锤头的数目与转子直径 D 有关，通常，当 $D=1$ m 时，可选用 3 个锤头；当 $D=1\sim1.5$ m 时，可选用 4～6 个锤头；当 $D=1.5\sim2$ m 时，可选用 6～10 个锤头。另外，矿石较硬或破碎比较大时，可增加锤头的数目。

锤头的形状比较多，目前，我国使用较多的如图 5-19 所示。

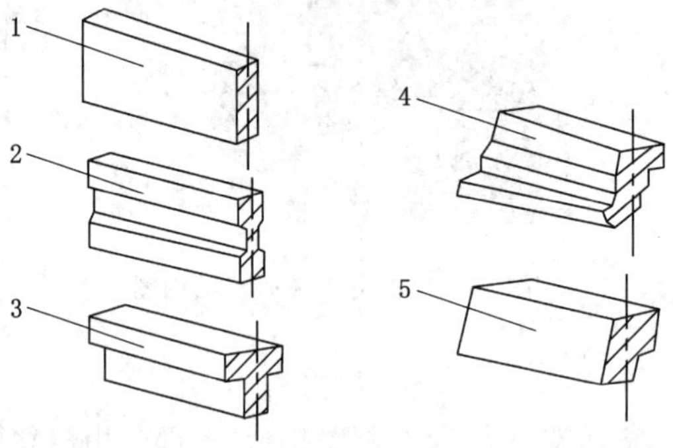

1—长条形；2—I 形；3—T 形；4—S 形；5—斧形。

图 5-19　锤头的形状

5. 反击板

反击板由高锰钢或其他耐磨材料制成，自由地悬挂在机器内部。其一端通过悬挂轴铰接在上机架的两侧，另一端则由拉杆螺栓利用球面垫圈支承在上机架的锥面垫圈上。该反击板同时兼作破碎机的保险装置，当机内进入非破碎物时，反击板受到的冲击力急增，迫使拉杆螺栓压缩球面垫圈，使拉杆螺栓后退被抬起，让非破碎物排出，保证了整机的安全。另外，调节拉杆螺栓上面的螺母，就可改变锤头和反击板之间的间隙大小，进而控制破碎产品的粒度范围。

由于反击板直接参与破碎，所以，其形状和结构对破碎效率影响比较大。为了获得更好的破碎效果，从理论上要求物料与反击板的表面应呈垂直碰撞。目前，国内反击式破碎机的反击板一般制成折线形和渐开线形，前者结构简单、容易加工，但不能达到矿石理想的破碎效果；后者在反击板上的各点，物料都以垂直方向进行冲击，能获得不错的破碎效果，但由于加工困难，故一般多采用多段圆弧组成的近似渐开线的反击板，如图 5-20 所示。

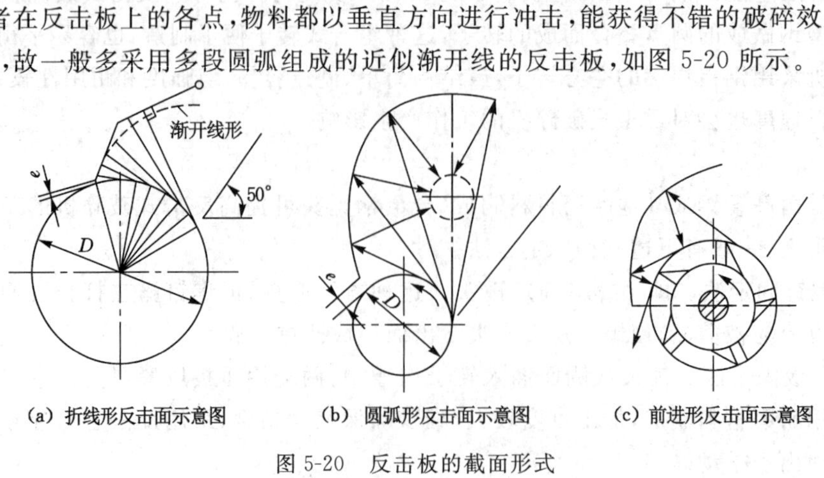

(a) 折线形反击面示意图　(b) 圆弧形反击面示意图　(c) 前进形反击面示意图

图 5-20　反击板的截面形式

6. 密封收尘系统

密封的目的是防止粉末、水分等进入轴承及相对运动的零部件之间，如齿轮滚子啮合处，同时还有润滑脂流失的作用。密封的好坏直接影响滚动轴承和齿轮滚子的使用周期，从而影响整台机器的生产效率。

5.2.3　反击式破碎机的分类及应用

反击式破碎机按其结构特征可分为单转子和双转子两大类，详细分类见图 5-21。单转子反击式破碎机如图 5-21A～E 所示，结构简单，制造维修方便。反击式破碎机在转子下方设置有均整箅板，可控制产品粒度，使其更加均匀。这是由于细颗粒容易通过均整箅板的缝隙排出，而过大颗粒则在均整箅板上受剪切和磨剥的作用得以进一步破碎。均整箅板起着分级和破碎过大颗粒的作用。均整箅板的悬挂点能够水平移动，以适应各种破碎工况，其下端可借调整机构来调整与转子间的夹角，从而补偿因箅板和板锤磨损后而引起卸料间隙的变化。

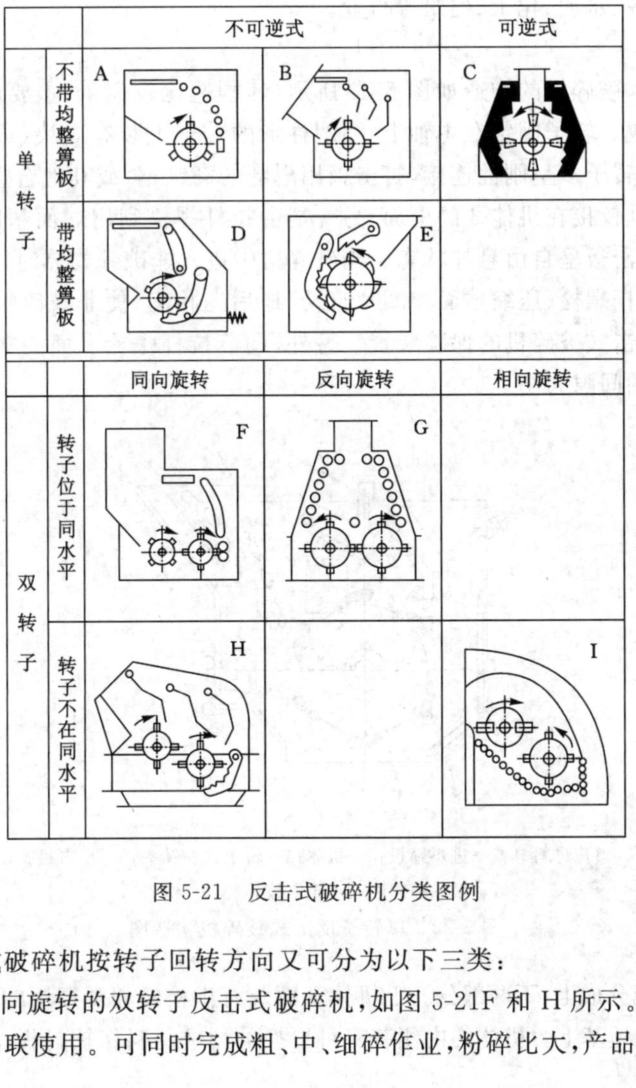

图 5-21　反击式破碎机分类图例

双转子反击式破碎机按转子回转方向又可分为以下三类：

(1) 两转子同向旋转的双转子反击式破碎机，如图 5-21F 和 H 所示。相当于两个单转子反击式破碎机串联使用。可同时完成粗、中、细碎作业，粉碎比大，产品粒度均匀，生产能力大，但电耗也高。采用这种机械可以减少破碎段数，简化生产流程。

(2) 两转子反向旋转的双转子反击式破碎机，如图 5-21G 所示。它相当于两个单转子反击式破碎机并联使用，生产能力大，可破碎较大块物料，作为大型粗、中碎破碎机使用。

(3) 两转子相向旋转的双转子反击式破碎机，如图 5-21I 所示。它主要通过两转子相对抛出物料进行互相撞击以实现破碎，因此粉碎度大，金属磨损较少。

单转子和双转子反击式破碎机分别用代号 PF 和 2PF 表示，规格用转子直径和长度表示。例如，2PFϕ1 250×1 250 的含义是双转子反击式破碎机，其转子直径 D 为 1 250 mm，转子长度 L 为 1 250 mm。

1. 单转子反击式破碎机

单转子反击式破碎机是结合国内砂石行业具体工况条件而研制的新一代反击式破碎机。它采用新的制造技术和独特的工艺结构设计而成。加工成品呈立方体，无张力和裂缝，粒形相当好。其排料粒度大小可以调节，破碎规格多样化。它能破碎进料粒度不超过 500 mm、抗压强度不超过 350 MPa 的各种粗、中、细物料，广泛应用于各种矿石破碎，适用于铁路、高速公路、能源、水泥、化工、建筑等行业。

(1) 构造

单转子反击式破碎机的构造如图 5-22 所示，其构造比较简单，主要由转子 4、反击板 6 和机体等部分组成。转子固定在主轴上，在圆柱形的转子上装有 3 块(或者若干块)打击板(板锤)，打击板和转子多呈刚性连接，打击板用耐磨的高锰钢(或其他合金钢)制作。反击板的一端通过悬挂轴铰接在机体 3 的上面，另一端由拉杆螺栓利用球面垫圈支承在上机体的锥面垫圈上，使反击板呈自由悬挂状态。当破碎机中进入非破碎物体时，反击板受到较大的反作用力，迫使拉杆螺栓(压缩球面垫圈)“自动”地后退抬起，使非破碎物体排出，保证了设备的安全，这是反击式破碎机的保险装置。另外，调节拉杆螺栓上面的螺母，可以改变打击板和反击板之间的间隙大小。

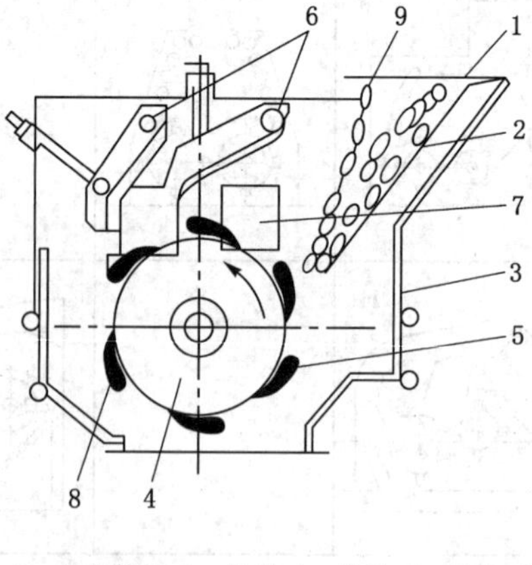

1—进料口；2—进料筛板；3—机体；4—转子；5—锤头；6—反击板；
7—第一破碎腔；8—第二破碎腔；9—链条。

图 5-22　单转子反击式破碎机构造图

机体是沿轴线分成上、下两部分。上机体上面装有供检修和观察用的检查孔。下机体利用地脚螺柱固定于地基上。机体的内侧装有可更换的耐磨材料保护衬板，以保护机体免遭磨损。破碎机的给料口处设置链幕，旨在防止机器在破碎过程中物料飞出发生，从而减少事故发生的风险。

增加破碎腔数目能够强化选择性破碎，增大物料的粉碎度。因此，通过增设破碎腔，采取较低的转子回转速度，不仅可以达到通常需要较高的回转速度才能达到的破碎效果，而且还将使得产品中过大粒度减少以及板锤磨耗降低。这对破碎硬质物料具有重要意义。

(2) 工作原理

反击式破碎机主要通过冲击作用来破碎物料，其原理图如图 5-23 所示。物料由进料口加入，高速回转的转子迎着下落的物料进行冲击而使物料不断破碎到小颗粒。为了防止破碎时物料飞出机外，设备装有进料链幕。转子由电动机经三角胶带传动。物料进入后，受到高速回转的板锤的打击破碎；打击后的物料沿着板锤运动的切线方向高速抛向反击板，再次受到碰撞破碎；由反击板弹回来与从打击板上打出去的物料互相撞击破碎。不符合要求粒度的物料，则将继续重复上述破碎过程，并被带到第二道反击板组成的破碎空间，实现打击、反击与互相撞击产生的破碎效果，破碎后的物料由机体下部排出。

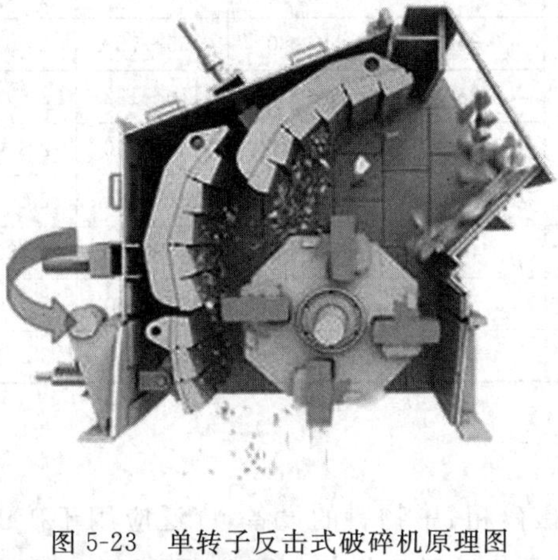

图 5-23　单转子反击式破碎机原理图

反击式破碎机视频

(3) 性能特点

单转子反击式破碎机相对于普通破碎机具有比较明显的优势：

① 特制背板，坚固耐用：采用新型材质转子背板，背板能承受转子极高的转动惯量和锤头的冲击破碎力。

② 超大进料口，更高产能：单转子反击式破碎机进料口大，破碎腔高，适应较高硬度的物料。低转速和多破碎腔设计，使其线速度比一般破碎机降低 20%～25%，以低能耗获得更高的生产能力。

③ 高铬板锤，坚固耐磨：单转子反击式破碎机特制高铬板锤，无键连接，检修方便，经济可靠，且具有抗冲击、抗磨损、冲击力大等特点。

④ 易损部件寿命长：板锤的磨损仅出现在迎向物料的一面，由于板锤受到的磨损较轻，金属利用率可达 45%～48%，因此显著延长了易损件的使用寿命。

⑤ 能量利用率高：机壳内设有多个破碎区，利用转子的功能，物料经过多次破碎，并实现多功能复合粉碎。

⑥ 能耗低：包括锤头、反击板在内的金属消耗低于 3 g/t，单位产品电耗一般为 1 kW · h/t，

属于节约型破碎机械设备。

⑦ 过载保护装置:破碎机的反击板调整系统同时兼作整机的过载保护装置,当异物(如铁块等)或不可破碎物块进入破碎机后,反击板可以自动回退弹起,允许异物通过,从而防止铁块等异物或不可破碎物块对设备造成损害。故障率低,检修周期较长。

(4) 技术参数

单转子反击式破碎机的技术参数如表 5-5 所示。

表 5-5 单转子反击式破碎机的技术参数

型　号	规格(直径×长度)/mm	进料尺寸(长×宽)/mm	最大进料粒度/mm	产量/(t/h)	功率/kW	外形尺寸(长×宽×高)/mm
PF-0670	644×740	320×770	100	10～20	30	2 010×1 490×2 600
PF-0807	850×700	400×730	300	15～30	30～45	2 210×1 490×2 670
PF-1008	1 000×800	400×830	300	30～50	37～55	2 400×1 558×2 660
PF-1010	1 000×1 050	400×1 080	350	50～80	55～75	2 400×2 250×2 620
PF-1210	1 250×1 050	400×1 080	350	70～120	110～132	2 690×2 338×2 890
PF-1212	1 250×1 250	400×1 300	350	100～150	132～160	2 690×2 508×2 890
PF-1214	1 250×1 400	400×1 430	350	130～180	132～160	2 690×2 688×2 890
PF-1310	1 300×1 050	490×1 170	400	80～140	110～160	2 780×2 478×2 855
PF-1315	1 320×1 500	830×1 520	500	160～250	180～260	3 096×3 273×2 667
PF-1520	1 520×2 000	860×2 050	700	300～550	315～440	3 581×3 560×3 265

2. 双转子反击式破碎机

双转子反击式破碎机是一种用于破碎粗、中物料的设备,广泛应用于矿山,冶炼、建材、公路、铁路和化学工业等部门。双转子反击式破碎机能处理粒度≤120～350 mm、抗压强度不超过 250 MPa 的矿石和岩石。

(1) 构造

机体内装有两个平行排列的转子,并有一定的高度差。第一级转子位置稍高,与第二级转子两中心连线的水平夹角约为 12°。第一级转子为重型转子,用于粗碎;第二级转子的转速较快,能满足最终产品的要求。第一级转子用螺栓固装着多块板锤,分布成排;第二级转子同样用螺栓固装着 12 块板锤,分布成 6 排。

双转子反击式破碎机的构造如图 5-24 所示,主要由机体、第一级转子、第一级反击板、分腔反击板、第二级反击板、调整弹簧、第二均整栅板、第一传动部件和第二传动部件组成。为了充分利用物料排出时的动能,消除个别大于产品粒度的大块物料排出,在第一和第二转子下部的机体上,安装有第一均整栅板和第二均整栅板,以及固定反击板,继续对过大尺寸的物料进行均整,破碎到标准粒度以下,从而保证了产品粒度的均匀性。

第一级转子的转子体上,用螺钉固定着四排共 8 块板锤,而第二级转子的转子体上则镶嵌固定着六排共 12 块板锤。两转子的板锤均用比较耐冲击磨损的高锰钢铸造而成。第二级反击板的反击板体,一端通过悬挂轴铰接于上机体的两侧壁上,另一端分别由特制的螺杆和调节弹簧部件支挂在上机体的上壁和后壁上。分腔反击板与装在上机体两侧壁上的连杆及锁紧弹簧相连接，悬挂在两转子之间，将上机体分成两个破碎腔。板锤均用高锰钢铸造，形状有利于冲击粉碎和出料。转子固装在主轴上，两端用滚动轴承支承在机体上。两转子分别由两台电动机连接液力联轴器、挠性联轴器，经三角胶带传动做同向高速旋转。采用液力联轴器，既可降低启动负荷，减少电动机容量，又可提升安全性能。

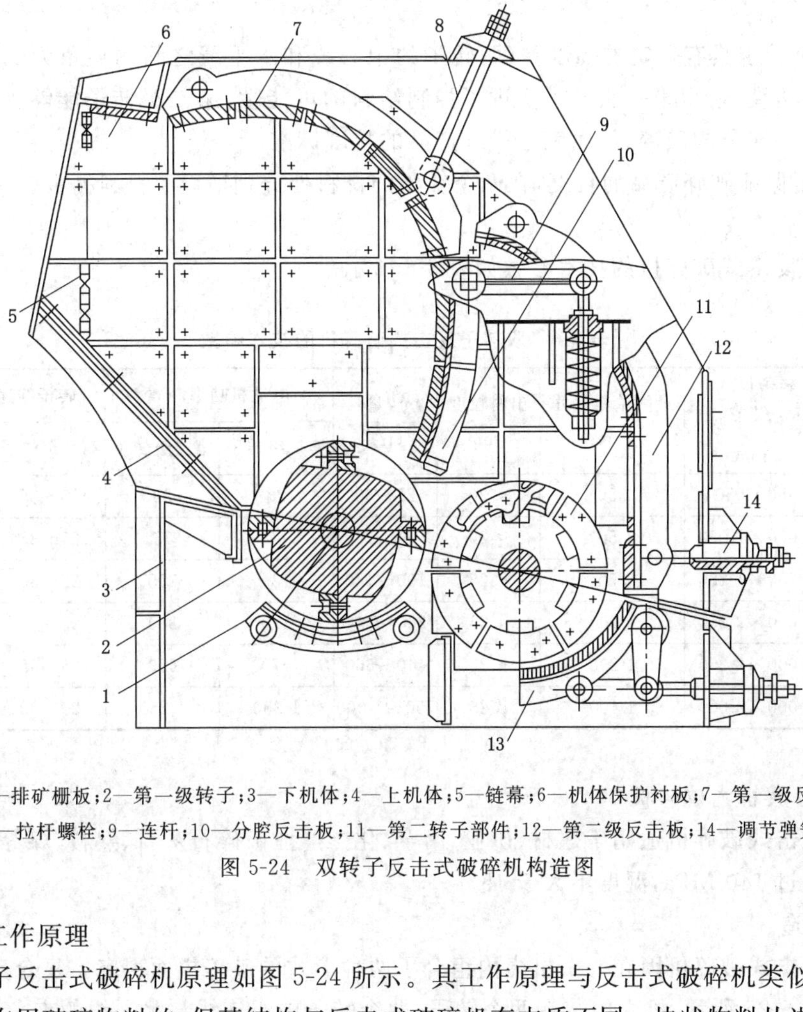

1，13—排矿栅板；2—第一级转子；3—下机体；4—上机体；5—链幕；6—机体保护衬板；7—第一级反击板；8—拉杆螺栓；9—连杆；10—分腔反击板；11—第二转子部件；12—第二级反击板；14—调节弹簧。

图 5-24　双转子反击式破碎机构造图

(2) 工作原理

双转子反击式破碎机原理如图 5-24 所示。其工作原理与反击式破碎机类似，都是利用高速冲击作用破碎物料的，但其结构与反击式破碎机有本质不同。块状物料从进料口下落，进入内转子区，经高速旋转的撒料盘均匀抛撒到外转子区，并瞬间加速到 45 m/s 以上。物料由给矿口通过链幕进入反时针旋转的转子上，受到板锤的强烈冲击以很大的速度按切线方向飞向块反击板，与它冲撞破碎后，再返回转子方向，受到板锤的第二次冲击，一部分物料仍以高速飞向第一块反击板，另一部分物料则飞向第二块反击板受到破碎，在此过程中，部分物料在碎矿机中往返多次受到破碎。最后达到所需粒度要求。

(3) 性能特点

双转子反击式破碎机适用于矸石充填成套装备，破碎量大，可用于矸石、煤炭、建筑垃圾等物料的破碎。双转子反击式破碎机具有以下特点。

① 破碎粒度小：在电机的带动下，两套转子同时高速旋转，物料在破碎机腔内经上级转

子击碎后被飞速旋转的下级转子的锤头再次细碎，内腔物料相互飞速碰撞，相互粉碎，达到出料粒度小于 25 mm 的颗粒和粉末。

② 合金耐磨材料：锤头、衬板采用锰铬合金耐磨材料铸造，耐磨损、抗冲击，减少了更换次数，提高了工作效率。

③ 动力系统：选用性能优良的高防爆等级电动机，提升了耐用与安全性能，维护保养也相对便捷。

④ 两个转子具有一定的高度差(两转子的中心线和水平线之间的夹角为 12°)，扩大了转子的工作角度，使得第一级转子实现了强制给料的可能性，第二级转子能够提高线速度，保证物料达到充分的破碎，从而满足最终产品的粒度标准。

⑤ 为了保证破碎产品的粒度，在两个转子的排料处分别增设了排料栅板。

(4) 技术参数

双转子反击式破碎机的技术参数如表 5-6 所示。

表 5-6　双转子反击式破碎机的技术参数

型　号	转子尺寸(直径×长度)/mm	最大给料尺寸/mm	出料粒度/mm	产量/(t/h)	电动机功率/kW		转子线速度/(m/s)	
					第一级转子	第二级转子	第一级转子	第二级转子
2PF-0606	650×650	350	<20	20～30	28	28	25～35	40～50
2PF-1010	1 000×1 000	450	<20	50～70	60	75	25～35	40～50
2PF-1212	1 250×1 250	850	<25	100～140	130	155	25～35	40～50
2PF-1622	1 600×2 250	1 100	<25	260～340	320	380	25～35	40～50
2PF-2022	2 000×2 250	1 200	<25	440～560	570	650	25～35	40～50
2PF-2030	2 000×3 000	1 400	<25	750～1 000	1 250	1 250	25～35	40～50

3. 复合反击式破碎机

复合反击式破碎机适用于建材、矿业、冶金、化工产业破碎石灰石、熟料、煤等矿石，其抗压强度不超过 140 MPa，湿度不大于 15%。

(1) 构造

复合反击式破碎机因在一个机壳内组合了两种形式的破碎机而得名。复合反击式破碎机构造如图 5-25 所示，机壳内装有两个转子，两个转子中心连线与水平线的夹角成 30°。第一级转子为重型转子，用于粗碎，第二级转子的转速较快，用于精细破碎。破碎机具有三个破碎腔，转子的卸料端装置有可调节的均整箅板和固定的反击板。

复合反击式破碎机用于大、中型水泥厂石灰石单级破碎。它允许的最大喂料为 1～1.5 m^3，可将边长 1 000～1 500 mm 的料块一次破碎至入磨要求粒度，其生产能力为 600～1 000 t/h。

(2) 工作原理

复合反击式破碎机在破碎过程中，物料在设定的流道内沿第一、第二级反击板经一定时间和一定长度的反复冲击路线使物料破碎，下方的均整箅板起到控制出料粒度大小的作用。

(3) 性能特点

复合反击式破碎机具有破碎效率高、能量需求低的特点，集合了细碎、粗磨的多重功能；

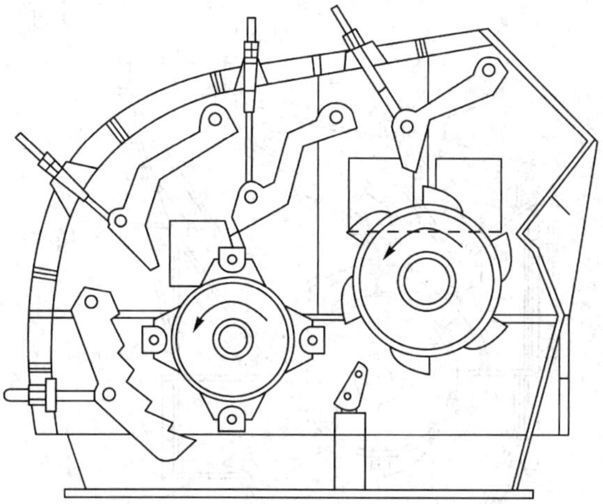

图 5-25　复合反击式破碎机构造图

受物料水分含量影响小、含水分可达 8%左右；破碎机适合破碎中硬、特硬物料；噪声低于 75 分贝，粉尘污染少；产品作为规整的立方体，堆积密度大，铁污染极小。

4. 反击式烘干破碎机

反击式破碎机在破碎黏湿物料时，生产能力会降低，甚至可能导致堵塞。为了解决黏湿物料的破碎问题，出现了能够同时进行破碎与烘干的反击式烘干破碎机。

(1) 构造

反击式烘干破碎机的构造如图 5-26 所示。反击式烘干碎机无出料箅条，转子及其上部反击板等结构与一般反击式破碎机相同。物料的破碎过程与前述单转子反击式破碎机相同。从出料斗下部的侧向及喂料板侧向进风口通入高温气体烘干物料，废气由出风口排出，产品由出料口卸出。

破碎机可利用煤、重油或高温废气等各种热源，热风入口温度为 300～700 ℃。破碎机的粉碎度很大，可达 70～80。被粉碎物料与通入的热气体逆流接触，强烈冲击物料，使物料与热气体互相干扰而形成涡流，接触良好，因此烘干能力很强，即使含水量高的黏土，在破碎与烘干时也不会产生黏结设备的现象。

(2) 性能特点

反击式烘干破碎机结构简单，体积小，设备费用低。因机内面积小，保温性能好，散热损失小，故热效率高。水泥厂可用它来对石灰石、黏土、页岩、煤等原料进行破碎和烘干。

反击式烘干破碎机在热状态下工作，某些机件需要特殊考虑。机内温度超过 300 ℃，此时传统高锰钢材料的晶粒会变粗，晶界析出碳化物，使其机械性能明显恶化。因此，可采用耐热、耐磨的高铬铸铁材料，在 600 ℃以下铸成板锤和反击板。

5. 反击-锤式破碎机

反击-锤式破碎机是一种反击式和锤式相结合的破碎机。按其结构特征亦有单转子和双转子两种，如图 5-27 所示。

(1) 构造

图 5-27(a)所示 EV 型破碎机是一种单转子反击-锤式破碎机。其结构特点是：机内装

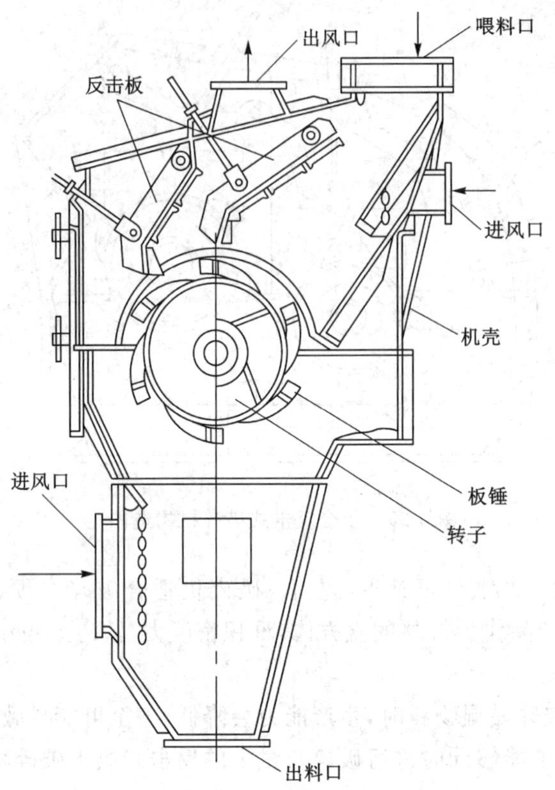

图 5-26　反击式烘干破碎机构造图

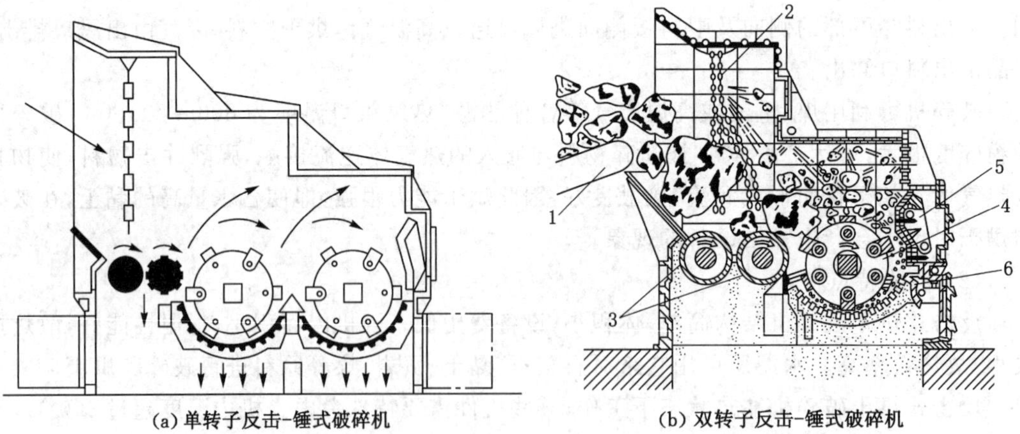

(a) 单转子反击-锤式破碎机　　(b) 双转子反击-锤式破碎机

1—喂料机；2—链帘；3—喂料滚筒；4—转子；5—颚板；6—箅条筛。

图 5-27　反击-锤式破碎机

有喂料滚筒、一块可调节的颚板和一个可调节的卸料箅条筛。该设备具有较大的反击腔，只使用一个中等圆周速度的锤式转子就能进行多次破碎。反击-锤式破碎机在转子的回转盘上均匀安装了多个锤头，这些锤头铰接于高速旋转的转子上，并沿着破碎腔按不同角度布置若干块反击板。物料经链幕进入破碎机后，在自重和锤头撞击的作用下，联合反击板的反击，在入料口到出料口之间的整个破碎腔内，多次受到撞击，破碎概率高，破碎比大。由于锤头自重的影响，锤头产生的撞击能量由入料口到出料口逐渐递增。随着物料粒度越小，物料总表面积和坚实度越大，所需破碎能量也随之增加。该破碎机增设了反击板调整机构，使锤头和反击板之间的间隙可调，延长了锤头的使用寿命，并可保证出料粒度的质量，生产效率高。

双转子反击-锤式破碎机结构如图 5-27(b)所示。破碎机装设了两个锤式转子，其粉碎度可达 50 左右，用于大型水泥厂的石灰石单级破碎。

(2) 工作原理

反击-锤式破碎机综合吸收了反击式破碎机和锤式破碎机两种机型的基本工作原理，利用高速旋转的锤头对物料的撞击和受击物料飞向反击板时产生的冲击所形成的冲击力和剪切力。这种冲击和剪切破碎，是破碎石灰石和熟料等中硬和中硬以下物料的理想方式之一。反击-锤式破碎机工作时，在电动机的带动下，转子高速旋转，物料进入后，与转子上的板锤撞击破碎，然后又被反击到衬板上再次破碎，最后从出料口排出。

(3) 性能特点及应用领域

反击-锤式破碎机以其独特的结构和高效节能的性能，广泛应用于多种行业。该设备采用无键连接和高铬板锤，能够有效进行硬岩破碎。其产品形状呈现为立方体，且排料粒度可调，从而简化了破碎流程。

反击-锤式破碎机的主要优势包括：大进料口和高破碎腔设计，能够适应高硬度和大块度的物料，且石粉产生量较少。此外，物料悬空破碎，使得其破碎功耗较低。新型锤头具备较大的冲击力，锤轴安装也可调节，从而延长锤头的使用寿命。同时，栅格尺寸可调，确保产品粒度的可控性，颗粒形状良好。机箱可翻转，便于检修，方柄螺栓则具有抗冲击和抗磨损的特性。该设备结构紧凑，刚性强，拼体结构设计方便搬运与安装。其冲击、反击及撞击(石打石)等多种破碎功能，使得生产效率高，机件磨耗小，综合效益显著。

该设备能够处理边长不超过 500 mm、抗压强度不超过 350 MPa 的各种粗、中、细物料，如花岗岩、石灰石和混凝土等，广泛应用于水电、高速公路、人工砂石料的破碎等行业。

(4) 技术参数

反击-锤式破碎机的技术参数如表 5-7 所示。

表 5-7　反击-锤式破碎机的技术参数

规格型号	转子直径/mm	进料粒度/mm	功率/kW	处理能力/(t/h)	质量/kg	外形尺寸(长×宽×高)/mm
PFC-0404	400	<250	5～12	7～11	967	764×895×885
PFC-0606	600	<350	15～35	35～50	2 472	1 220×1 260×926
PFC-0808	800	<450	40～70	55～80	5 860	1 560×1 710×1 700
PFC-1010	1 000	<500	70～100	80～130	9 760	1 840×2 140×2 070
PFC-1212	1 200	<600	100～150	100～160	21 200	2 264×2 640×2 380
PFC-1414	1 400	<800	150～200	180～280	32 800	2 560×2 940×3 331
PFC-1616	1 600	<1 000	220～300	200～400	56 700	2 640×3 014×3 572

5.2.4 反击式破碎机工作参数的确定

1. 转子转速的确定

转子的转速是反击式破碎机重要的工作参数之一，它对破碎机的生产能力、产品粒度和破碎比的大小起着决定性作用。实验表明，随着转子转速的提高，其生产能力和破碎比都显著增加，产品粒度逐渐细化。但是随着转子速度的增加，功率消耗也增加，板锤磨损也加快，对机器制造精度的要求也随之提高。粗碎时，常取转子圆周线速度为 $v_{粗}=15\sim40$ m/s，细碎时取 $v_{细}=40\sim80$ m/s。

2. 给料口与排料口尺寸

给料口宽度 $B\approx0.7D$（D 为转子直径），给料口长度 L_1 与转子长度 L 相同。根据统计资料，一般给料口宽度略大于最大进料粒度，这里进料粒度$\leqslant$200 mm，可取给料口宽度 $B=$ 300 mm；为保证较大的处理能力，取给料口长度 $L=1\ 000$ mm。则排料口尺寸为：$e_1\approx0.1D=100$ mm。

5.3 反击式破碎机与锤式破碎机的区别

反击式破碎机和锤式破碎机都是利用高速冲击能来破碎物料的，但两种设备在结构、工作原理、用途等方面有着明显的区别。以下从四个方面来介绍反击式破碎机和锤式破碎机的不同点。

5.3.1 工作原理

反击式破碎机：工作时，由电动机带动转子高速旋转，物料先进入板锤作用区，板锤自下向上迎接投入物料进行冲击破碎，随后物料被抛向反击装置上再次受到冲击破碎，接着又从反击衬板上弹回到板锤作用区继续破碎，此过程重复进行，物料由大到小进入一、二、三反击腔内重复进行破碎，直到物料被破碎至所需粒度，由出料口排出。

锤式破碎机：工作时，物料均匀地进入破碎腔内，高速旋转的锤头顺着物料落下的方向冲击、剪切、撕裂物料。与此同时，物料因其自身的重力作用从高速旋转的锤头冲向机架内的挡板、筛条上，小于筛条缝隙的物料被排出，大于筛条缝隙的物料继续留在筛板上受到锤头的打击，直到粒度合格被排出。

5.3.2 结构组成

反击式破碎机主要由板锤、压紧块、反击板等部件组成，板锤与锤式破碎机的锤头一样负责对物料进行冲击破碎，但板锤只有打击面会接触到物料，背面和侧面不会受到物料冲击，磨损较小；反击板主要是承受被板锤击回的物料的冲击，使物料再次受到冲击破碎，并将物料重新弹回冲击区。

锤式破碎机主要由机壳、转子、锤头、反击衬板、筛板等组成。机壳由下机体、后上盖、左侧壁和右侧壁组成，通过螺栓将各部分连接为一体；转子由主轴、锤盘、销轴、锤头等组成，圆盘上均匀开有分布的销孔，用销轴悬挂锤头，为了防止圆盘和锤头的轴向窜动，用锁紧螺母在销轴两端固定；锤头负责对物料进行打击破碎，多采用新型多元素高铬锰钢复合铸造，使用寿命是一般锤头的数倍；筛板对物料进行筛分，通过筛板可调节产品粒度。

5.3.3 适用范围

反击式破碎机适用于处理边长 100～500 mm 以下物料，抗压强度高达 350 MPa，具有破碎比大、破碎后物料呈立方体颗粒等优点，广泛应用于建材、铁路、高速公路、水泥、矿山等行业中，用于中细碎作业。

锤式破碎机适用于破碎抗压强度不超过 150 MPa 的物料，如煤、盐、白垩、石膏、砖瓦、石灰石等。还用于破碎纤维结构、弹性和韧性较强的碎木头、纸张或破碎石棉水泥的废料以回收石棉纤维等。此外，锤式破碎机不仅可用于破碎生产线、制砂生产线，也可在选矿生产线中替代圆锥式破碎机。

5.3.4 其他方面区别

主要是从出料调节装置、破碎腔、物料含水量这三个角度来介绍两者的不同。

(1) 出料调节装置

反击式破碎机可以通过调整转子速度或转子直径、分料器开口大小以及研磨腔的间隙来控制产品粒度；而锤式破碎机则主要通过调节筛板缝隙的大小来控制产品粒度。

(2) 破碎腔

反击式破碎机的板锤安装固定在转子上，破碎腔较大，低矮的大进料口，工作时能够充分利用转子的能量，不仅靠板锤的打击作用，更主要利用反击板与物料、物料与物料之间的撞击力量，从而更好地破碎大块物料；而锤式破碎机的破碎腔较小，结构密封性能好，解决了破碎空间的粉尘污染和机体漏灰等问题。

(3) 物料含水量

反击式破碎机在处理含水量过大的物料时，进料溜槽和反击板可配备加热装置，防止物料的黏结；而锤式破碎机无加热装置，底部配有筛板。

练习题

1. 锤头的选取原则是什么？
2. 锤式破碎机的工作原理是什么？
3. 锤式破碎机的类别有哪些？如在进行产品破碎时，设备的选型依据是什么？
4. 了解目前锤式破碎机的应用情况。
5. 反击式破碎机的工作原理及破碎过程是什么？
6. 反击衬板的类型有哪些？
7. 简述各类反击式破碎机的应用范围和各自的特点。
8. 反击式破碎机和锤式破碎机的区别有哪些？

冲击式破碎机测试题

第6章　球　磨　机

◇ 本章教学要点

知识要点	能力培养
1. 重点掌握球磨机的工作原理及类型； 2. 熟悉球磨机的主要工作部件； 3. 了解衬板、隔仓板的作用和类型； 4. 重点掌握球磨机的运动方式、介质运动分析及工作参数； 5. 了解球磨机的性能及应用。	通过对球磨机的学习，可以更好地分析生产企业在节能减排中涉及的各种影响因素，并能根据粉碎平衡和高能球磨的知识提高球磨效率。

球磨机是无机非金属材料工业中广泛使用的一种粉磨机械，主要工作部件为圆筒体，其内装载粉磨介质（棒、球及段等），依靠筒体回转时介质的冲击和磨剥等作用使物料粉碎。在球磨机粉磨配合料时，还兼起混合作用。

球磨机的应用领域极为广泛，几乎涉及所有需要粉体材料的行业。在建材行业中，球磨机被广泛应用于水泥、石灰、石膏等原料的粉磨，是水泥生产线上的核心设备之一；在矿山冶金领域，球磨机用于处理各种矿石，如铁矿石、铜矿石、金矿石等，通过研磨提取有价值的矿物成分；在化工行业中，球磨机则用于制备各种化工原料和催化剂，促进化学反应的进行；此外，在陶瓷、玻璃、耐火材料、环保等领域，球磨机也发挥着重要作用。

大型球磨机国内外发展情况对比

6.1　球磨机的结构

从外部结构上看，球磨机主要由给料部、卸料部、回转部、传动部（减速机、小传动齿轮、电机、电控）等部分组成。而从核心结构上看，球磨机则由水平的圆柱形筒体、衬板、隔仓板（一般多仓磨机才具备）、主轴承、磨头、进卸料装置和传动系统等部分组成（图 6-1）。有关球磨机核心内部结构详细分析如下：

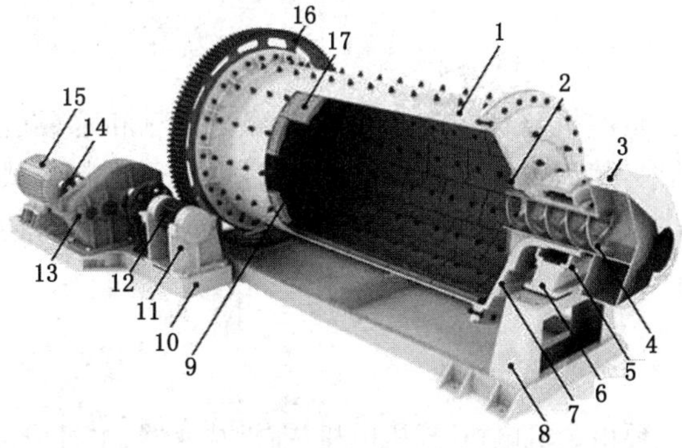

1—筒体；2—衬板；3—进料器；4—进料螺旋；5—轴承盖；6—轴承座；7—辊轮；8—支架；9—花板；10—驱动座；11—过桥轴承座；12—小齿轮；13—减速机；14—联轴器；15—电机；16—大齿圈；17—大衬板。

图 6-1　球磨机的结构

6.1.1　筒体

球磨机的筒体是其核心组成部分，主要由钢板焊接而成，形成一个空心圆筒形状。筒体的设计考虑了足够的强度和刚度，以承受内部组件的重量和运转时产生的巨大转矩。筒体的厚度通常为其直径的 0.01～0.015 倍，体积较大的球磨机需要更厚的筒体以确保抗弯强度和刚度。筒体两端通过端盖与中空轴对中连接，形成密封，防止物料泄漏。筒体上可能开设 1～4 个磨门，用于更换衬板、隔仓板、装卸研磨体和人员进入磨机内检修。这些磨门的设置需要在满足零部件更换和人员进出需求的同时，保持筒体的强度，因此磨门不能开得过大，且磨门周围通常焊接加强钢板。

6.1.2　衬板

球磨机衬板是球磨机中的一种重要耗材，用于保护球磨机的机壳和旋转部件，并提高球磨机的使用寿命和性能。球磨机衬板一般由耐磨、耐腐蚀、高强度的材料制成，常用的材料包括铸钢、合金钢、高锰钢、陶瓷、橡胶等。这些衬板的主要作用是保护筒体，使筒体免受研磨体和物料直接冲击和摩擦，同时通过不同形式的衬板来调整研磨体的运动状态，以增强研磨体对物料的粉碎作用，从而提高磨机的粉磨效率，增加产量，降低金属机械部件的磨损。

6.1.3　隔仓板

隔仓板的主要作用是将研磨体分隔开，防止大颗粒物料窜向出料端，造成浪费，并控制磨机内物料流速，有助于提高工作效率。隔仓板还能控制和改善磨机的通风，起到统一产量和质量、稳定磨机正常生产的作用。

6.1.4　主轴承

主轴承主要由轴瓦、轴承座、轴承盖、润滑及冷却系统组成。球磨机主轴承支承着磨机的整个回转部分，除了要承受磨体本身、研磨体和物料的全部重量外，还要承受由于研磨介质和物料循环抛落而产生的冲击力。

6.1.5 进料、卸料装置

球磨机进、卸料装置是磨机整体中一个组成部分。物料和水(湿法磨)或气流(干法磨)通过进料装置进入磨机内,然后通过卸料装置排出磨机外。进料方式有:溜管进料、螺旋进料和勺轮进料三种方式。卸料装置包括球磨机卸料漏斗和接料桶,还包括承载接料桶的升降台和升降台提升装置气缸。

6.1.6 传动系统

球磨机的传动系统主要由主机电机、辅机电机、辅机减速器、主机减速器、耦合器、胶带轮、三角带组成。这些组件共同协作,确保球磨机的有效和高效运转。此外,球磨机的传动方式还包括齿轮传动、胶带传动、隔离式变频器传动、液力耦合传动和直接驱动,每种传动方式都有其适用的场景和特点,选择适合的传动方式应根据具体的球磨机型号、功率要求、工作环境和生产要求进行综合考虑。球磨机的传动系统分为边缘传动(或是边缘双传动)和中心传动两种形式。

6.2 球磨机的工作原理

图 6-2 所示为球磨机的工作原理示意图。球磨机的主要工作部件是一个装在两个大型轴承上并水平放置的回转圆筒,筒体借助于端盖及空心轴支承在轴承上,筒体内部装载粉磨介质或研磨体(棒、球、段或其他物体)。电动机借助于减速传动装置,通过装在筒体一端的大齿环,使筒体回转。物料经过喂料空心轴加入筒体内,当球磨机回转时,物料与粉磨介质混合,介质在惯性离心力和筒体内壁产生的摩擦力的作用下,贴附在筒体内壁与筒体一起回转,并被带到一定的高度。由于介质本身重力的作用,产生自由泻落或抛落作用,冲击筒体底部物料。同时,粉磨介质在球磨机筒体回转过程中还有滑动和滚动,使介于其间的物料受到磨剥作用,这样不断地冲击和磨剥而将物料粉磨成细粉。由于进料端在不断加入物料,进料端和出料端之间存在料位高差,并且介质下落时冲击物料造成轴向推力,因此,球磨机筒体虽然是水平放置,但物料却由进料端缓慢地流向出料端,完成粉磨作业。

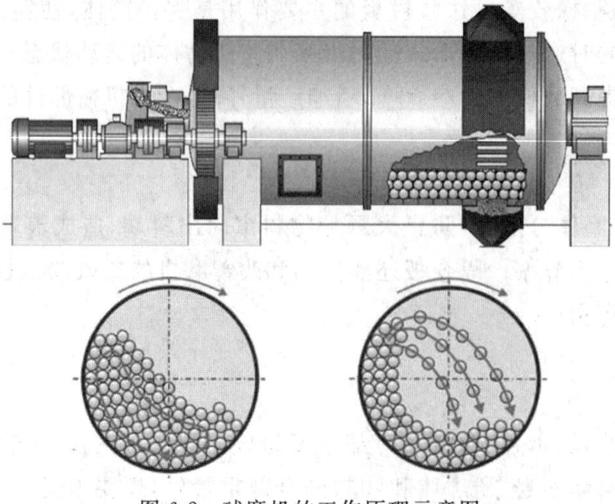

图 6-2 球磨机的工作原理示意图

球磨机视频

6.3 球磨机的分类

球磨机的类型很多，其共同点是都有一个水平放置的回转筒体，差别在于筒体形状、装载的粉磨介质、进卸料的方法、支承与传动方式、操作方式与生产方式。

6.3.1 按筒体形状划分

按筒体形状分为圆筒球磨机和圆锥球磨机两种。与圆筒球磨机不同，圆锥球磨机筒体的两端做成圆锥状。圆锥的锥度在喂料端比较陡直，在卸料端比较平缓。如果筒体内装进大小不同的粉磨介质，圆锥球磨机回转时，由于质量的不同，大的介质将会集中在喂料端，小的将会集中在卸料端。介质这样分布能与物料的粒度变化相适应，故这种球磨机较同样长度的短筒球磨机产量高，单位电耗低，产品粒度也比较均匀。

球磨机按筒体形状分为短筒球磨机、中长筒球磨机、长筒球磨机等。筒体的长径比＜2时称为短筒球磨机，一般只有一个仓室，用于粗磨或一级粉磨，或将2～3台球磨机串联使用。短筒球磨机的筒身短，物料在球磨机内停留时间短，有些粗大颗粒还未经粉碎就从球磨机卸料端排出，故很难保证产品粒度的均匀性，产品中难免夹杂有不合格的颗粒。筒体的长径比≈3时为中长筒球磨机。筒体的长径比＞4时为长筒球磨机。中长筒球磨机和长筒球磨机又统称为管磨机，其内部一般用隔仓板分隔成2～4个仓室。物料在管磨机内经历的时间较长，能获得较大的粉碎度，生产能力也较高。

6.3.2 按筒内的仓室数目划分

球磨机按筒内的仓室数目分单仓球磨机和多仓球磨机两种。在单仓球磨机内，同样的粉磨介质既用来粉磨靠近喂料端处的粗料，又用来粉磨卸料端附近较细的物料，这就降低了粉磨介质的工作效率，为了消除这些缺点，将单仓球磨机用隔仓板分隔成几个仓室，构成多仓球磨机。从喂料端开始，各个仓装入的粉磨介质的尺寸依次缩小，与物料粒度的变化相适应。头几仓使用钢球，以冲击兼磨剥方式粉碎物料；最后一仓使用钢段，扩大与物料的接触面积，以磨剥兼冲击的方式进一步将物料磨碎。多仓球磨机除了具有单仓球磨机的优点外，还具有能使粉磨介质合理分布的优点，以此提高单位电耗的产量。

6.3.3 按筒体数目划分

球磨机按筒体数目可以分为单筒式球磨机和多筒式球磨机。单筒式球磨机是指只有一个筒体的球磨机，这种类型的球磨机结构简单，操作方便，适用于一些基本物料的研磨需求。多筒式球磨机则是由多个筒体组合而成，通常用于处理大量物料或需要更高研磨效率的场合。多筒式球磨机通过多个筒体同时工作，提高了处理能力和研磨效率，适用于大规模生产和工业应用。这两种分类主要是基于球磨机的结构和处理能力来区分的，单筒式球磨机适用于小规模或简单的研磨需求，而多筒式球磨机则更适合于大规模生产和需要高效研磨的场合。选择适合的球磨机类型取决于具体的应用需求和生产规模。

单筒式和多筒式球磨机筒体断面图如图6-3所示。无机非金属材料工业大多数采用各种规格的单筒式球磨机。多筒式球磨机主要是将单一筒体改为均衡配置的多个筒体。

图 6-4 展示了介质在单筒式球磨机和多筒式球磨机内的重力作用，从图中可以明显看出，当两种球磨机的容积和介质填充率相同时，多筒式球磨机内介质和物料对球磨机中心的合成转矩小于单筒式球磨机。

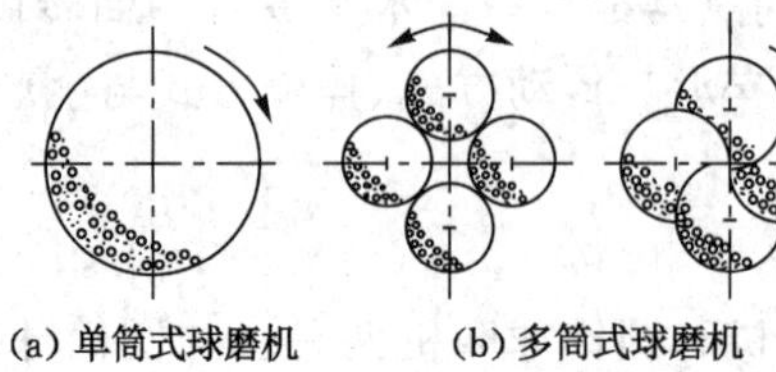

图 6-3 球磨机筒体断面图

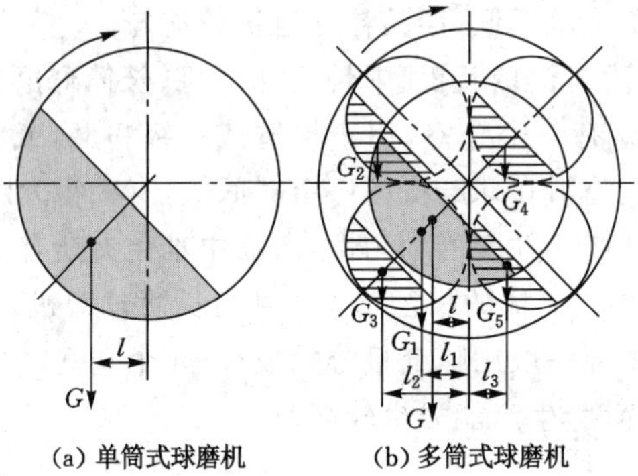

图 6-4 重力作用图

6.3.4 按装入粉磨介质种类划分

球磨机按装入粉磨介质种类可以分为钢球球磨机、棒磨机、砾石磨机。钢球球磨机内装入的研磨介质主要为钢段或钢球，此类球磨机的研磨力度较大，且结构轻便，转速平稳。钢球球磨机适用于需要较大研磨力度的物料处理。棒磨机主要用于钢棒介质的研磨，钢棒的直径多在 50～100 mm 之间，研磨时间较长。棒磨机适用于需要较长研磨时间和较大物料处理的场合。砾石磨机内的研磨介质主要包括卵石、砾石、砂石、瓷球等。砾石磨机多采用瓷料或花岗岩作为衬板，被广泛应用于彩色水泥、白色水泥、陶瓷等生产领域。砾石磨机适用于需要特定研磨介质和特殊生产要求的场合。

6.3.5 按卸料方式划分

球磨机的卸料方式主要分为尾卸式和中卸式两种。尾卸式球磨机是指物料在球磨机的尾部进行卸料[图 6-5(a)]，这种方式适用于需要较长时间研磨的物料。中卸式球磨机则是在球磨机的中部进行卸料[图 6-5(b)]，这种方式适用于需要快速排料的场合，或者当物料在球磨机内部不同区域具有不同的研磨要求时使用。这两种卸料方式的选择取决于具体的工艺需求和物料特性。

图 6-5 球磨机的卸料方式

6.3.6 按筒体支承方式划分

球磨机的支承方式主要包括主轴承支承和滑履支承。球磨机的支承装置是确保机器正常运行的关键部分，主要用于承受整个回转部分以及研磨体和物料在运动或静止状态时的载荷。该装置需要在重载、振动以及恶劣的工作环境中长期运行，同时还需应对大量灰尘。因此，在设计支承装置时，必须考虑到球磨机的持续运转能力、降低功耗的需求以及防止灰尘进入的有效措施。

1. 主轴承支承

主轴承承担整个球磨机回转部分的重量，是球磨机常见的支承方式之一，通常由轴瓦、轴承底座、轴承盖、润滑及冷却系统组成。这种支承方式适用于各种规模的球磨机，能够保证球磨机的直线度，是球磨机支承装置中的主要形式[图 6-6(a)]。

2. 滑履支承

与主轴承支承相比，滑履支承通常应用于球磨机的两端或一端，而不是主轴承支承。滑履支承的优点在于其可配置两个、三个或四个支承滑履，因而其结构不仅非常适合中小型球磨机，也不受规格约束，能够广泛应用于特大型球磨机。但需要注意的是，滑履支承的结构和维护相对较为复杂，对轮带和履瓦的加工精度及粗糙度都有较高要求，因此成本也相对较高。

如图 6-6(b)所示，滑履支承式球磨机通过固定在球磨机筒体上的滑环支承在滑履上运转。随着球磨机向大型化发展，轴承承受的负荷也越来越大；此外，烘干兼粉磨的球磨机具有较大的进料口且热气流温度较高，主轴承难以适应这种工作环境，因此采用滑履支承显得更加合适。

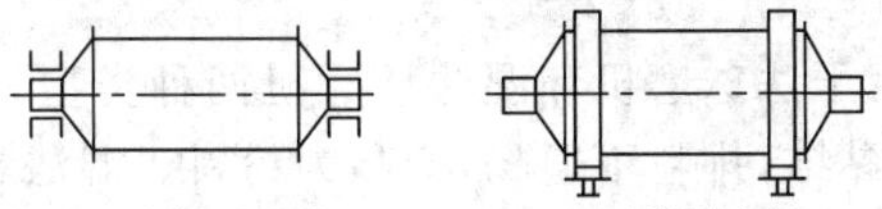

图 6-6 球磨机的支承方式

6.3.7 按传动方式划分

球磨机按传动方式主要分为中心传动球磨机和边缘传动球磨机两种类型。这两者的区别在于传动方式：中心传动球磨机通过中心轴进行传动，而边缘传动球磨机则通过球磨机的边缘进行传动。这两种传动方式各有特点，适用于不同的工作场景和需求。

1. 中心传动球磨机

如图 6-7(a)所示，这种球磨机的传动装置是电动机经过减速器驱动传动轴，传动轴直接与球磨机卸料端的空心轴连接，传动轴的轴心与球磨机筒体的中心线一致。

2. 边缘传动球磨机

如图 6-7(b)所示，这种球磨机的传动装置是电动机经过减速器驱动，其传动轴与球磨机筒体中心线平行，通过该轴上的齿轮带动固装在球磨机筒体端盖上的大齿环，使球磨机筒体回转。

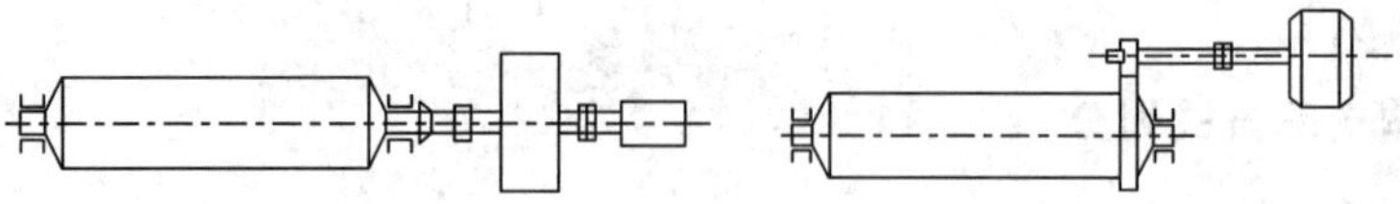

(a) 中心传动　　(b) 边缘传动

图 6-7　球磨机的传动方式

除了上述两种传动方式，球磨机的传动方式还包括齿轮传动、胶带传动、隔离式变频器传动、液力耦合传动以及直接驱动等多种方式。

6.3.8　按操作方式划分

球磨机按操作方式分为间歇式球磨机和连续式球磨机。间歇式球磨机的工作原理是在一个封闭的筒体内，通过研磨介质对物料进行研磨。它适用于对物料品质要求不高或需要调节磨矿时间的场合。这种类型的球磨机结构相对简单，主要用于陶瓷原料、颜料及釉料的粉碎加工。虽然间歇式球磨机可以通过调节磨矿时间来调节产品细度，但其粉碎效率较低，操作较为困难。

连续式球磨机则是在一个连续的生产过程中进行研磨，特别适用于对物料品质要求较高或需要大规模生产的场合。根据生产需要，可选择不同的衬板类型以满足不同需要。连续式球磨机广泛应用于陶瓷、化工、建材等行业，其工作原理与传统球磨机类似，一般采用高铝衬板、刚玉球作为研磨介质，从而避免对物料造成铁污染，提高物料的白度。与间歇式球磨机相比，连续式球磨机产量高、单位重量产品的电耗少、机械化程度高和操作人员少，但基建投资费用大，操作维护较复杂。

6.3.9　按生产方式划分

球磨机按生产方式分为干法球磨机和湿法球磨机两种类型。干法粉磨时，喂入物料的水分不能高，否则物料发生黏结，排料不通畅，产品为粉料。湿法粉磨时，物料与水混合一起粉磨，粉磨产品为料浆。湿磨时物料容易流动，水能及时将细粒冲走，防止过粉碎现象。另外，水和溶解在水中的表面活性物质渗入物料显微裂缝中，起楔块作用，有助于物料的细磨。因此，湿磨较干磨生产能力高，单位电耗低，但介质磨耗较高。

在实际应用中，选择合适的球磨机类型对于提高生产效率和产品质量具有重要意义。

6.4　球磨机的实际应用

6.4.1　间歇式球磨机

间歇式球磨机采用干湿法交替作业，用于长石、石英、黏土、矿石等原料的细磨。该球磨机具有结构简单、操作可靠、维修容易、管理方便等优点，能实现长期稳定运行。此外，它可与其他粗碎设备，如颚式破碎机、锤式破碎机、轮碾机等联合使用，形成较为完整的破碎粉磨制浆系统，从而适应粗放式原料的细化工序。在传统陶瓷制浆和各种物料粉碎过程中，间歇式球磨机发挥了重要的作用。由于其技术成熟和多项优势，该设备被广泛应用于水泥、硅酸盐制品、新型建筑材料、耐火材料、化肥、黑色与有色金属选矿以及玻璃陶瓷等生产行业。

1. 结构

间歇式球磨机的具体结构如图 6-8 所示，筒体由钢板焊接或铆接而成，两端用铸铁制成的端盖封闭，端盖带有加强筋。中心有钢质或球墨铸铁的实心轴，通过轴承将筒体支承在机架上。筒体由电动机通过胶带传动、离合器、减速器及减速齿轮带动回转，离合器使筒体在启动时逐渐接上传动装置，以避免电动机超负荷，便于球磨机定位和控制。筒体中部设有磨门和卸料孔，以便于物料的喂料和排出，内壁衬以石板、瓷板、橡胶板或工程塑料，以保护筒体并提升研磨效果。

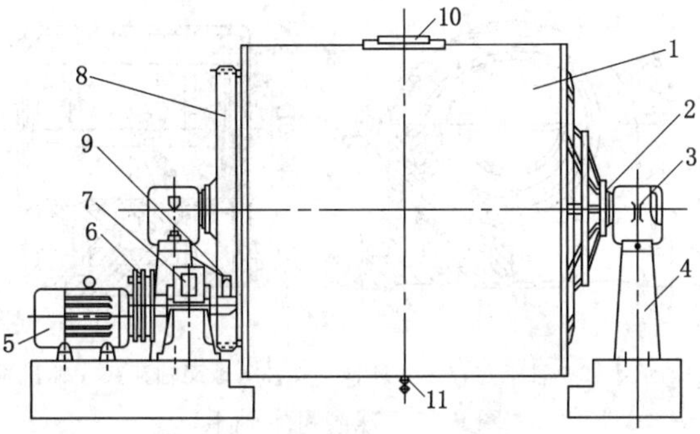

1—筒体；2—实心轴；3—轴承；4—机架；5—电动机；6—离合器；
7—减速器；8—齿轮；9—操纵杆；10—喂料口；11—卸料口。

图 6-8 间歇式球磨机结构图

在陶瓷工业中，为确保坯料的洁净，衬板和研磨介质通常采用与坯料成分相同的材料，如刚玉球和锆质球。这些材料具有较大的密度、高硬度和较长的使用寿命，能够有效提高球磨机的生产能力。

2. 主要工作部件

间歇式球磨机的构造相对简单，主要由筒体、两个主轴承和一套传动装置组成。

(1) 筒体

筒体为封闭的研磨空间，由筒身、磨头、衬板、磨门等组成(图 6-9)，内部根据应用场景衬以石板、瓷板或橡胶板，保护筒体免受磨损，提高研磨效果。筒体的旋转通过电动机驱动、胶带传动、离合器和减速器等机制使其以适宜的转速旋转，从而使物料和研磨体在离心力作用下相互碰撞与摩擦，达到研磨效果。设计还考虑了喂料和检修口的配置，便于物料的加入和操作人员的维护。

(2) 主轴承

主轴承是球磨机的主要部件，又是易磨损件。它承受球磨机工作部分的全部载荷，属低速重载的向心轴承。如图 6-10 所示，主轴承一般选用自动调心的球面滑动轴承，并注意保持良好的润滑条件。

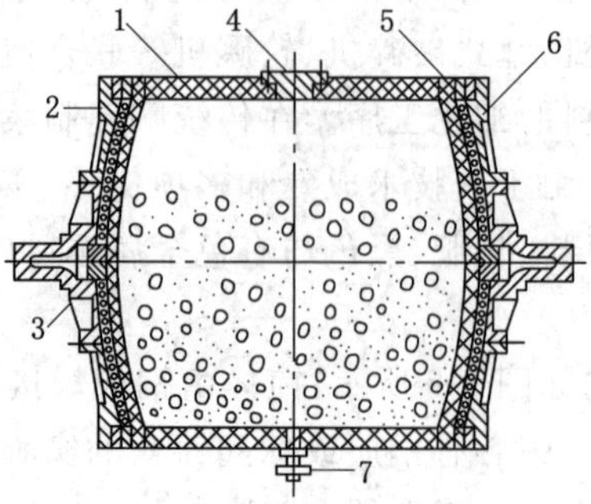

1—筒身；2，6—端盖；3—轴盘；4—磨门；5—衬板；7—卸料旋塞。

图 6-9　间歇式球磨机筒体结构图

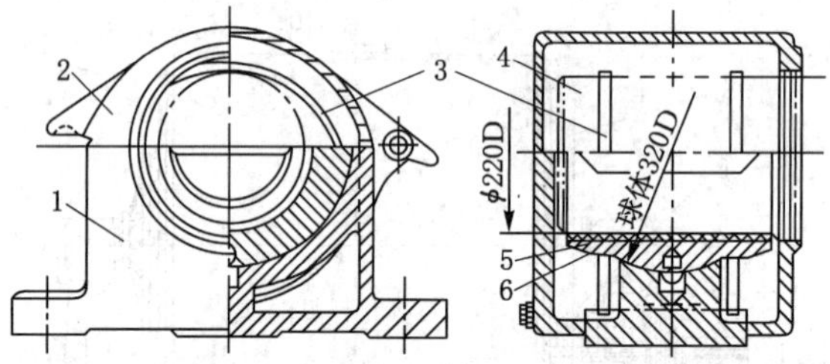

1—轴承座；2—轴承盖；3—油环；4—轴；5—球面轴瓦；6—轴瓦衬。

图 6-10　球磨机主轴承

(3) 传动装置

传动装置的传动比一般在 30～70 之间，通常采用的传动方式有胶带-齿轮、两级胶带传动或一级蜗杆传动等，其中前者较常采用，而实验室所用球磨机则采用托轮摩擦传动。为便于分段启动和操作控制，球磨机通常装设离合器。常用的离合器有摩擦式、液压式和电磁式等，选用时需考虑低速、重载、高湿度和频繁启动等工作条件。

3. 性能特点及应用场合

间歇式球磨机有以下优点：

(1) 适应性较强，对于大多数物料都能粉磨，而且能适应不同环境下的操作。

(2) 在实际生产中，能够连续操作，且生产能力可达每小时 200 t 以上，满足了现代工业大规模生产的需要。

(3) 间歇式球磨机采用的轴承不仅材质先进，其制造工艺更为精细，比传统球磨机轴承的使用寿命约提高 15%。

间歇式球磨机适合处理金矿石、铝粉、石英砂、铝粉膏、赤铁矿、高铝瓷、钾长石、碳化钨、铜矿、硫酸渣、重晶石、熟料、矿渣、铝矾土、陶粒砂等物料，适用于水泥、硅酸盐制品、化肥等行业。

4. 技术参数

间歇式球磨机技术参数见表 6-1。

表 6-1 间歇式球磨机技术参数

型　号	生产能力/(t/h)	筒体转速/(r/min)	电机功率/kW	机重/t
TCQ910×1120	0.2	36	5.5～11	2.6
TCQ1200×1400	0.5	32	11～18.5	4.3
TCQ1500×1800	1	28	15～22	6.5
TCQ1800×2100	1.5	26	18.5～30	8.8
TCQ2100×2100	2.5	22	22～37	13
TCQ2200×2400	3	20	28～45	15
TCQ2500×2900	5	16	37～55	19
TCQ2800×3700	8	14.5	55～75	26
TCQ3000×3700	10	14	75～90	32

6.4.2 管磨机

管磨机是一种重要的细磨设备，广泛应用于建材、冶金、选矿、电力及化工等行业，用于粉磨水泥及其他物料。它是粉磨系统中重要设备之一，特别是大型管磨机的生产能力很高。管磨机的主要组成部分包括筒体、给料部、卸料部、传动部等。根据物料细磨情况配合研磨体，管磨机可以逐仓分阶段进行物料的细磨，从而获得较高的研磨效率。管磨机具有破碎比大、生产能力高、对物料适应性强、磨损件易更换等特点。单仓管磨机和短筒球磨机不同的地方仅在于它的长度比直径大 2～7 倍，物料在管磨机中经历的时间较长，产品细度均匀，粉碎比较大。实际上多仓管磨机较单仓式应用广泛。在多仓管磨机中，隔仓板将磨机筒体分隔成若干仓室，在每一个仓内，根据物料细磨情况配合研磨体，这样就使物料的细磨逐仓分阶段进行，因而获得较高的研磨效率。

1. 工作原理

物料通过进料装置进入管磨机筒体内部，落在一仓的起始研磨位置。当筒体转动时，研磨介质和物料在摩擦力和离心力的作用下，随着筒体回转并被提升到一定的高度，然后按一定的线速度抛落或泻落下来，物料受到下落钢球和大块物料的撞击，并借助钢球与钢球之间、钢球与磨机衬板之间、物料和物料之间及物料和钢球与衬板之间的附加压碎和磨剥作用而被粉碎。物料经过一仓的破碎研磨后粒度变小，较小的颗粒通过双隔仓的筛选和提升作用被输送到二仓，继续被级配较小的研磨介质研磨，在料压的作用下缓缓向出料端流动。在到达出料端时，物料已经被研磨至非常细的粒度，再经过出料箅板的筛选后，合格粒度的细粉由出料箅板中被强制排出，进入下一道工艺。

2. 结构

中卸烘干圈流管磨机筒体的两端是喂料斗，该处装设直径为 1 m 的进风管，可从磨体两端同时鼓进热风。物料由密闭的喂料设备经喂料斗进入喂料螺旋筒中，与热风一起进入磨体的烘干仓。喂料螺旋筒用螺栓与空心轴上的法兰连接，并随管磨机筒体一起回转。整个回转部分依靠两个空心轴支承在两个主轴承上。两主轴承由压力润滑系统进行润滑并用水冷却。

管磨机回转部分如图 6-11 所示，其上有两个磨门，磨门处用与筒体相等厚度的加强板铆合加固。筒体内分为烘干仓Ⅰ、粗磨仓Ⅱ和细磨仓Ⅲ，在粗磨仓和细磨仓之间用卸料箅板分隔成卸料仓Ⅳ。烘干仓中装设有三段长各为 500 mm 的扬料板，第三段扬料板末端有强制排料的扬料装置，用螺栓固定在筒体上。扬料板和筒体间垫 15 mm 厚的石棉板以隔热。粗磨仓装有以螺栓固定的高锰钢阶梯衬板。细磨仓镶砌小波纹衬板。

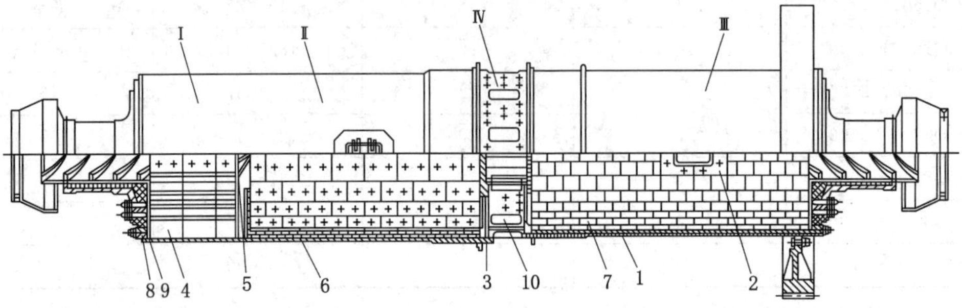

1—筒体；2—磨门；3—出料箅板；4—扬料板；5—扬料装置；6—阶梯衬板；
7—小波纹衬板；8—平端盖；9—磨头衬板；10—卸料孔。

图 6-11 管磨机的回转部分

管磨机工作时，进入烘干仓的物料被扬料板提升扬撒，并与进入烘干仓的热气流接触而被烘干。烘干后的物料由扬料装置强制喂入粗磨仓中粉磨，粗磨后的物料通过卸料箅板、卸料口、锁风装置和输送提升设备进入选粉机选粉。合格的粉料送入料库储存，粗粉大部分经回料端喂料斗和回料螺旋筒进入细磨仓中再粉磨，小部分(约占 1/3)回粗磨仓中重新粉磨，以提高料温和降低物料水分，改善仓内物料的流动性，同时也便于磨机内物料平衡，利于烘干与粉磨作业。粗磨和细磨分开，有利于最佳配球，提高粉磨效率。经细磨仓磨细的物料，通过卸料箅板进入卸料仓，与从粗磨仓出来的物料一起卸出，按上述循环，从而组成闭路循环粉磨系统。

磨机内物料的烘干热源，由窑尾废气或另设热风炉提供。出磨含尘气体在系统主风机的抽力作用下，由底部进入组合式选粉机(或笼式选粉机)内，利用余热参与物料的烘干和分级，最后进入收尘系统净化后排空。

新安装的管磨机或管磨机大修后重新开磨时，物料需在烘干仓中预热，待烘干至适当程度再进入粗磨仓。停磨、检修或更换粉磨介质等，均需慢速转动，以防磨机筒体产生热变形，并使筒体停止在所需的位置上。因此，需装设辅助传动装置。

3. 主要工作部件

管磨机的类型和规格较多，但是它们的结构基本相同，主要由筒体、衬板、隔仓板、轴承、进卸料装置和传动装置等组成。

(1) 筒体

筒体是管磨机的主要工作部件，物料在筒体内被粉磨介质冲击和磨剥而成细粉。筒身是一个空心圆筒，用钢板卷焊而成。筒身的两端与磨头连接组成筒体。筒体工作时，除了承受自身和粉磨介质等的静载荷外，还受到介质的冲击及筒体回转产生的交变应力。因此，它必须具有足够的强度和刚度。这就要求制造筒体的金属材料的强度要高，塑性和可焊性要好。筒体一般采用普通结构钢 A3，而大型管磨机的筒体则采用 16 Mn 钢制造。

为了检修磨机内零部件和装卸粉磨介质,筒身的每个仓室都设有磨门,各仓磨门的位置在筒身两边的直线上交错排列。这样以便平衡磨门重量产生的惯性离心力和保证筒体强度。

磨头承受整个磨机的动载荷,要求长期安全可靠。磨头有三种结构形式:第一种是整体磨头[图 6-12(a)],其结构简单,安装方便,适合于中小型管磨机。对于大型管磨机,由于磨头端盖的平展面积较大,铸造容易产生缺陷,不易保证铸造质量。第二种磨头是将端盖和空心轴分别铸造,加工后再组装在一起[图 6-12(b)]。这种形式虽可减少铸造缺陷,但原材料消耗和加工安装工作量增多。第三种磨头是采用钢板焊接结构[图 6-12(c)],其优点是原材料消耗少,制造工艺简单,端盖与筒体连接牢靠,磨头质量稳定可靠。

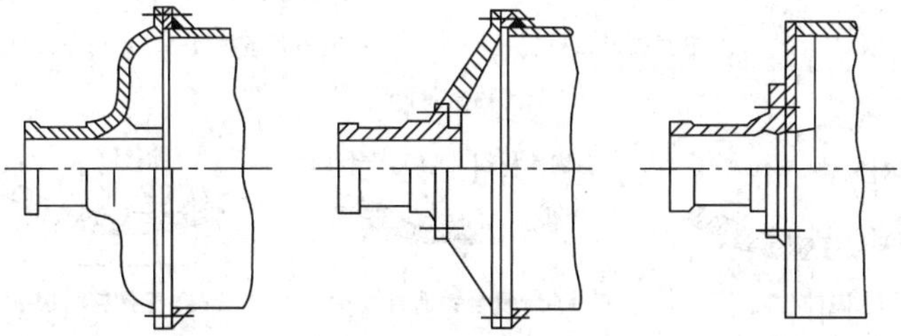

(a) 整体结构　(b) 装配结构　(c) 焊接结构

图 6-12　磨头的结构形式

一般大、中型磨机采用铸钢 ZG35 作为空心轴材料,小型磨机采用铸铁或球墨铸铁作为磨头材料。磨机运转时与长期停磨时有很大温差,筒体会产生伸缩。因此,在制造安装磨机筒体时,必须考虑磨机的轴向热变形。

磨机的传动装置一般靠近卸料端,为了保证齿轮的正常啮合,卸料端不允许有任何轴向窜动。因此,适应轴向热变形的结构都设在进料端,主要有两种形式:一种是在空心轴颈的轴肩与轴承间预留间隙;另一种是在轴承座与底板之间水平安装数根钢辊。当筒体热胀冷缩时,进料端主轴承底座可沿辊子移动,以适应轴向的变形。

(2) 衬板

① 衬板的作用和类型

管磨机衬板的主要作用是保护筒体免受研磨体和物料的直接冲击和摩擦,同时通过不同形式的衬板调整研磨体的运动状态,以增强对物料的粉碎作用,从而提高磨机的粉磨效率,增加产量并降低金属消耗。磨机头仓内物料粒度较大,要求粉磨介质以冲击粉磨为主,应呈抛落状态运动;以后各仓内的物料粒度依次递减,要求介质也应依次增强磨剥作用,加强倾泻状态运动。在磨机直径和转速相同的情况下,利用不同形状表面的衬板,使其与粉磨介质产生不同的摩擦因数,来改变介质的运动状态,以适应物料粉磨过程的要求,提高粉磨效率。

管磨机衬板的类型多样,主要根据材质和安装部位进行分类。根据材质,管磨机衬板可以分为金属衬板和橡胶衬板等,如图 6-13 所示。金属衬板中,高锰钢衬板因其耐磨性和保护机器的作用而被广泛应用;橡胶衬板则以其优异的减震和降噪效果著称。根据安装部位,管磨机衬板分为端盖衬板、筒体衬板和磨门衬板。

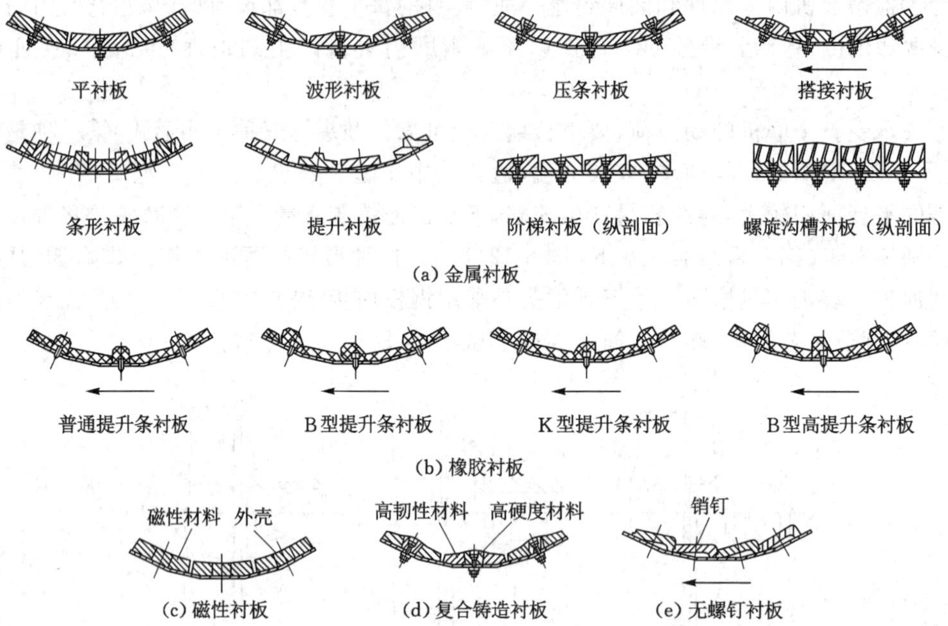

图 6-13　管磨机衬板的主要类型

② 衬板的表面形状

管磨机衬板的工作表面形状多样，常用衬板的表面形状如图 6-14 所示，主要包括平衬板、波纹衬板、凸棱衬板、压条衬板、阶梯衬板、半球形衬板、锥形分级衬板、双曲面衬板、角螺旋分级衬板、沟槽衬板等。这些形状的衬板适用于不同的磨矿需求，如平衬板适用于细磨，而压条衬板和阶梯衬板适用于粗磨。

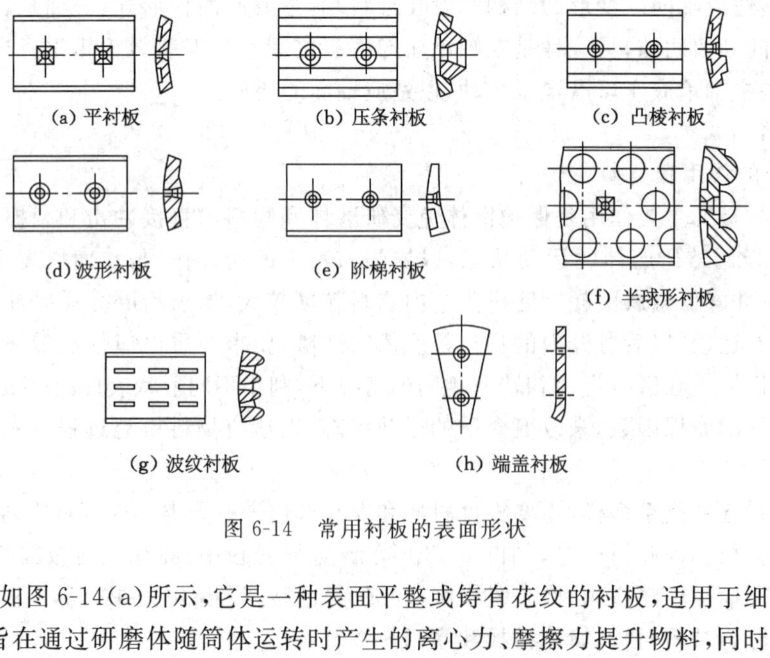

图 6-14　常用衬板的表面形状

平衬板：如图 6-14(a)所示，它是一种表面平整或铸有花纹的衬板，适用于细磨仓。这种衬板的设计旨在通过研磨体随筒体运转时产生的离心力、摩擦力提升物料，同时允许物料下滑，对刚喂入管磨机内的大块状物料冲击粉碎能力一般，但对物料的研磨作用较强。因此，平衬板特别适合安装在细磨仓，即靠近出料端的那一仓，以实现对物料的精细加工。

压条衬板：如图6-14(b)所示，它由平衬板和压条组成，压条上有螺栓通孔，通过压条将衬条固定。管磨机的压条衬板用于第一仓，能够使研磨体升得较高，具有较大的冲击能量。管磨机的压条衬板是管磨机衬板的一种，其主要功能是帮助研磨体在管磨机内部获得更高的上升高度，从而增加研磨体与物料之间的冲击能量，提高粉碎效率。这种衬板的设计使得研磨体在管磨机内部运动时，能够获得更大的动能，进而在撞击和研磨物料时产生更大的能量，有助于物料的粉碎。此外，压条衬板的使用还能够提高管磨机的整体工作效率，增加产量，降低金属消耗。

凸棱衬板：如图6-14(c)所示，它是在平衬板上铸成断面为半圆或梯形的凸棱。这种设计旨在通过凸棱的作用，类似于压条，增加衬板的刚性，减少变形，从而提高管磨机的效率和产量。凸棱衬板的优点在于其刚性大，不易变形，这有助于保持衬板的形状和功能，进而保证管磨机的稳定运行。凸棱衬板的设计充分考虑到了管磨机内部研磨体的运动状态，通过调整衬板的形状，可以优化研磨体的运动轨迹，增强研磨作用，同时减少对衬板的冲击和磨损，从而提高管磨机的整体性能和使用寿命。

波形衬板：如图6-14(d)所示，它是一种特殊设计的衬板，具有波浪形的表面。波形衬板的凸棱经过平缓处理，从而形成这种独特的设计。这种设计不仅有助于提升粉磨介质的提升效果，同时也有利于避免过大的冲击力损伤衬板。波形衬板的上升部分对提升粉磨介质非常有效，而下降部分则有助于减少粉磨介质被抛起过高的可能性，从而防止产生过大的冲击力而损伤衬板。这种设计使得波形衬板在管磨机中的应用能够有效地平衡研磨体的运动状态，提高粉磨效率，同时降低金属消耗。与凸棱衬板相比，波形衬板的凸棱被平缓化，从而减少了带球能力，促进了粉磨介质的滑动。

阶梯衬板：如图6-14(e)所示，它是一种特殊的衬板，其表面呈一倾角，安装后成为多个阶梯，可以加大对研磨体的推力，使同一层研磨体被提升的高度均匀一致，从而防止研磨体之间的滑动和磨损。这种衬板的设计优于压条衬板，特别适合安装在粗磨仓。在使用时，薄端应处于磨机转向的前方，安装方向不能装反。

半球形衬板：如图6-14(f)所示，它是一种特定形状的衬板，用于管磨机中，以适应特定的工作条件和物料处理需求。这种衬板的形状呈半球形，旨在优化研磨体的运动状态，从而提高磨机的粉磨效率。半球体的直径应为该仓最大球径的2/3，半球的中心距不大于该仓平均球径的两倍，半球呈三角形排列，以便阻止钢球沿筒体滑动。半球形衬板特别适用于粉碎仓，因为它能够有效地粉碎物料，使其达到所需的细度。

波纹衬板：如图6-14(g)所示，它是一种适合细磨仓铺设的无螺栓衬板，其特点是具有波纹形状，这些波纹可以增加衬板与研磨体和物料之间的摩擦力，从而提升研磨效率。波纹衬板适合安装在细磨仓，因为其波峰和波谷的设计能够有效地帮助细小的物料进一步研磨和细化。这种设计不仅有助于物料的有效粉碎，还能在一定程度上减少衬板和研磨体的磨损，从而延长使用寿命。此外，波纹衬板的设计还能够优化研磨体的运动状态，使得研磨过程更加高效，这对于提高管磨机的整体工作效率具有重要意义。

锥形分级衬板：它是一种特殊的衬板，主要用于调整研磨体的运动状态，以适应物料粉磨过程的要求。它的主要作用是通过其特定的锥形设计，引导研磨体在磨机内的运动，从而实现研磨体的分级，使得大颗粒物料使用大球粉磨，小颗粒物料使用小球粉磨，从而提高磨机的粉磨效率和产量。衬板沿轴向具有 8°～10°的斜度，衬板镶衬到筒体后，内表面形成截锥形状，锥顶朝向磨机的卸料端，这样就使到磨机内的粉磨介质按其大小自动分级，介质尺寸沿料流方向逐渐减小。该衬板的设计考虑了物理学的原理，通过衬板的斜面反作用于研磨体的水平分力与研磨体水平运动的阻力之间的关系，使得大钢球向进料端移动，而小钢球被迫排向出料端，从而达到在轴向按大小分级的目的。锥形分级衬板一般安装在磨机的一、二仓内，因为钢球分级后，对物料的粉碎作用较大，因而能显著提高磨矿效率。

角螺旋分级衬板：它是一种改进的管磨机衬板，其技术要点在于将衬板的内表面制成螺旋形，螺旋角为 30°～50°，螺距为 100～250 mm。这种设计旨在延长物料在磨机内的移动路线和时间，使物料在磨机内得到反复破碎和研磨。通过改变衬板的表面结构和形状及装配结构，可以使研磨体在随磨机运转时所形成的抛物线向前倾斜一个 α 角，从而将较大直径的研磨体分离出来，返回磨机的前段仓内再进行冲击研磨。这种衬板最大特点是在磨机回转一周时，介质的脱离角在一个区域内发生多次变化，而降落点也相应发生变化。这种方法不仅提高了粉磨效率，还增加了产量，降低了金属消耗。

沟槽衬板：使用球形介质时，管磨机长期工作会在衬板表面形成圆周方向的半圆形沟槽，沟槽半径与钢球尺寸有关。这种现象表明，衬板使用时与钢球的点接触造成了较强的磨损。为了减少这种磨损，将衬板表面预先制成一定半径的环向半圆形沟槽，这就是沟槽衬板。这种衬板的特点是使衬板与钢球之间产生线接触，除了减轻衬板磨损外，还能够提高粉磨效率。

磨机安装普通衬板时，钢球降落或贴着筒体上升时的接触为点接触，物料从钢球的两侧挤出，钢球与衬板之间几乎不起研磨作用，如图 6-15 所示。安装沟槽衬板后，钢球与衬板是圆弧线接触，物料不能从沟槽内挤出，在钢球与衬板之间总有一层物料，外层钢球与衬板之间无金属接触现象，因此在沟槽中存在着附加研磨作用。沟槽衬板设计成与自然磨出的环向沟相同，并且当磨机运转时最大直径的钢球在衬板上以密集形式自行组合，构成六角形排列，从而提高了磨机的粉磨能力。

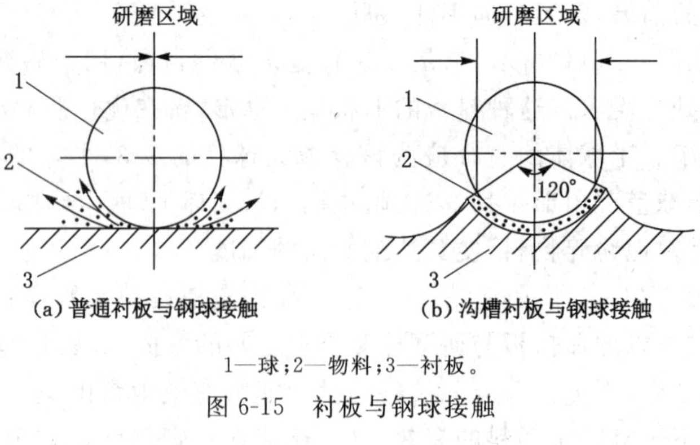

1—球；2—物料；3—衬板。

图 6-15　衬板与钢球接触

端盖衬板：如图 6-14(h)所示，它是管磨机的重要配件之一，位于管磨机筒体的两端，主要功能是支承物料、筒体和介质。作为端盖的关键组成部分，端盖衬板直接承载于轴承上，确保管磨机的正常运转。为了维持管磨机的性能和延长其使用寿命，端盖衬板还需要定期进行检查和更换，这对于管磨机的维护和保养至关重要。

③ 衬板的材料和规格

管磨机衬板的材料主要包括高锰钢、合金铸铁、陶瓷、橡胶等。

高锰钢：高锰钢是管磨机衬板中常用的一种材质，具有硬度高、耐磨损等特点，可以有效地延长管磨机的使用寿命。高锰钢衬板的硬度可以达到 60～65 HRC，抗压强度在 1 400～1 800 MPa 之间。高锰钢衬板的耐磨性能好，适用于处理磨损严重的矿石、煤炭等物料。

合金铸铁：合金铸铁是一种比较新型的管磨机衬板材料，具有硬度高、耐磨损、抗冲击等优点，被广泛应用于管磨机的生产领域。合金铸铁衬板中的铬、镍等合金元素可以有效地提高其硬度和耐磨性能，使其适用于处理高硬度、高磨损的物料。

陶瓷：陶瓷是一种比较高档的管磨机衬板材料，具有硬度高、耐磨损、耐腐蚀等特点，可以在特殊环境下使用。陶瓷衬板分为氧化铝陶瓷衬板、碳化硅陶瓷衬板、氮化硅陶瓷衬板等多种类型，不同类型的陶瓷衬板具有不同的特点和适用范围。

橡胶：橡胶是一种常用的管磨机衬板材料，具有防腐、防震、隔音等特点，可以减少管磨机的噪声和振动，同时也保护管磨机的内部结构。橡胶衬板通常使用聚氨酯、丁基橡胶等材料制成。

衬板规格的大小取决于磨门的大小和搬运、装卸的方便。管磨机衬板的规格大小主要包括长度、宽度和厚度。通常，管磨机衬板的长度为 500 mm，这是目前市场上较为常见的规格。此外，根据特定需求，长度也可以定制，范围从 1.5 m 到 4.0 m，甚至可以根据用户的具体要求进行生产。管磨机衬板的宽度一般为 314 mm，磨机衬板的厚度一般在 40～50 mm 之间。

④ 衬板的安装

管磨机衬板的固定方法主要包括螺栓固定法、镶砌法和无螺栓固定法。

螺栓固定法是通过在管磨机筒体上钻孔，然后使用螺栓将衬板固定在筒体上的方法。这种方法抗冲击，耐振动，相对可靠，但需要在筒体上钻孔，可能会对筒体强度造成一定影响。螺栓固定衬板的方法如图 6-16 所示。镶砌法则是通过将衬板镶嵌在管磨机筒体内表面的一种方法。这种方法不需要在筒体上钻孔，因此对筒体强度的损害较小，但安装过程可能更为复杂。橡胶衬板的安装方法如图 6-17 所示。橡胶压条安放在橡胶衬板的凹槽内，利用夹板螺栓使之与筒体牢固连接。为了克服螺栓固定衬板的缺点，在球仓内也采用无螺栓衬板，其安装方法如图 6-18 所示。衬板的两侧皆带有半圆形销孔，当衬板彼此挤紧时，在销孔内打入楔形销钉。在每圈首尾衬板相接时，其销钉孔打入特殊楔形销钉。此外，在衬板和筒体之间加有衬垫。

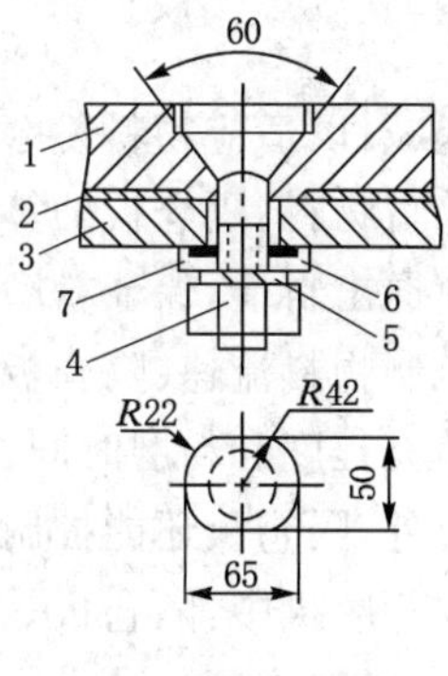

1—衬板；2—衬垫；3—筒体；4—螺栓及螺母；5—弹簧垫圈；6—密封麻圈；7—锥面垫圈。

图 6-16　金属衬板的螺栓固定法

(3) 隔仓板

① 隔仓板的作用

管磨机隔仓板的主要作用包括分隔研磨体、筛析物料和控制物料流速。

分隔研磨体：隔仓板用于分隔不同级配或不同形状的研磨体，确保研磨体的尺寸向磨尾

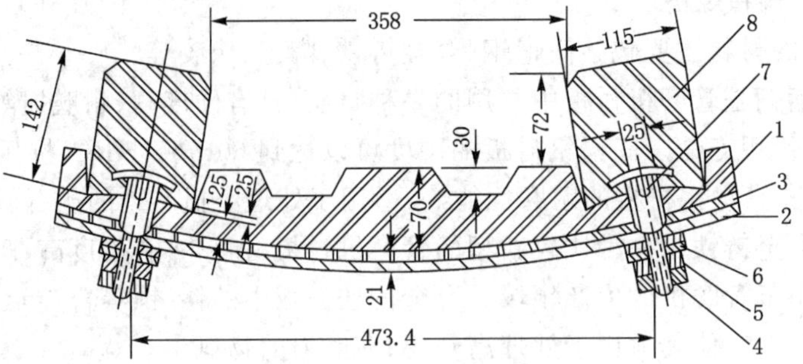

1—橡胶衬垫；2—筒体；3—橡胶衬板；4—螺母；5—垫圈；6—橡胶垫圈；7—夹板螺栓；8—橡胶压条。

图 6-17　橡胶衬板的安装方法

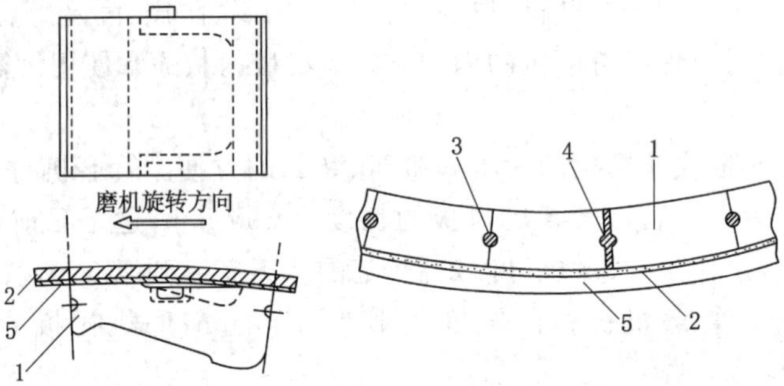

(a) 无螺栓衬板结构　　(b) 无螺栓衬板的固定方法

1—衬板；2—筒体；3—楔形销钉；4—特殊楔形销钉；5—衬垫。

图 6-18　无螺栓衬板及其固定方法

方向递减，以适应物料粉磨过程中粗粒级用大球、细粒级用小球的合理原则。

筛析物料：隔仓板的箅缝可以阻止较大颗粒的物料进入冲击力较弱的区域，防止大颗粒物料窜向出料端，保证粉磨效果。

控制物料流速：隔仓板的箅孔尺寸或排列形式能控制物料在磨机内的流速，从而控制物料的填充程度和粉磨时间。

此外，隔仓板还能控制和改善磨机的通风，有助于统一产量和质量，保证磨机的稳定生产。在管磨机中，隔仓板是重要的组成部分，其设计和使用对提高粉磨效率和产量具有关键作用。

② 隔仓板的类型

管磨机隔仓板的类型主要包括单层隔仓板和双层隔仓板。

单层隔仓板：通常由若干块扇形箅板组成，大端用螺栓固定在磨机筒体上，小端用中心圆板与其他箅板连接。这种隔仓板的设计使得已磨至小于箅孔的物料，在新喂入物料的推动下，能够穿过箅缝进入下一仓。单层隔仓板有弓形单层隔仓板和扇形单层隔仓板两种，如图 6-19、图 6-20 所示。弓形单层隔仓板由弓形箅板组成，每块弓形板都用螺栓固装在筒体上，在中心的两侧用盖板以螺栓加固。扇形单层隔仓板的牢固程度不及弓形单层隔仓板，但安装较方便。

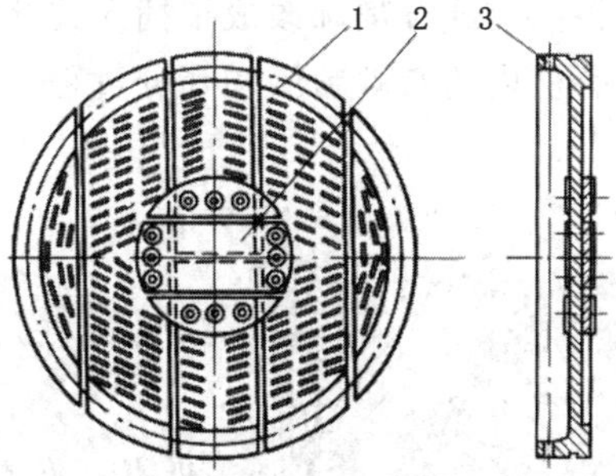

1—弓形箅板;2—盖板;3—螺孔。

图 6-19 弓形单层隔仓板

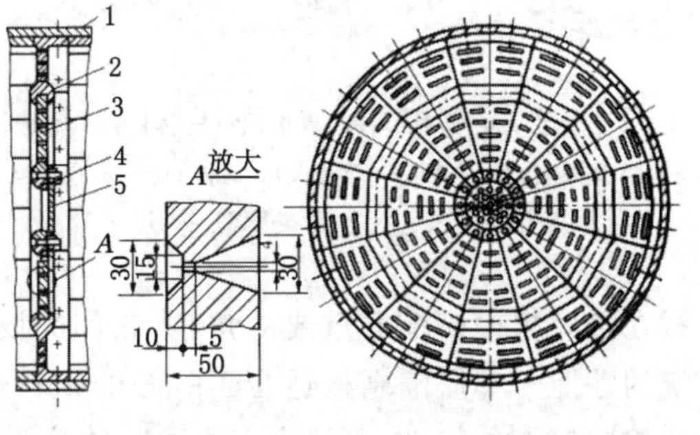

1—筒体;2—外圈箅板;3—内圈箅板;4—环形固定圈;5—中心圆板。

图 6-20 扇形单层隔仓板

双层隔仓板由前箅板和后盲板组成,中间设有提升扬料装置。物料通过箅板进入两板之间,由提升扬料装置将物料送至中心圆锥,进入下一仓。这种隔仓板适用于一仓,因其流速快,不受前后填充率影响,便于配球。双层隔仓板分为过渡仓式和提升式两种。过渡仓式是一种特殊设计,主要用于管磨机中实现物料的分隔、筛分和流通控制,如图 6-21 所示。

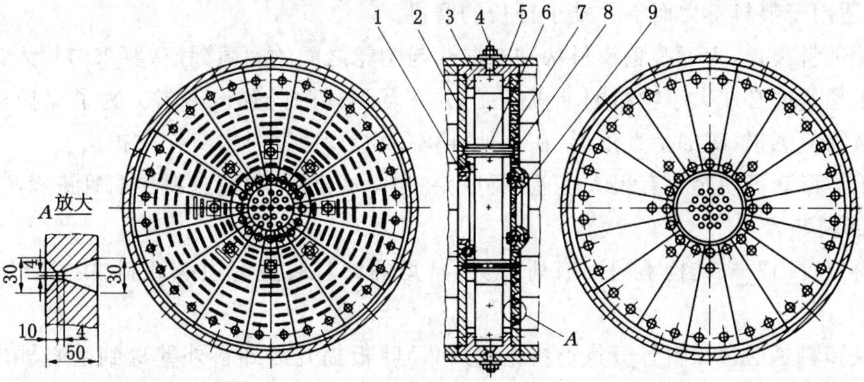

1—环形固定圈;2—盲板;3—仓板座;4—固定螺栓;5—筒体;6—定距管;7—箅板;8—螺栓;9—中心圆板。

图 6-21 过渡仓式双层隔仓板

提升式双层隔仓板,如图 6-22 所示。其特征在于出料壁板从中心到四周都设有箅孔,扬料板和卸料锥为整体结构,扬料板两面对应处各设一可插入筛板的导槽。这种结构将无孔的盲板改成了有孔的箅板，将固定式分离筛改成了插入式分离筛，从而实现了对物料的强制流通和筛分，确保了物料在磨机内的有效粉磨和筛分过程。因此它适用于粗磨仓，尤其适合于圈流生产的磨机。

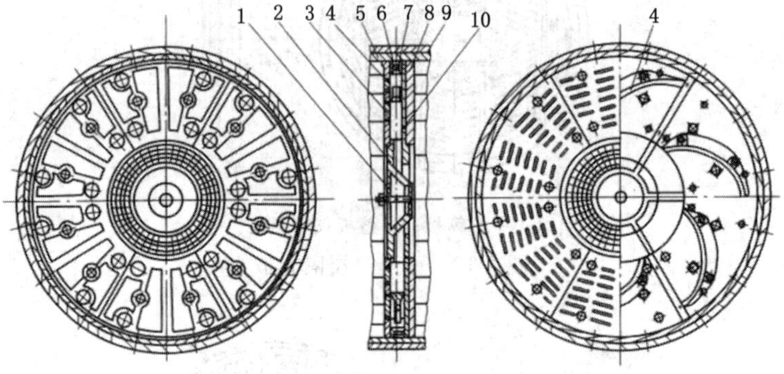

1—中心圆板；2—导料锥；3—箅板；4—扬料板；5—衬板；
6—隔仓板座；7—木板；8—盲板；9—筒体；10—隔仓板架。

图 6-22　提升式双层隔仓板

这两种类型的隔仓板在管磨机中扮演着重要的角色，它们的设计和功能直接影响着物料的研磨效率和整个系统的性能。单层隔仓板适合于一般的物料过滤和分级，而双层隔仓板则因其具有强制排料和流速较快的特性，更适合于需要高效分级和快速处理的场合。

(4) 进卸料装置

① 进料装置

进料装置的作用是将物料顺利地送入管磨机内。通常采用如下三种：

溜管进料装置：这种进料装置结构简单，但是喂料量较小，适用于空心轴颈较大而长度较短的磨机。

螺旋进料装置：这种进料装置是强制性喂料，喂料量较大，但是构造复杂，钢板焊接件容易磨损，适用于喂料量大而空心轴小且长的磨机。

勺轮进料装置：为了避免物料从进料漏斗与勺轮之间的间隙漏出，要求勺轮入口半径与勺轮的半径差值必须大于物料的堆积高度，并在环形间隙外加设密封。为了保护进料漏斗底部不被物料磨损，底部呈直角形，在此处堆积些物料，用物料本身作防护层。

由于锥形套可使物料有很大落差，所以，在相同规格下，勺轮进料比溜管进料喂料量大。

② 卸料装置

卸料装置因磨机结构不同而有所差异，常见的卸料装置有边缘卸料、中心卸料和中间卸料。

边缘卸料是通过卸料箅板将物料排出后，经叶板提升沿卸料外壁送到空心轴内的卸料锥形套内，再经椭圆形孔进入控制筛，物料成品从罩子底部的卸料口卸出。这种结构通常与收尘系统相连，以便处理排出的含尘气体。

中心卸料则是将物料由卸料箅板排出后，经叶板提升沿卸料外壁送到空心轴内的卸料锥形套内，物料成品从罩子底部的卸料口卸出。与边缘卸料相似，中心卸料的结构也装有与收尘系统相通的管道，用于处理排出的含尘气体。

中间卸料是在粗磨仓与细磨仓之间设有一个专门的卸料仓，与粗磨仓用隔仓板隔开。在卸料仓出口处的筒体上有椭圆形卸料孔，筒体外设密封罩，顶部与收尘系统相通。物料都是从中间排出，这种卸料方式适用于需要在粗磨和细磨之间进行物料分离的场合。

(5) 传动装置

管磨机的传动装置主要包括边缘传动、边缘双传动(外点啮合减速机)和中心传动。

边缘传动是通过减速机联轴器将动力传到小齿轮，再由小齿轮通过大齿轮传到磨体的一种传动方式。这种传动方式通常设置在减速机的入轴上，有时也放置在小齿轮的另一端。

边缘双传动(外点啮合减速机)是一种特定的边缘传动方式，涉及外部点的啮合减速机。

中心传动则是电动机的动力直接从磨体中心传递给磨机，使磨机回转。在这种传动方式中，电机、减速器、磨体位于同一中心直线上，因此被称为中心传动。

这些传动装置的设计旨在确保管磨机的高效、稳定运行，同时考虑到设备的重量、负载能力和操作的安全性。主轴承作为管磨机的关键部件，其尺寸大，自重重，强度高，能够承受重型负载，从而确保管磨机的稳定运行和长效工作。

4. 性能特点

(1) 对物料的适应性强

管磨机可以处理各种物料，包括各种高、低硬度的金属矿、非金属矿、烧结料等，适用于单样或混合加工，加工后物料的工艺性能良好。

(2) 生产能力大

管磨机具有较大的生产能力，能够连续生产，适用于大规模生产需求。

(3) 粉碎比高

管磨机的粉碎比可达 300 以上，易于调节粉磨产品的细度。

(4) 操作方式多样

管磨机既可以干法作业，也可以湿法作业，还可以将烘干和粉磨合并进行。

(5) 结构简单、坚固耐用

管磨机的结构简单，操作可靠，维护管理方便，能够长期连续运转。

(6) 密封性好

管磨机具有良好的密封性，可以负压操作，防止灰尘飞扬，基本无扬尘现象。

(7) 效率较低

尽管新型管磨机的效率有所提升，但整体效能仍较低，需注意能耗问题。

(8) 噪声较大

管磨机在操作时噪声较大，需要采取相应的隔音措施。

(9) 适用范围广

管磨机适用于水泥、硅酸盐制品、新型建筑材料、耐火材料、化肥、有色金属选矿以及玻璃陶瓷等行业。

练习题

1. 简述球磨机的分类，并举例说明两种球磨机的实际应用情况。
2. 球磨机的工作原理是什么？
3. 在当今工业生产中，要考虑节能环保等因素，请结合实际说明采取哪些措施可以做好球磨机的节能工作？

4. 管磨机中衬板的分类及作用有哪些？

5. 球磨机与辊磨机相比，两种类型设备的优缺点都有哪些？

6. 通过国内外球磨机研究现状对比分析，球磨机未来的改进方向主要包括哪些？

“积尘成患”“星火燎原”

球磨机测试题

第 7 章　挤压式粉磨机

◇ 本章教学要点

知识要点	能力培养
1. 掌握料层挤压粉碎原理； 2. 掌握辊磨机分类、工作原理；了解辊磨机与球磨机之间的区别； 3. 掌握辊压机的粉磨原理、工作过程； 4. 掌握辊压机工艺参数的确定及性能和应用。	1. 能够通过对料层挤压粉碎原理的学习，具备设计辊磨机参数的能力； 2. 能够通过对料层挤压粉碎原理的学习，具备解决磨料过程中复杂工程问题的能力； 3. 能够判断和分析影响辊压机在粉磨系统中应用的各种因素，并提出有效的解决方案。

7.1　料层挤压粉碎

挤压式粉磨机的工作原理体现了料层挤压粉碎的基本原则，即通过施加压力使物料达到其抗压强度极限而破碎。这种破碎方式在处理坚硬或难以破碎的物料时特别有效，因为它能够提供足够的压力来克服物料的抗压强度。此外，挤压式粉磨机适用于处理各种类型的物料，包括混凝土、石头、矿石等，广泛应用于建筑、道路建设、采矿业等领域。

料层挤压粉碎技术或称粒间挤压粉碎技术，其粉碎原理如图 7-1 所示，基于沉重的磨辊对物料层的滚压作用，实现有效的选择性粉碎。物料层中大块物料直接被压碎，细粒物料受挤压后形成料层，进行粒间粉碎。在颗粒层中间，一个颗粒对着另一个颗粒挤压、摩擦，导致棱角和边缘掉落，并被粉碎或产生裂纹。料层粉碎时，直接接触外力的颗粒数量很少，物料在高压下形成料层，各个颗粒受到邻近颗粒的限制，应力的传递主要靠颗粒本身，颗粒和邻近颗粒相互作用引发裂缝、断裂、劈裂、粉碎。

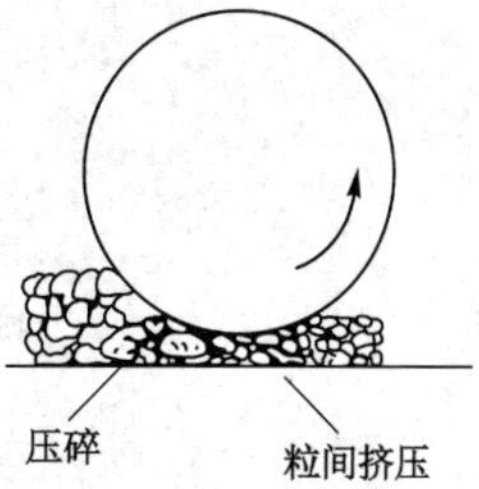

图 7-1　料层粉磨

料层挤压粉碎技术的要点是：对物料直接施加静压力，压强高达 140～180 MPa，以挤压方式在致密的料层中将物料粉碎。形成料层粉磨的条件是满料、高压、慢速和具有稳定的料层粉磨空间。物料在高压下形成料层，是在受限的料层上、高压下被粉碎的。典型的料层挤压粉磨设备有辊磨机、辊压机和筒辊磨机，它们的特征是分别依靠相对运动的辊-盘、辊-辊、辊-筒碾磨装置来粉磨物料。

7.2 辊磨机

辊磨机又称立式辊磨机，简称立磨，是一种用途广泛的粉磨兼烘干设备。辊磨机被广泛应用于粉磨矿渣、矿石、电石渣、煤矸石及电厂的脱硫和煤粉制备等，它适用于粉磨软质或中等硬度的物料。当磨机内通入热空气时，物料同时得到烘干和粉磨。该磨机具有产量高、粉碎效率高和烘干能力强等优点，是新型干法水泥生产线中原料粉磨的首选设备。这种设备集细碎、烘干、粉磨、输送为一体，能够处理各种不同强度、硬度和含水率的物料。

辊磨机视频

7.2.1 辊磨机的分类

立磨是相对管磨而言的，管磨是水平安装的，而立磨是竖直安装的。世界上有许多种辊磨机，如德国的莱歇磨和伯利鸠斯磨、丹麦 ATOX 磨、日本的 CK 磨等。在中国，有天津水泥工业设计研究院有限公司开发的 THM 型辊磨机和合肥水泥研究设计院有限公司开发的 HHM 型辊磨机等。辊磨机通常以制造厂命名，目前国内外辊磨机的种类有：雷蒙（LM）磨、德国莱歇（Loesche）磨、伯利鸠斯（Polysius）磨、皮特斯（Peters）环球磨、丹麦-阿托克斯（Atox）辊式磨以及国内的 HRM 型辊磨机等。图 7-2 为辊磨机结构图。

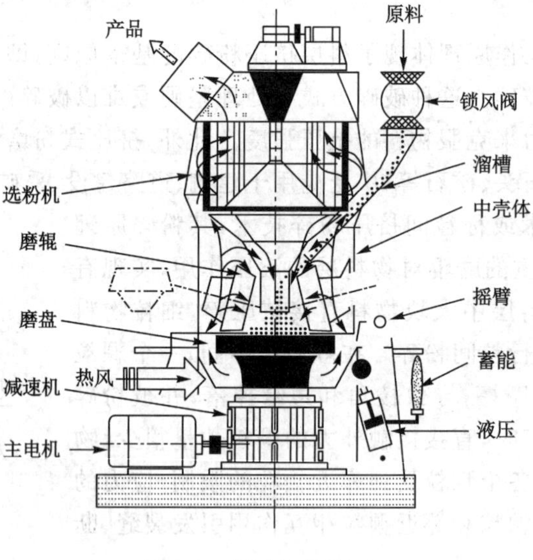

图 7-2 辊磨机结构图

现代辊磨机的开发始于 1906 年，至今已有百余年的历史。辊磨机的类型发展历程经历了加压形式的转变，从离心式、弹簧加压到液压加压；入磨物料也从软质物料、中等硬度的水泥原料转变为硬脆物料。

辊磨机的结构如图 7-2 所示。物料在两个辊压的辊压面之间或在辊压着的研磨体（球、辊）和一个轨道（平面、球、盘）之间受到压力而被粉磨。研磨体所施加的力由离心力、外加的液压力或弹簧的弹性力提供。磨矿区域位于封闭的机箱内，颗粒形成物料层，并通过压力和剪切力向颗粒施加应力。辊磨机的结构有盘磨、环磨、辊磨、雷蒙磨、摆式辊磨等。目前辊磨机在某些情况下也称为离心式磨机，例如环式离心磨矿机。虽然辊磨机的结构多样，但是基本结构都包括磨辊、研磨体、力的产生和传递机构、空气的流动和方便更换易损件的装置。

对磨辊和磨盘的几何形状有两个要求：一是能够形成厚度均匀的料床；二是在接触面上具有相等的比压。这是为了保证物料的均匀研磨和部件的均匀磨损。各种类型的辊磨机可以根据磨辊和磨盘的形状及其相互搭配的不同进行分类。具体分类如下：

(1) 按磨辊的结构形式分为辊子式、摆辊式、辊球式三类。

(2) 按研磨体的组合形式分为锥辊平盘式、锥辊碗式、鼓辊碗式等。

(3) 按磨辊的加压机构分为弹簧压力式加压、液压式加压两类。

(4) 按配置分离器的形式分为静止型惯性分离器、带变速转子分离器两类。

7.2.2 辊磨机的结构

辊磨机的主要工作部件是磨盘和磨辊，此外，辊磨机还包括其他重要部件，如加压装置、传动系统、液压控制系统和润滑系统等。磨盘和磨辊在机器内部做相对滚动，实现对物料的粉碎和磨细。磨盘是固定部分，为物料提供稳定的支承面，其形状和材质对物料的粉碎效果有直接影响。磨辊是可移动部分，与磨盘相对滚动，通过施加压力和摩擦力来实现对物料的粉碎。磨辊的数量和排列方式根据具体的辊磨机型号和工艺要求而定。这些部件共同作用，以确保磨盘和磨辊的有效运作，从而实现高效的物料粉碎和加工。被粉碎过的物料经输送设备送入分级设备，经分级后，小于一定粒径的物料被送入后续工段，较大粒径的颗粒返回辊磨机重新挤压，循环以上流程直至完成整个粉碎过程。

1. 磨盘与磨辊

磨盘是辊磨机的核心部件，也是粉碎物料的主要部件。磨盘一般由盘座、衬板、挡料圈等部分组成。磨盘固定在减速器的主轴上，由减速器带动磨盘转动。磨盘由凸圆弧形和凹圆弧形两部分组成，上下两个磨盘之间达到最小距离时，物料被磨碎成所需粒度。

磨辊是对物料进行挤压粉碎的主要部件，由辊套、辊芯、轴、轴承及辊子支架等部分组成，每台磨机有 2～4 个磨辊，磨辊的辊轴紧固在摆杆上，使磨辊在磨盘上碾压。磨辊是用两种以上金属离心浇铸而成的，这种构造使得磨辊具有较高的耐磨性和耐用性。磨辊的设计和制造质量直接影响到辊磨机的性能和寿命。此外，磨辊的材质和制造工艺也是保证磨辊适应高强度的工作环境和长时间的运行性能的关键因素。

辊磨机的结构差异主要在于磨辊和磨盘的形状不同。表 7-1 为常见的五种辊磨机的辊盘结构特点比较。各种形式的辊盘配置各有优缺点，国内水泥生产使用的辊磨机以“锥辊-平盘”和“鼓辊-碗盘”的配置较多。

表 7-1　五种辊磨机的辊盘结构特点比较

磨机类型	LM 型	MPS 型	RM 型	ATOX 型	RP 型
辊盘组合形式	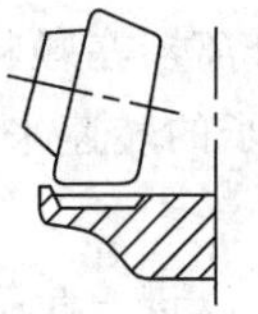	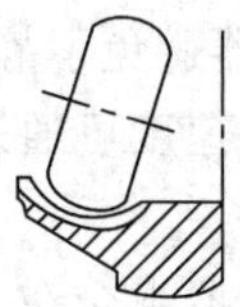	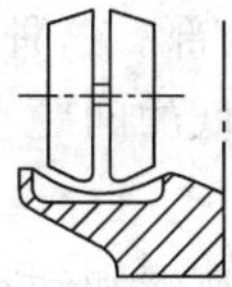	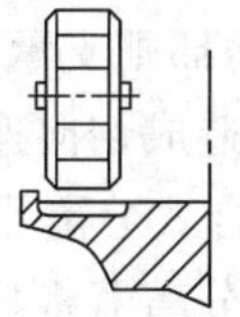	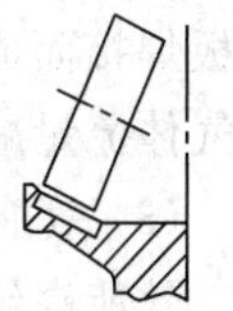

表 7-1(续)

磨机类型	LM 型	MPS 型	RM 型	ATOX 型	RP 型
磨辊形式	锥形磨辊	鼓形磨辊	两个窄辊组成的鼓形磨辊	多边形磨辊镶有弧形衬板	圆柱形磨辊
磨盘形式	水平磨盘,镶有扇形衬板	与磨辊形式相适应的曲面磨盘,镶有分片衬板	与磨辊形式相适应的碗形磨盘	水平磨盘,段节衬板	带 15°倾角的碗形磨盘
磨辊数及加压方式	两辊弹簧式及二、四辊液压式	三个磨辊,用液压气动预应力弹簧加压系统压紧	具有两对磨辊,用液压气动装置压紧	三个磨辊,液力压紧	传统型为 2～3 个磨辊,弹簧压紧;新型为 3 个磨辊,液压系统

2. 加压装置

加压装置是提供研磨压力的重要部件。近代大、中型辊磨机都改用液力加压。液压装置由高压油站、液压油缸、拉杆、蓄能器等组成,向磨辊施加足够的压力使物料粉碎。液压加压是通过液压元件来实现磨辊加压的方式。液压油站实施压力传递,通过调整油缸的压力大小进行压力控制。主要的工作方式就是磨盘启动时,液压换向器可使磨辊抬起,实现空载启动,降低电机启动力矩;工作过程中一旦出现断料,磨辊也能够自动抬起,从而避免辊盘磨损。此种方式最大的优点是加压力稳定可靠,可以实现高精度的加压和释放,同时响应速度也快。缺点在于成本要比机械加压高,维护难度也相对较大。

辊磨机有两种不同形式的液式装置:一种是单辊施压,另一种是多辊统一施压。前者调整灵活,后者稳定性好。中、小型辊磨机一般采用单辊施压方式,液压油缸通过拉杆、摇臂及摆动杆将压力传递给磨辊。

3. 分级装置

分级装置是保证粉磨产品细度的重要部件。辊磨机大部分是风扫式操作,分离器位于辊磨机的内部,不同型号的辊磨机有不同的分离器。总的来说,辊磨机的分离器有三类,即静态分离器、动态分离器和效能高组合式分离器。

(1) 静态分离器

静态分离器的静态分级过程如图 7-3 所示。静态分离器的工作原理类似于旋风筒,差别是带尘气流经过内外锥壳之间的通道上升,并通过圆周均布的导风叶切向折入内分离室,再经分离室折进内筒。在两次折返过程中,粗颗粒受离心力作用撞击到器壁而沉落,细颗粒随气流排出,完成粒度分离。导向叶片的角度可以调整以改变切向力,从而改变分离粒径。但是调整的幅度不大,产品细度也较粗。

(2) 动态分离器

动态分离器是一个高速旋转的笼子。动态分离器如图 7-4 所示,分离器下部壳体呈倒锥形,由钢板焊接而成,下部壳体与磨机上架体以法兰连接。分离器上部壳体呈正锥形,由钢板焊接而成,传动部则支承在其内部。这种分离器避免了静态分离器在颗粒浓度增加、导致气体流量减少时造成切向速度降低的问题。切向速度可通过转子的转速来保证。

(3) 效能高组合式分离器

效能高组合式分离器将静态分离器和动态分离器组合在一起,以进一步提高分级效率,

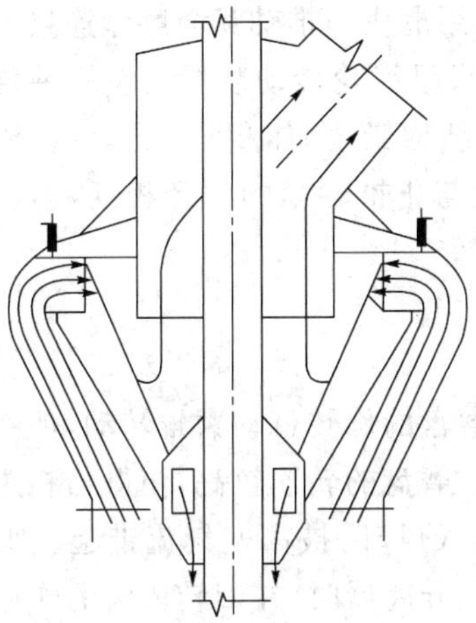

图 7-3 静态分离器

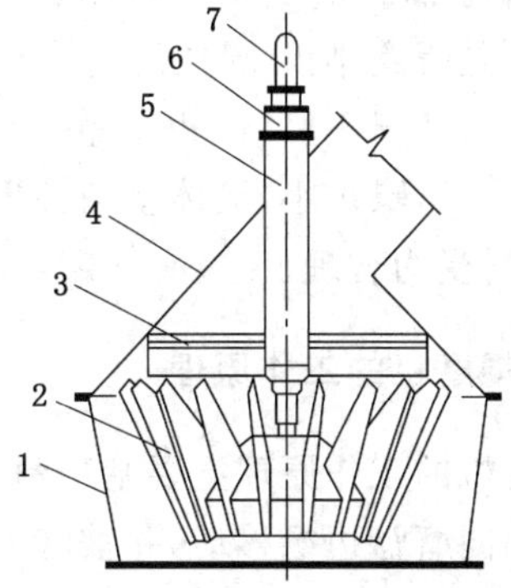

1—下部壳体；2—叶片；3—支承定位装置；
4—上部壳体；5—转动轴组件；6—减速器；7—调速电机。

图 7-4 动态分离器

同时，它又可将粗粉直接送回磨盘中央重新粉磨，减少粗粉在磨机内的循环次数，从而提高粉磨效率，降低磨机内压力损失。

常见的圆柱形组合式分离器如图 7-5 所示。它带有圆柱形分布导向叶片机构，同心地安装有回转的圆柱形或笼形转子。四周均布的导风叶片使气流上下均匀进入分离器，分级效率提高，但阻力较大，叶片磨损较快。

图 7-6 为百叶窗组合式分离器。磨机风道内安装有导向叶片，气流通过环形风道进入磨盘四周后产生旋转上升，粉磨后的物料在上升过程中受到惯性离心力的作用，撞击机壳内壁或分离器而被预分级。

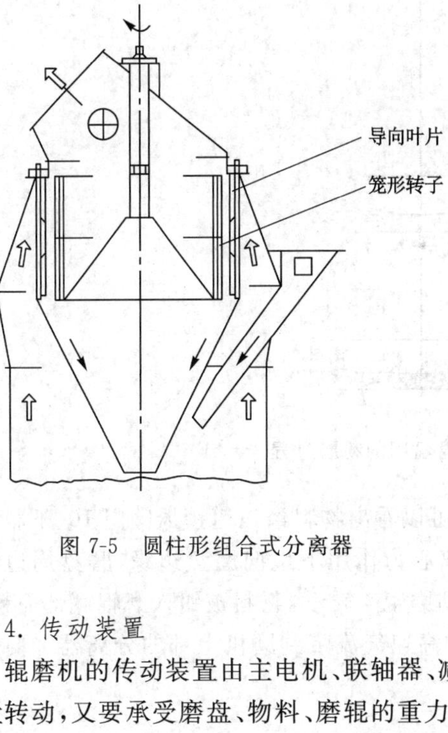

图 7-5 圆柱形组合式分离器

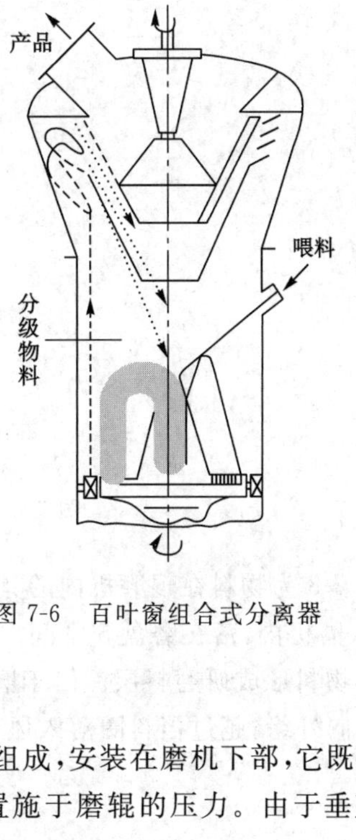

图 7-6 百叶窗组合式分离器

4. 传动装置

辊磨机的传动装置由主电机、联轴器、减速机三部分组成，安装在磨机下部，它既要驱动磨盘转动，又要承受磨盘、物料、磨辊的重力以及加压装置施于磨辊的压力。由于垂直压力和冲击载荷都非常大，所以传动装置采用立式减速器，用滑块止推轴瓦与磨盘连接。目前采用较多的是螺旋锥齿-圆柱齿轮传动装置和螺旋锥齿-行星齿轮传动装置。前一种传动方式的箱体受力状况不好，体积笨重。后一种传动方式的结构紧凑，体积小，质量轻，传动效率高，减速比大，噪声小，箱体呈圆柱形封闭结构，直径可与止推轴承的中径相近，箱体外壁只承受压力，受力合理。

7.2.3 辊磨机的工作原理

辊磨机的工作原理主要基于料床粉磨原理，通过磨盘的旋转带动磨辊转动，使物料受离心力作用向磨盘边缘移动，并被啮入磨辊底部而粉碎。磨盘的转速较高，使得物料进入磨盘后不仅在辊下被压碎，而且被推向外缘，越过挡料圈落入风环，被高速气流带起。大颗粒破碎后直接落到磨盘上重新粉磨，而小颗粒则在气流经过分离器时，在回转风叶的作用下进行分离，粗粉重新返回磨盘再粉磨。合格的粉料则随气流带出机外，通过收尘装置收集即为产品。含有水分的物料在与热气流的接触过程中被烘干，通过调节热风温度，能满足不同湿度物料要求，达到所要求的产品水分。

物料在磨辊和磨盘之间的粉磨过程如图 7-7 所示。在喂入物料形成的环形料层上，物料被咬入磨辊和磨盘之间，大块料首先受到磨辊的辊压作用，研磨压力先集中在大块物料上，物料受到挤压后迅速、大幅度地被粉碎。然后，磨辊施加的压力迅速地传到次一级的大块物料上，如此延续下去。伴随物料粒度减小的挤压过程，在辊压作用下，各物料颗粒在密集空间重新组合。随之所产生的挤压和剪切力进一步将较小粒径物料粉磨。磨辊和磨盘间的相对运动还有助于防止黏湿物料引起的堵塞。

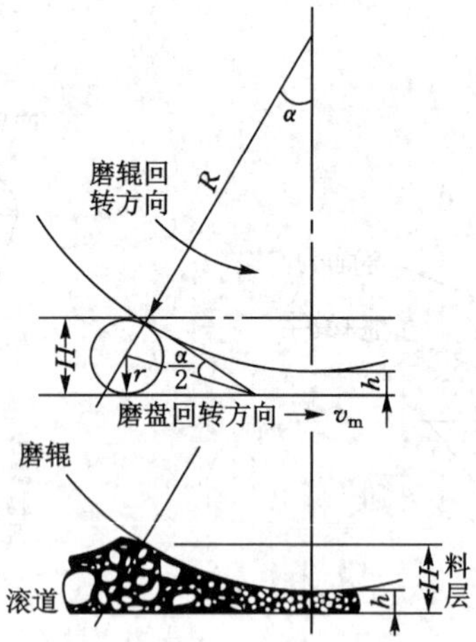

图 7-7 物料在磨辊和磨盘间的粉磨过程

图 7-8 为物料在辊磨机内的具体粉磨过程，可以看出物料经三道锁风阀门 10、下料溜子 11 送入磨机内，落在磨盘 5 中间。物料在惯性离心力作用下甩向磨盘边缘，磨盘周边的挡料圈将物料形成研磨料层。由于磨盘的旋转带动磨辊 4 转动，物料被钳入磨辊底部而粉碎，并被推向外缘，越过挡料圈落入风环 8，被上升的高速气流带到磨机上部的分离器 2 内进行分级。

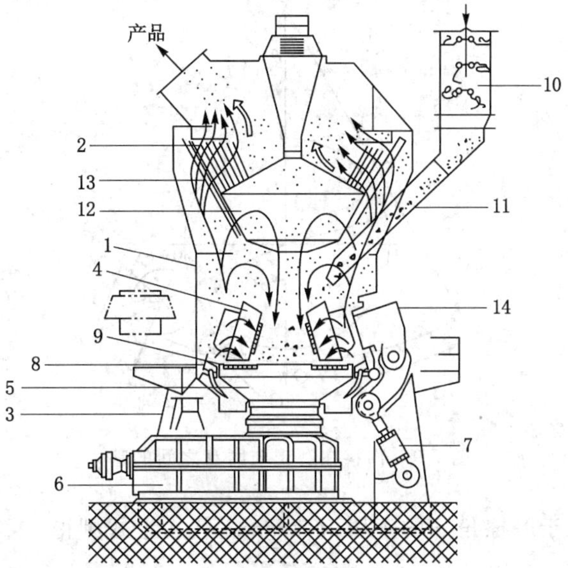

1—上机壳；2—分离器；3—下机壳；4—磨辊；5—磨盘；6—立式减速器；7—液压缸；8—风环；
9—磨盘衬板；10—锁风阀门；11—下料溜子；12—转子；13—风叶；14—摆臂。

图 7-8　物料在辊磨机内的粉磨过程

分离器可控制产品细度在 400～40 μm。产品细度可通过变换分离器转子的转速得到调节，混入物料的铁块等杂物随物料运动到磨盘边缘时，由于自身重量大而不能被风吹起，落至磨机下腔被安装在磨盘底部的刮料板刮入排渣口，排出机外。

7.2.4　辊磨机工作参数的确定

辊磨机的工作参数主要包括钳角、喂料粒度和料层高度、辊压、磨盘转速、通风量等。这些参数的选择和设计直接影响到磨机的效率和性能。例如，钳角的大小会影响物料的粉碎效果，磨盘转速则直接影响磨机的生产能力。

1. 钳角

辊磨机的钳角又称啮入角，用物料与研磨体(磨辊与磨盘)接触点的切线夹角 α 表示，如图 7-9 所示。与辊式破碎机一样，钳角 α 可根据作用力的平衡关系求得。

喂入的物料被啮入磨辊和磨盘之间，受到辊压力和摩擦力的作用。为了能钳住物料进行粉磨，沿着 $O'O'$ 方向上的各力应处于平衡，即

$$fp\cos\frac{\alpha}{2}+fp\cos\frac{\alpha}{2}\geqslant 2p\sin\frac{\alpha}{2} \tag{7-1}$$

式中　f——物料与研磨体之间的摩擦因数；

α——钳角；

p——磨辊作用在物料上的滚压力。

于是

$$f\geqslant \tan\frac{\alpha}{2} \tag{7-2}$$

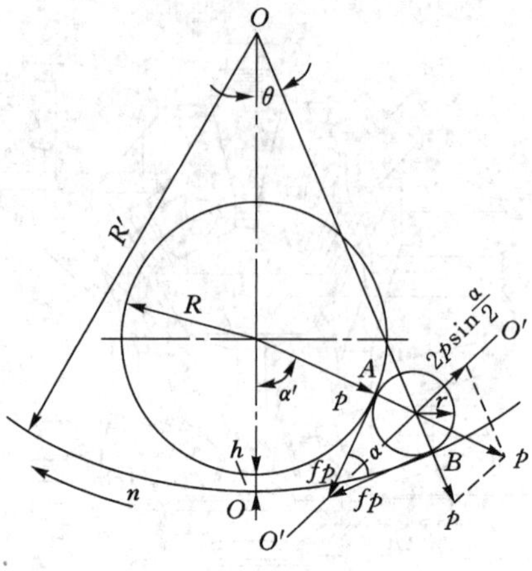

图 7-9　物料在磨辊与磨盘之间的啮入

由于摩擦因数等于摩擦角 φ 的正切，$f=\tan\varphi$，代入上式则得

$$\alpha\leqslant 2\varphi \tag{7-3}$$

式(7-3)表明，为了使辊磨机工作可靠，钳角应小于或等于物料与研磨体之间的摩擦角的两倍。对于平盘式辊磨机，辊磨机钳角为：$\alpha\leqslant 2\varphi=27°$。在实际中采用的钳角应小于 27°。对于粗料，较大允许钳角为 16°40′；粉磨水泥生料时，钳角应在 8°～10°之间。

2. 喂料粒度和料层高度

辊磨机的喂料粒度和料层高度是影响其运行效率和产品质量的重要因素。

(1) 喂料粒度

辊磨机的喂料粒度直接影响其研磨效率和产品质量。一般来说，喂料粒度应控制在一定范围内，以确保物料能够有效地通过辊磨机进行研磨。例如，入料粒度通常在 50～100 μm 之间，这有助于保证研磨的质量和效率。此外，喂料粒度的选择还应考虑物料的性质(如硬度、脆性等)以及所需产品的粒度要求。

(2) 料层高度

料层高度是另一个重要的操作参数，它直接影响辊磨机的生产能力和能耗。料层的高度应该根据辊磨机的设计和物料特性进行调整。例如，辊磨机的适宜料层高度理论上应为磨辊直径的 2%±20 mm，这对于保证料床的稳定性和均匀性至关重要。料层高度的调整需要考虑到原料多个方面，如含水量、粒度、颗粒分布和易磨性等。在实际操作中，通过调整挡料圈的高度和调节风量和喂料量可以维持稳定的料层高度，以确保辊磨机的稳定运行和高效生产。

综上所述，辊磨机的喂料粒度和料层高度的选择和调整需要根据具体的设备特性、物料性质以及产品要求进行细致的调整和优化，以达到最佳的生产效率和产品质量。

3. 辊压

辊磨机的辊压参数涉及多个关键因素，包括磨辊推力、驱动力矩、功率、磨辊直径以及磨辊间缝隙宽度等。这些参数的合理确定是确保辊磨机正常高效工作的关键。

磨辊推力、驱动力矩及功率的确定：基于料层的压缩-反弹特性，可以分析料层在磨辊间的运动及受力，提出磨辊推力、驱动力矩及功率的确定方法。利用磨辊中部法向压力的实测值对计算结果进行了验证，两者吻合较好。

辊压力与辊子线速度的确定：辊压力与辊压机单位压力成正比，大辊压力 p_{max} 可达辊子单位压力的 50 倍左右。辊子线速度的选择取决于要求的产品细度，一般地，辊子的表面线速度为 0.5～3 m/s。

辊磨机是利用磨辊对料层施加高压而粉碎物料的。辊压增加，则产品粒度变小，但辊压达到某一临界值后，粒度不再变化。该临界值决定于喂料粒度和物料性质。喂料粒度越大，临界值越高，反之，则临界值越低。粉磨水泥熟料时临界值高，而粉磨石灰石时则临界值低。

4. 磨盘转速

辊磨机的磨盘转速决定了物料在磨盘上的运动速度和停留时间，它必须与物料的粉磨速度相平衡。粉磨速度决定于辊压、辊子数量、规格、盘径、转速、料床厚度、风速等因素。不同形式的辊磨因其磨盘和磨辊的结构形式不同，其他工艺参数不同，物料在磨盘上的运行轨迹也不相同，要求的磨盘转速也就不尽相同。

辊磨机的磨盘转速通常根据具体型号和设计有所不同。例如，在 LGMS 立式辊磨中，磨盘直径为 4 600 mm，磨盘转速为 25 r/min。这表明磨盘转速不仅与辊磨机的设计和制造有关，还可能根据实际应用场景和物料特性进行调整。

5. 通风量

辊磨机的通风量是保证磨机进、出料平衡的关键。辊磨机在运行过程中，通风量的控制至关重要。通风量过大时，磨盘上的物料过多地被带出，使磨机料层处于下限，磨盘压差减小，主电机电流降低，振动值增大；若风量不足，则磨细的成品不能及时被带出，使磨盘压差增大，主电机电流增大，磨机料层变厚，回粉明显增多。因此，在日常的生产中，操作员工要根据正常的参数变化判断风机及其阀门的运行状况，根据风量的变化判断风机阀门是否处于畅通状态，随时掌握磨机的生产动态，保证辊磨机的稳定运行。

7.2.5　辊磨机的优缺点

辊磨机相对于球磨机有如下优缺点。

1. 优点

(1) 粉磨效率高，电耗低

辊磨机主要采用磨辊与料床碾压磨碎物料，能耗相较于球磨机降低 20%～30%。随原料湿度的增加，节能效果更为显著。

(2) 入磨粒度较大

辊磨机的入磨粒度一般在 50～150 mm 之间，而球磨机的入磨粒度一般要求小于 30 mm，因此使用辊磨机可以省去二级破碎设备。

(3) 烘干能力大

辊磨机采用气体输送物料，在碾磨水分较大的物料时，可控制进风温度，使产品达到最终水分。在辊磨机内，可烘干水分高达 12%～15%的物料，即使是烘干球磨机，也只能烘干水分为 3%～4%的物料。

(4) 产品化学成分稳定，颗粒级配均匀

由于物料在辊磨机内停留的时间仅 2～3 min，而在球磨机内则为 15～20 min，所以使用辊磨机磨料时，产品的化学成分可以很快测定，校正，产品化学成分波动小，有利于均化。

此外，辊磨机内的合格产品能及时地分离出来，避免了重复碾磨，产品的粒度均匀一致，有利于煅烧。

(5) 工艺流程简单，占地面积小

辊磨机的工艺流程简单，建筑面积小，占用空间少，其内部具有分离器，不需要再配选粉机和提升机，出磨含尘气体可直接进入集尘器进行回收，整体布局紧凑，建筑面积仅为球磨机的70%，建筑空间为球磨机的50%～60%。

(6) 噪声低，扬尘少

辊磨机在工作过程中，磨辊与磨盘不直接接触，没有球磨机中钢球互相碰撞和钢球撞击衬板的撞击声，故噪声低，比球磨机低20～25 dB。另外，辊磨机为整体密封，系统在负压下工作，扬尘少，环境清洁，符合环保要求。

(7) 金属损耗少，衬板和磨辊寿命长，利用率高

由于辊磨机在工作中没有金属与金属的直接接触和碰撞，所以配件磨损少，寿命长，单位产品的金属磨耗一般为5～10 g/t，对于中硬度材料，磨辊和衬板寿命可达8 000 h左右。

2. 缺点

辊磨机的主要缺点包括不适用于粉磨磨蚀性大的物料，辊套和磨盘耐磨性偏低时维修工作量大、操作技术要求高，只能干磨、无法湿磨，磨损件价格比球磨机高。

3. 应用建议

生料粉磨优先选择辊磨机，而熟料通常使用球磨机。这主要是因为辊磨机相对球磨机能耗利用率较高，这是目前粉磨系统优先选用辊磨机的主要原因。然而，辊磨机的成品细度过于均匀，颗粒级配不合理，这限制了其在熟料磨矿中的应用。为了保证混凝土的早期强度，水泥颗粒中0～3 μm的颗粒应占10%左右，而为了保证混凝土的后期强度，3～30 μm的水泥颗粒则需70%以上。尽管辊磨机和球磨机中的水泥在28 d强度相同，但颗粒级配范围狭窄，3～30 μm颗粒高达82%，0～3 μm颗粒仅约6%，导致其早期强度低、需水量大、易于结块和假凝，并出现龟裂，混凝土的和易性也不符合要求。

尽管球磨机的能耗利用率较低，且正逐渐被立磨、辊压机等设备替代，但其颗粒形状近似球形，这在生料煅烧及水泥水化硬化方面具有独特优势，这也是目前熟料磨矿仍主要选用球磨机的原因。

7.3 辊压机

辊压机是一种针对脆性物料的粉磨设备，适用于粉磨水泥熟料、粒状高炉矿渣、水泥原料(石灰石、砂岩、页岩等)、石膏、煤、石英砂、铁矿石等。

工业粉磨通常由球磨机来完成，但球磨机能量利用率很低。用辊磨机代替球磨机粉磨物料可以大幅度降低能耗，但粉磨电耗仍居高不下。在传统水泥生产过程中，粉磨电耗占总电耗的60%～70%，粉磨高能耗严重阻碍了水泥企业经济效益的提升和水泥生产规模的大型化。

辊压机又称挤压磨机或高压辊磨机，是20世纪80年代中期发展起来的新型水泥节能粉磨设备，能替代能耗高、效率低的球磨机预粉磨系统，并降低钢材消耗及工作噪声，适用于新厂建设，也可用于老厂技术改造，使系统产量提高30%～50%。

7.3.1　辊压机的工作原理

辊压机主要由电动机、行星减速机、辊系、机架、润滑装置、辊罩、进料装置、电气自动控制系统等组成。由电机通过传动装置(万向联触器、行星减速带)带动两辊系统,由液压装置提供稳定压力并施给活动辊系挤压来自进料装置的合格物料。

1. 工作原理

辊压机是根据料层挤压粉碎原理设计的,其工作原理如图 7-10 所示。辊压机主要依靠两个水平安装且同步相向旋转的挤压辊进行高压料层粉碎,被封闭的物料层在被迫向下移动的过程中所受挤压力逐渐增至足够大,直至被粉碎且被挤压成密实料片(又称料饼)从机下排出。

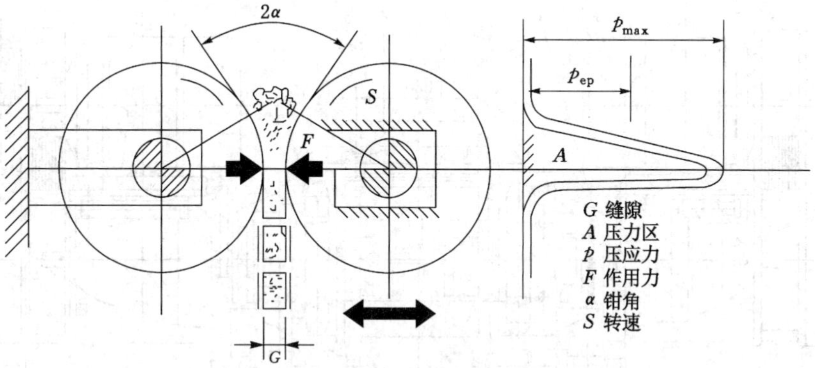

图 7-10　辊压机粉碎机理

在辊压机上部,物料首先进行单颗粒破碎。随着物料向下运动,物料颗粒间的间隙减小,进入料床粉碎。料床粉碎有别于单颗粒粉碎,单颗粒粉碎是外力直接作用于单颗粒层,形成破坏应力而粉碎;而在料床粉碎时,被粉碎颗粒集合在一起,形成颗粒床,各颗粒均被邻近颗粒所限制,外力作用于颗粒层,直接接触的颗粒数量很少,应力的传递主要靠颗粒本身,颗粒互相作用产生裂缝、断裂、劈裂而粉碎。

2. 辊压机的粉碎过程

(1) 满料密实阶段

物料在重力和拉入力作用下,颗粒受压力而靠紧、破碎、密实,颗粒之间由点接触变为面接触,形成密实的颗粒料层。辊压机对物料进行挤压破碎的基本前提是喂料装置必须过饱和喂料,保证两辊之间连续充满物料,以保持一定的料位和料压。保持稳定的喂料压力是辊压机振动小、平稳运行的先决条件。

(2) 层压粉碎阶段

密实的颗粒料层继续向两辊最小间隙处前进,密实度不断增高,压力急剧增大,颗粒之间进行压力传递,使众多颗粒产生微细裂纹而被粉碎。液压系统可以施加 50～300 MPa 的挤压力。辊子之间的高压使两辊间隙的物料变为料饼或一条连续的料带而排出。

(3) 结团排料阶段

被粉碎的细颗粒,因间隙继续减小,重新排列各自的位置,个别“难碎”的大颗粒被众多细颗粒包围而产生“结团”，形成“料饼”。这些料饼强度很低，用手就可以碾碎。料带中大部分是细粉，其中小于 90 μm 的细粉占 20%～30%，而小于 2 mm 的物料则占 70%～80%，而且颗粒中还有很多微裂纹，使物料的易磨性得到改善。

7.3.2 辊压机的结构

1. 辊压机的构造

辊压机主要由两个辊子和一套产生高压的液压系统构成，辊压机的主要结构包括压辊轴系、传动装置、主机架、液压系统、进料装置等。在运转中，两个辊子必须保持平行，以便使物料均匀受压，这对保证辊压机的正常作业十分重要。图 7-11 是 KHD 公司的 RPV100-63 型辊压机。

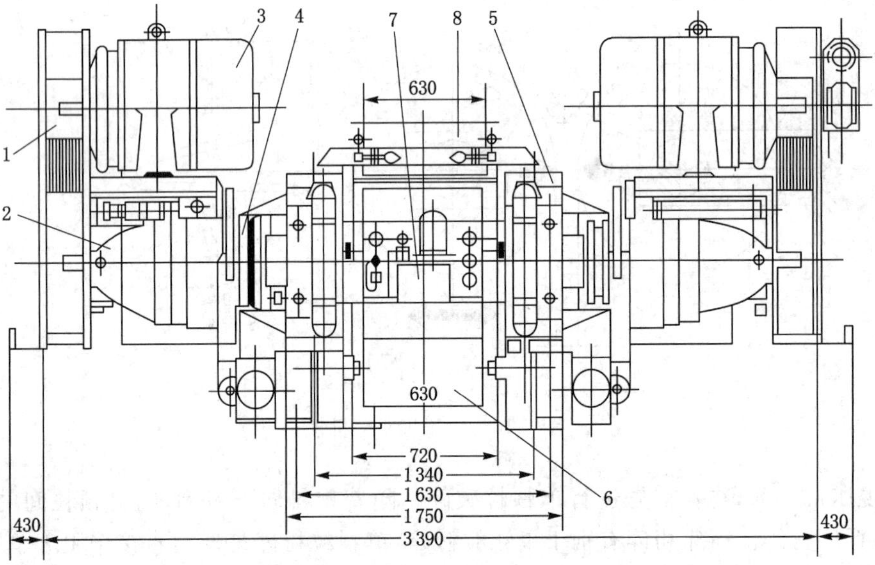

1—胶带传动；2—行星减速机；3—主电动机；4—扭矩支承装置；5—压辊轴系；6—主机架；7—液压系统；8—进料装置。

图 7-11　KHD 公司的 RPV100-63 型辊压机

在辊轴两端装有调心滚动轴承，一个辊子用螺栓固定在机架上，另一个辊子的轴承装在滑块上，以便按喂料量和物料性质随时调节辊子间的间隙。粉磨压力由液压系统通过滑块施加给活动辊。在液压系统中，有压力缓冲保护装置，若在喂料中混有铁块等硬物时，可以使活动辊瞬时退回原来的位置，这时两辊的间隙加大，铁件掉落，保护设备不受损伤。

2. 辊压机的主要零部件

(1) 挤压辊

每台辊压机有两套挤压辊装置，它是整个辊压机的关键部件，直接承受巨大的粉碎力和物料的强烈磨蚀，有镶套式挤压辊和整体式挤压辊两种结构形式。处理软质物料可采用带楔形连接的镶套式挤压辊，它主要由装有耐磨材料辊面的挤压辊、双列向心球面轴承、可以水平移动的轴承座等组成。

辊压机的辊子按照挤压辊的结构形式可分为包含整体锻造表层堆焊式挤压辊、热装式挤压辊、镶套式挤压辊。另外按照挤压辊的辊面形式可以分为光滑辊面和沟面辊面。光滑辊面在制造或维修方面的成本都比较低，辊面一旦腐蚀也容易修复。它的主要问题是：当喂料不稳定时，出料流量也随之波动，容易引起压辊负荷波动超限，产生振动和冲击，进而影响辊压机的安全稳定运转；而沟面辊面能够克服光滑辊面的缺点，其结构形式通过堆焊来实现，主要有镶套式压辊和整体压辊两种结构形式，如图 7-12 所示。如果物料较软，可以采用带楔形连接的镶套式压辊，如图 7-12(a)所示，上半部表示辊芯与轴为整体，下半部表示多加了一个实心辊芯，与轴热装。但它不能承受高压力，故在水泥行业很少采用。经磨损后的耐磨层可以多次堆焊。另外，还有热装结构，把轴和辊套热压配合，如图 7-12(b)所示。图 7-12(c)所示，轴与辊芯为整体，表面堆焊耐磨层，此种结构可承受较高压力，焊后表面不加工，硬度可达 HRC 52～55。

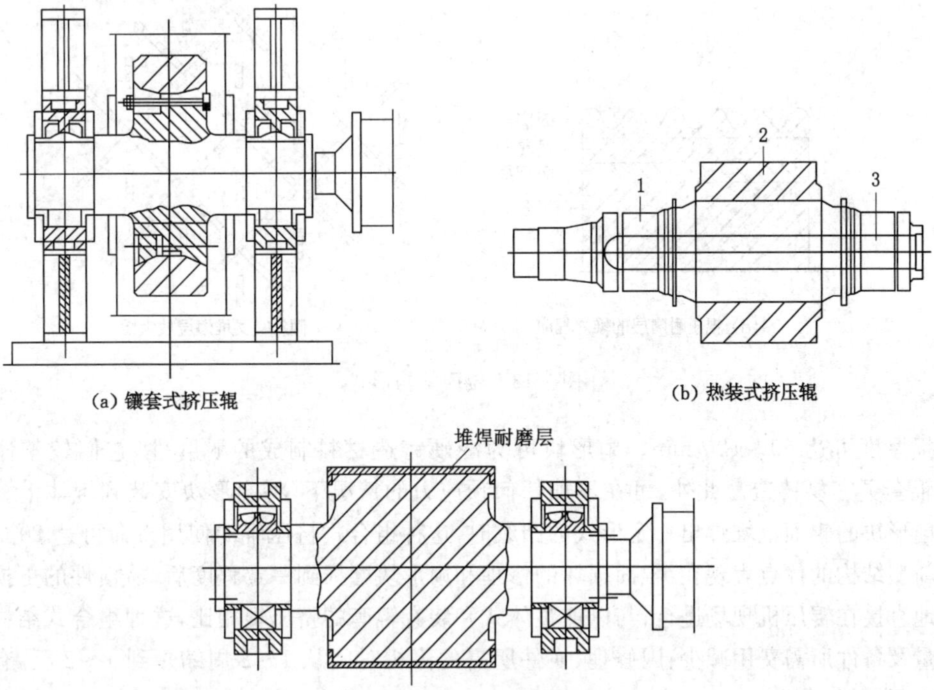

(a) 镶套式挤压辊

(b) 热装式挤压辊

(c) 整体锻造表层堆焊式挤压辊

1—轴；2—辊套；3—冷却水孔道。

图 7-12　挤压辊的不同构造

对于沟槽辊面，如图 7-13 所示，辊面结构形式都是通过堆焊来实现的。图 7-13(a)为环状波纹堆焊层，图 7-13(b)为人字形堆焊层，图 7-13(c)为倾斜交叉堆焊层。沟槽辊面的凹槽中有许多细颗粒物料充填其中，形成一层较薄的料衬。这种辊面即使挤压极硬、腐蚀性很强的物料，也能有较长的工作寿命。倾斜交叉堆焊层工艺为三层堆焊。在辊芯表面堆焊一层锰硅合金的缓冲层，在缓冲层表面再堆焊一层铬铜锡合金的过渡层，其硬度为 HRC52～55，最外表面堆焊硬度为 HRC 60 的倾斜交叉纹理的耐磨层，如图 7-13(e)所示。

近年来在德国开发出一种耐磨扇形块组合式挤压辊，如图 7-14 所示。组成挤压辊的这些扇形块是被卡紧到辊体上，而不是用螺钉或热压固联到辊体上。运转中，在扇形块上产生的倾覆力矩仅由这种卡紧结构就可克服。采用这种结构形式，400 mm 高的扇形块所允许

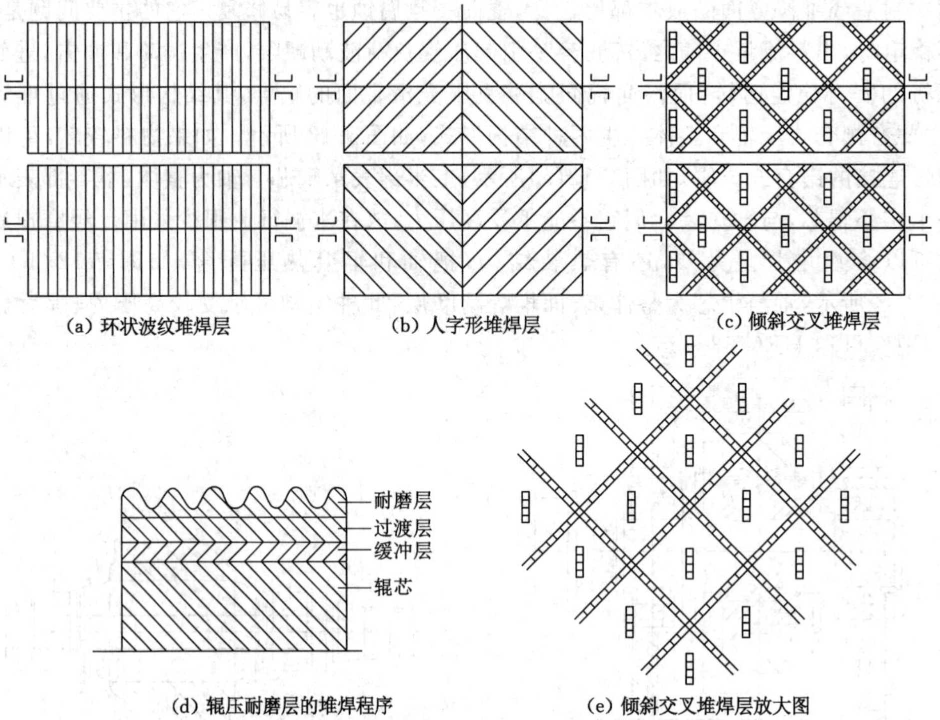

图 7-13　辊面结构形式

的磨损厚度可达 60～120 mm。扇形块可为冷硬铸造材料制成的耐磨件，它们较整体式磨辊或辊套更容易铸造。此外，可在不加任何预应力的情况下，将扇形块安装到辊体上。当在单块扇形块的辊面上堆焊出一定形式的凸纹时，这种组合式挤压辊的使用寿命可达 20 000 h。这种新型结构的优点表现在：辊面损坏的修理和扇形块磨损到一定程度后，易损件的更换均可方便地直接在辊压机现场进行；与以前整体式和装有辊套的挤压辊相比，这种组合式结构的备件数量及备件所需费用减少；因修理、换件所需的停机时间从 1～2 周缩短到 1～2 天，有较广泛的应用市场。

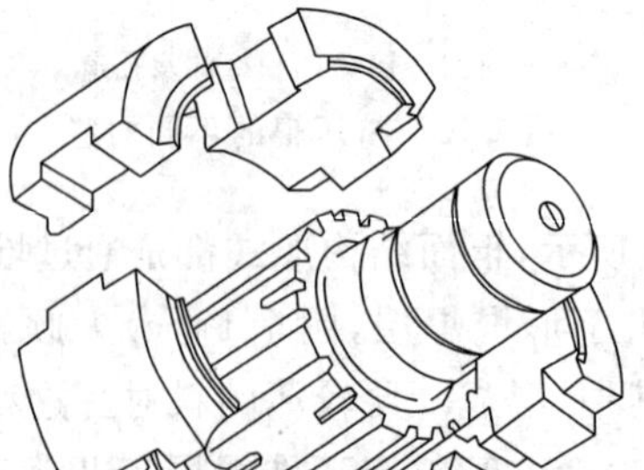

图 7-14　扇形块组合式挤压辊的结构

(2) 机架

辊压机机架结构示意图如图 7-15 所示，它包括上机架、下机架、端部件等。这些结构件用螺栓相互连接，构成轴承箱的刚性框架体，因此，其转载均衡，结构合理。辊子间的强大作用力由连接面的剪切销钉 2 承受。连接螺栓只受拉力，不承受剪切力。固定辊的轴承座与机架端部件之间衬有橡胶支承板，起缓冲减震作用。

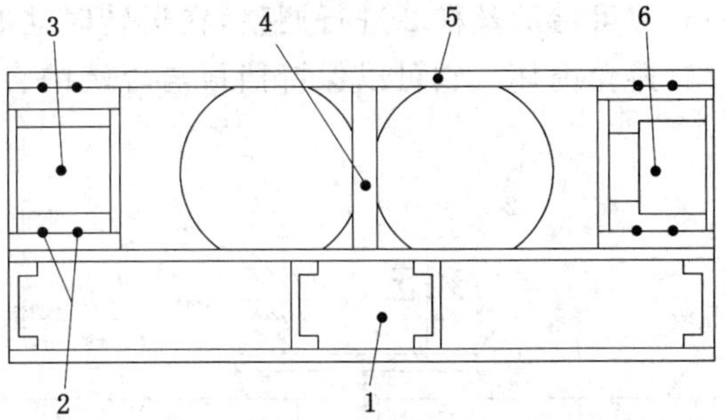

1—下机架；2—销钉；3—端部件(固定磨辊)；4—中间件；5—上机架；6—端部件(可动磨辊)。

图 7-15　辊压机机架结构示例

(3) 挤压辊的支承

如图 7-16 所示，磨辊轴支承在重型双列自动调心滚子轴承上，一个挤压辊的两个轴承分别装入用优质合金钢铸成的轴承箱内，作为固定轴承。由于温度变化引起的挤压辊轴长度变化是通过轴承箱在框架内的移动来补偿的。为了减小滑动摩擦，在机架导轨面上固结有聚四氟乙烯面层。在轴承设计时，辊子轴向力按总压力的 4% 考虑，并允许一侧的轴承箱留有轴向移动量。通过这些措施确保了轴承箱的精确导向。

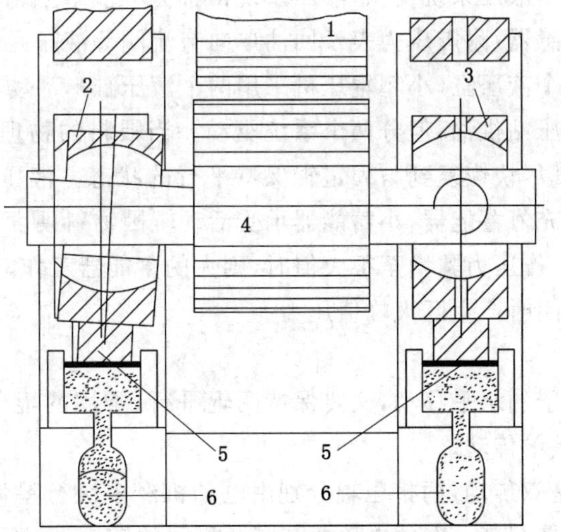

1—固定磨辊；2—滚动支承；3—固定支承；4—可动磨辊；5—液压缸；6—蓄能器。

图 7-16　挤压辊的支承

(4) 喂料装置

喂料装置是满足辊压机操作的重要装置，它由弹性支承的侧挡板和调节喂料量的调节板组成。辊压机对物料的挤压属高压，在挤压辊的两端或两侧辊隙处的物料极易被挤出，这部分物料没有受到全部挤压，因此产生的大颗粒较多，影响辊压机的粉磨效率，尤其对窄辊辊压机的影响更严重。为了解决这一问题，辊压机两侧装有辊端挡板。若辊端挡板与辊端的距离过小，堵料效果好，但当挤压辊偏斜时，容易碰撞，加剧磨损；若与辊端距离过大，起不到堵料作用。因此，采用可以调节的弹簧支承结构，如图 7-17 所示。辊端挡板 1 与挤压辊端部的间隙可借助丝杠 2 进行调整，在运转时遇有挤压辊偏斜或硬物质进入，可借助弹簧 3 回缩，避免损坏。它可以保持挡板与辊端的合适间隙，而且便于检修更换。

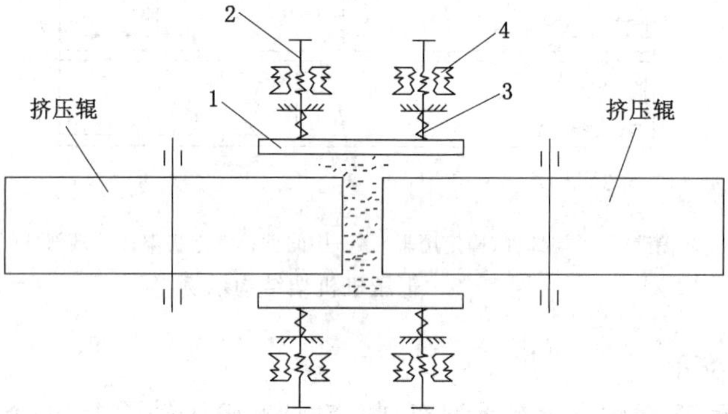

1—辊端挡板；2—丝杠；3—弹簧；4—固定丝母。

图 7-17　辊压机的辊端挡板结构示意图

(5) 液压系统

辊压机所需压力由液压系统提供，液压系统由油泵装置、电磁球阀、安全球阀、单向阀、油缸、蓄能器、压力传感器、耐震压力表及回油单向节流阀等液压元件组成。

液压系统采用四个液压缸(小型辊压机采用两个液压缸)，活动辊的两端各设两个，上下毗邻。虽然由一个液压站供油，但分两个系统驱动。当喂料的物理性能不均齐而使活动辊发生偏移时，它能使其尽快恢复到与固定辊保持平行的状态。液压系统的显著特点是采用两个大的及两个小的充氮蓄能器，小蓄能器承受活动辊因物料硬度不同而产生的压力变化。若在磨辊间有异物，工作压力骤增至很大值时，则大的蓄能器工作，避免了频繁开启，也克服了单一蓄能器突然关闭时产生巨大峰值压力。

(6) 传动装置

为了满足活动辊子的水平移动，又要保持两辊平行，常用的辊压机传动系统有两种：一种是双传动；另一种是单传动。

图 7-18(a)所示是双传动，两挤压辊分别由电动机经多级行星齿轮减速机带动，两端采用端面键(扁销键)连接起来。有的电动机与减速机间的转矩是经万向轴来传递的。在这种情况下，为了防止传动系统过载，特装有安全联轴器。在驱动功率较小的装置中，也成功地采用三角带传动。只要没有特殊要求，辊压机就可采用鼠笼式电动机，做恒转速驱动。如图 7-18(b)所示是单传动方案，两挤压辊由一台电动机经一台双路圆柱齿轮减速机及中间轴和圆弧齿轮联轴器驱动。

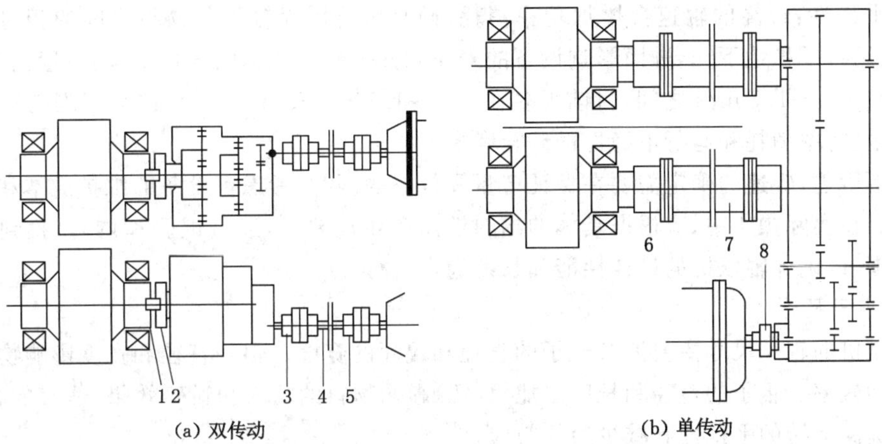

1—端面键；2—带法兰的轴；3—安全联轴器；4—万向轴；

5—法兰联轴器；6—圆弧齿轮联轴器；7—中间轴；8—安全联轴器。

图 7-18　较大型辊压机的两种最重要驱动方案的对比

7.3.3　辊压机工作参数的确定

辊压机是实现料层压力粉碎的新型设备，与传统的球磨机相比具有能耗低、噪声低、生产率高等优点，已被广泛用于粉磨水泥熟料、石灰石、钻石矿和铁矿石等。辊压机的设计理论目前尚不完善，其主要工作参数的确定多采用经验类比法。

辊压机的工作参数主要包括辊压、辊速、辊子尺寸及辊隙等。

1. 辊压

辊压是辊压机实现料层粉碎的必要条件之一。辊压太小，不能充分发挥料层粉碎的优势，影响粉碎效率，甚至会破坏料层粉碎的机理，形不成料层粉碎的条件，这样就与传统的双辊破碎机无异。但是，辊压又不能太大，因为这样会无味地浪费能量，加剧辊面的磨损，加重轴承的负荷，缩短其使用寿命，影响辊压机的正常运转。试验和生产数据表明，水泥工业用辊压机，对于水泥原料的石灰石和熟料，辊压控制在 140～180 MPa 之间比较经济。平均操作辊压可取 160 MPa，设计的最大辊压宜取 200 MPa。从目前辊压机应用范围看，两辊之间的平均压力都必须高于 50 MPa。不同的物料，其抗压强度不同，最佳辊压也就不同。辊压对产品颗粒级配有影响。若想获得一定细粉含量的成品，必须消耗一定的能量。而能量输入的多少主要取决于辊压的大小，即辊压大，能量消耗大，这对于辊压机而言是十分重要的。对于一定的物料，当喂料粒度给定后，若想获得较高的细粉含量，就必须增大辊压，即增大单位功率消耗。

2. 辊速

辊压机辊速的确定主要考虑物料性质、产量、功率消耗以及运行的平稳性。辊速的高低直接影响产量，但过高的转速可能导致辊子与物料之间的相对滑动增大，咬合不良，使辊子表面磨损加剧，对辊压机的产量产生不利影响。因此，辊速的选择应以挤压效果为优先，同时兼顾产量、功率消耗和运行的平稳性。产量与辊速的关系：辊速越高，产量越大。这是因为较高的辊速可以增加单位时间内物料通过辊压机的次数，从而提高生产效率。功率消耗与运行平稳性：过高的辊速会增加功率消耗，同时可能因为辊子与物料之间的相对滑动增大，导致运行平稳性下降，进而影响设备的寿命和安全性。辊速的合理范围：一般而言，辊速的范围在 1.0～1.7 m/s 之间，目前大多在 1.5～1.7 m/s 之间运行。这个范围的选择是基于对产量、功率消耗和运行平稳性的综合考虑。

综上所述，辊速的确定需要在保证产量和效率的同时，考虑到设备的维护成本和运行的安全性。在实际操作中，应根据具体的物料性质和生产要求，通过试验和调整，找到最佳的辊速范围，以确保辊压机的最佳性能和长期稳定运行。

3. 辊子尺寸

辊压机的辊子尺寸主要涉及辊子的直径和辊面的宽度。辊子直径和宽度影响物料的处理能力和效率。辊子的直径和长度之比(D/L)影响物料的咬入和粉碎效果，适宜的 D/L 值有助于提高运转的平稳性和减少边缘效应。

根据相关资料，辊子直径在 700 mm 以上(含 700 mm)时，应取 50 mm 的整倍数。而辊面宽度在 180 mm 以上(含 180 mm)时，应取 20 mm 的整倍数。这些规定确保了辊压机的基本参数符合设计和使用要求。

4. 辊隙

辊隙是指一对压延辊间的 V 形间隙，这个间隙对于物料在压延过程中的拉伸和挤压至关重要。在三辊压延机中，物料共有两次通过辊隙，而在四辊压延机中则通过三次辊隙。每次通过辊隙，物料都会受到剪切作用，其剪切量与辊筒速比和速度成正比，与辊隙成反比。这样，物料在剪切时就会得到与辊筒表面摩擦所生的热量和通过逐渐减小的辊隙由自身剪切摩擦所产生的热量，从而在辊筒工作压力下取得完善的塑化，并形成致密和表面平滑的薄膜或片。

此外，最小辊隙 S_{min} 的确定对于辊压机的最佳工况运转至关重要。最小辊隙 S_{min} 难以准确地确定，但为了使辊压机能在最佳工况下运转，通常将其设计成可调的。S_{min} 的确定依赖于物料性质和辊压机的具体工作情况，并在生产调试时调整到比较合适的尺寸。在设计时，最小辊隙 S_{min} 可按下式确定：

$$S_{min}=K_sD \quad (\text{mm})$$

式中，K_s 为最小辊隙系数；D 为挤压辊外直径，mm。

对于不同的物料，如水泥熟料和水泥原料，K_s 的值有所不同。

综上所述，辊压机的设计和使用涉及多个关键参数的确定，包括辊子的尺寸、辊隙的大小以及最小辊隙的可调性等，这些参数的选择和调整直接影响到辊压机的性能和效率，因此在实际应用中需要根据物料的性质和处理要求进行细致的调整和优化。

7.3.4 辊压机的粉磨系统

根据辊压机在整个粉磨系统中所起的作用，可以分为以下几种：预粉磨系统、混合粉磨系统、部分终粉磨系统、联合粉磨系统、终粉磨系统。从广义而言，前四种均属预粉磨系统，这是区别于终粉磨系统而言的总称。

1. 预粉磨系统

预粉磨是指粉磨前增设一台料层粉磨设备，使原来球磨机的粉磨系统大幅度增产。根据料层特征分析，球磨机中料层四周不受限，料层很不稳定；辊磨机的料层部分受限，侧面自由；辊压机的料层基本全部受限，能量利用率将随料层受限程度提高而提高。因此，适宜用辊压机配置粉磨系统。

图 7-19 是预粉磨流程图，经过辊压机下分料阀分割，按要求数量喂入球磨机。球磨机与高效选粉机组成球磨系统，由高效选粉机分离出合格产品，而粗粉回球磨机继续粉磨。辊压机预粉磨是最早应用的粉磨系统。辊压机可以单独操作，料饼用中间储仓进行储存，可以供一台或几台球磨机粉磨，但是仅经一次挤压的物料由于粒级分布较宽，不利于球磨机粉磨。辊压机亦可与一台球磨机联合操作，此时辊压机能力必须和后续球磨机相一致。

辊压机预粉磨的特点：流程简单，但辊压机担负的粉磨任务小，即使部分料饼循环，其循环量也不超过新喂料的 100%，否则因料饼中的部分成品再循环辊压，将造成电能浪费，因此，整个系统的节能幅度变小。

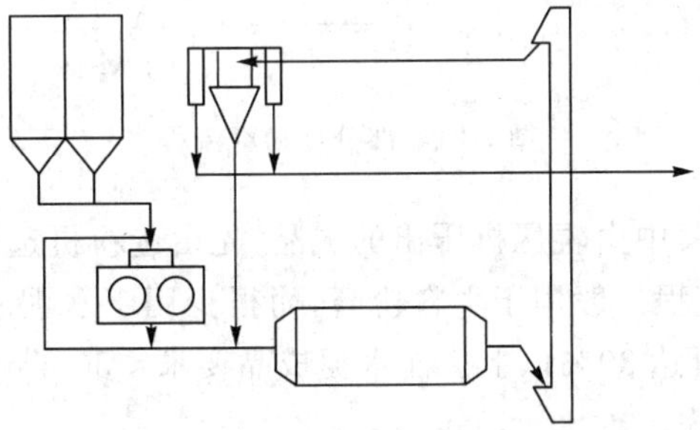

图 7-19　预粉磨流程图

2. 混合粉磨系统

辊压机和球磨机联合作业时，磨后选粉机的部分粗粉亦可回入辊压机进行再循环，这就是混合粉磨的流程，如图 7-20 所示。

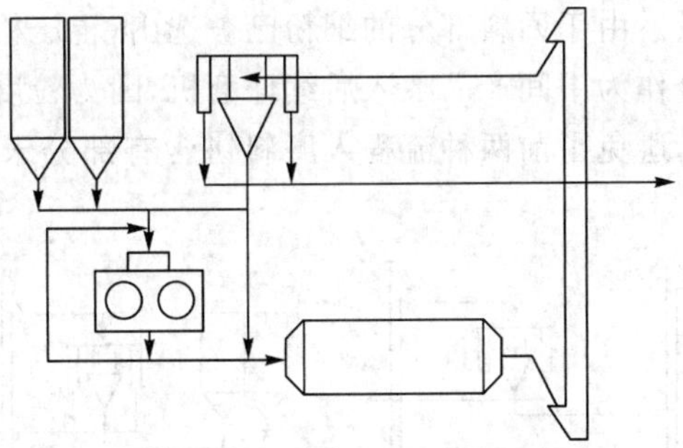

图 7-20　混合粉磨流程图

混合粉磨在辊压机应用初期用得较多，当时料饼循环用得较少。这样预粉磨时料饼辊压次数为 1，而混合粉磨可达 1.3～1.4。辊压机承担了更多的粉磨任务，其节能效果也较预粉磨稍大，但是其流程也比预粉磨复杂。

从整个系统控制的角度来说，料饼循环预粉磨系统中的入磨料饼量由磨机负荷控制，而入辊压机的新鲜喂料由辊压机负荷控制。混合粉磨系统通过磨机负荷来控制入辊压机的新鲜喂料，再通过选粉机的粗粉来满足辊压机的稳料要求。由于控制路程较远，调整速度缓慢，协调性差，因此，当前混合粉磨系统已逐渐被预粉磨系统或节能更大的联合粉磨系统所代替。

3. 部分终粉磨系统

在混合粉磨的基础上将出辊压机入粉磨机系统的料饼先经打散机打散后，再与出磨物料混合进选粉机分选。细粉作为系统的成品，粗粉回磨机和辊压机，这就是部分终粉磨的流程，如图 7-21 所示。

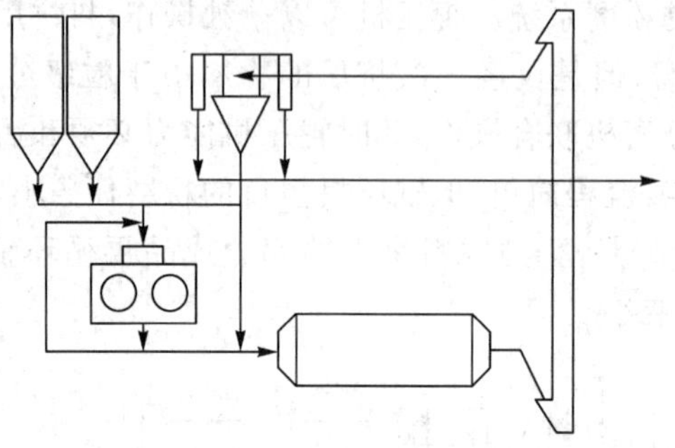

图 7-21　部分终粉磨流程

由于料饼先经分选，其中由辊压机压出的成品，先由选粉机选出，不再粉磨，为此称为辊压机部分终粉磨。这种流程一般用于生料粉磨，而很少用于水泥粉磨。原因是生料成品要求＜80 μm，料饼中含量可达 30%以上。而水泥成品要求＜30 μm，料饼中含量很少，喂入选粉机前还要打散，得不偿失。

该流程实质上与混合粉磨相差不大，粗粉颗粒较细，不能更多地返回辊磨机。辊压机总负担的粉磨任务和节能效果与混合粉磨也没有多大的差别，因此这种系统应用也越来越少。

4. 联合粉磨系统

联合粉磨是当今辊压机应用的主要流程。系统工艺原理如图 7-22 所示，辊压机自成系统，料饼经粗选粉机分选，粗料全部返回辊压机再压，因为颗粒粗不需要料饼再循环而又能大大提高辊压机的循环量。由于回料部分的细粉已被选出，辊压机辊压更为有效，不再做无用功。分选后的细粉部分作为中间产品喂入后续球磨机，因为粒度小而均匀，非常有利于磨机的配球，故粉磨效率高，避免了前两种流程入磨料饼含有部分未被压碎的粗粒，难以合理配球的问题。

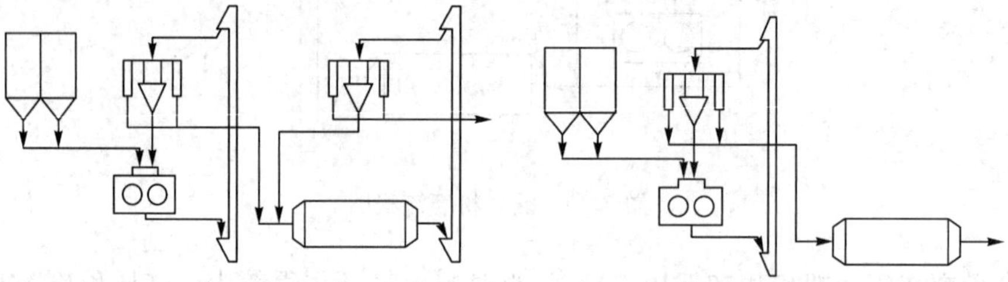

(a) 圈流　　(b) 开流

图 7-22　联合粉磨流程

当采用联合粉磨系统时，其系统配置为：辊压机、斗提机、打散分级机、球磨机、高效选粉机。它与预粉磨系统的区别在于：通过辊压机的物料，经斗提机进入打散分级机，分离出的粗粉返回辊压机的喂料中，小于一定粒度的细粉送入球磨系统。联合粉磨系统比较复杂，但是可以充分发挥辊压机的节能效果。在整个系统中，辊压机能够吸收大部分能量，承担的粉磨工作量明显高于前几种系统，节能效果更大，一般用于新厂建设。

联合粉磨系统的后续球磨机可以用于圈流或者开流，如图 7-22(a)和图 7-22(b)所示。

圈流用于成品比表面积要求较高的情况，开流则适于成品比表面积较低的情况。中间成品的细度随最终成品要求进行变更。如果成品比表面积高，则中间半成品的比表面积相对控制也高。中间半成品比表面积高，则辊压机的循环量大，相应的辊压机担负的粉磨工作量大，节能也多。一般对于成品比表面积为 3 200 cm^2/g 左右的水泥，中间半成品比表面积大致可控制在 1 800～2 000 cm^2/g，此时辊压机循环负荷为 200%～300%。

这种系统流程相对复杂，但辊压机可吸收与系统磨机相等的能量，承担的粉磨工作量远较前两种系统大大增加，为此节能效果也更大。

联合粉磨系统中用于分选料饼的选粉机一般均需将料饼打散后再进入，而且由于其中尚含有较大的粗颗粒，磨损比较严重。为简化流程、降低磨损，不少专业公司开发了多种适于料饼的选粉机。

5. 终粉磨系统

终粉磨系统仅用辊压机完成粉磨成品的最终任务，其流程如图 7-23 所示。在辊压机终粉磨系统中，物料经辊压机粉磨后，由打散机将料饼打散，然后经选粉机分选，细粉即为最终产品，粗料则送回辊压机再粉磨；也可以用打散分级机同时进行料饼松散和分选工作。由于辊压机终粉磨所用的选粉机粗料粒度较大，可以直接大量回料，所以辊压机不再需要边料的料饼循环。但是因为循环量大，辊压机的辊压能力需大大提高。同时，物料必须经多次循环挤压，方能保证细粉产量并具有较好的颗粒级配。在一定生产能力的情况下，系统产量较低，这就限制了该系统的大量应用。辊压机终粉磨在辊压机出现之初就有不少公司进行了中间试验，对于水泥的粉磨可达到比表面积 4 000～4 500 cm^2/g，与球磨相比节能 40%，水泥质量、强度、工作特性均可满足要求。

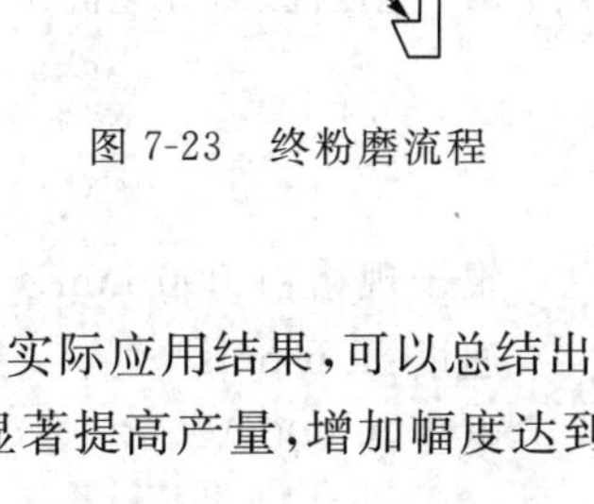

图 7-23　终粉磨流程

6. 辊压机粉磨系统的优势

根据辊压机在水泥工业中的实际应用结果，可以总结出以下几个特点。

(1) 高粉磨效率：辊压机可显著提高产量，增加幅度达到 50%～100%，从而提升整个系统的生产效率。

(2) 结构简洁紧凑：辊压机的设计结构简单、体积小、质量轻，因而占地面积小，同时降低了电能消耗，相比传统粉磨方式节能 25%～50%。

(3) 投资节省：由于辊压机的占地空间小、结构简单，因而在设备投资上也能带来一定的节省。

(4) 良好的工作环境：辊压机运行时工作噪声低、粉尘少，创造了更加良好的工作环境。物料在挤压辊罩内处理，有害粉尘不易扩散，噪声水平也较低。

在对比辊压机与辊磨机的预粉磨系统的节能效果时，应在相同的工艺流程和预粉磨设备的能耗条件下进行评估。需要注意的是，不同系统的预粉磨设备能够吸收的能耗没有严格的标准，这与成品的比表面积和设备配置密切相关。

7.3.5 辊压机在水泥粉磨系统中的应用

以国投海南水泥有限责任公司为例，对辊压机在水泥粉磨系统的应用情况简单概述。

1. 辊压机系统工艺流程

辊压机系统工艺流程图如图 7-24 所示，水泥配料站的熟料、石膏、混合料按配比由各自胶带秤控制下料，经 Z1A04 胶带输送至 Z1A06 提升机。由提升机将混合料送入辊压机顶部的喂料称重仓。称重仓中的物料靠自重通过可开关的横插阀和可调节的两个斜插板进入辊压机，进行破碎、挤压，出辊子的料饼被带进有溢流盒的料箱，从中部下来的物料由 Z1A08 调速胶带经 Z1A09 称重胶带进入水泥磨，两边溢流的物料经 Z1A10 胶带送回 Z1A04 胶带同后继物料混合再次进入喂料称重仓。

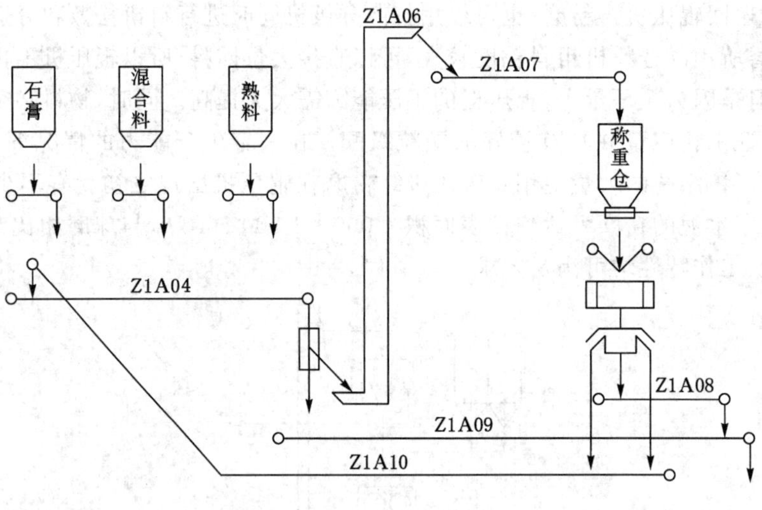

图 7-24　辊压机系统工艺流程图

2. 主要设备装置

(1) 辊压机

型号：KPP-92/10-765　　辊子规格：1 000 mm×765 mm

物料通过量：260 t/h　　速度：1.6 m/s

电机功率：750 kW　　电压：6 000 V

电机转速：989 r/min

(2) 减速机

型号：AAsDN750/1000/Z/s

输入转速：985 r/min　　输出转速：30.39 r/min

减速比：32.41

(3) 液压系统

电动泵：HAwE-MP44-HZ，6型，380/50 Hz

n＝1 500 r/min，N＝2.2 kW，能力为2.7 L/min

(4) 中央油脂润滑系统

油脂泵型号：w0ERNER GMF-B

3. 辊压机系统生产调试和生产操作

辊压机系统的生产调试是在现场各单元系统单独空载试车完成后，进行的带料试车过程。调试前，水泥磨系统已投入正常运行。调试目的是确定该系统工艺设备联锁运行情况及主要工艺操作参数。

(1) 主要工艺操作参数选定

① 称重仓料位控制值选定

该称重仓可容纳14 t重的物料，设计该仓主要是为了稳定物料喂入辊压机确保其能稳定运行。该仓共设有四个料位控制值：其中A表示最低料位值定为10％，即当料位低于10％时，仓下横插阀自动关闭。主要用于防止料位低时冲料造成辊压机振动过大而损坏辊压机。B代表平衡料位值定为70％，分两种情况发生作用：第一种为刚投料时，该仓料位必须达到70％以上，横插阀才打开，进而开始辊压机喂料；第二种为在正常运转时，当料位高于或低于70％时，系统可自动调节喂料量，即按比例降低或增加喂料量，以保持料位平衡，稳定系统。第二种情况是在操作上选择自动喂料时才发生，如果选择手动喂料，则该值不起作用。C代表仓位第一高报值定为90％，该值主要用于提醒操作员，仓位此时已较高，喂料过高或辊压机通过量减少，需要操作员采取相应措施，以防止料位进一步上涨，导致喂料系统跳停。D代表第二高报值为100％，达到此值时其上游所有设备均联锁跳停。以防止称重仓溢料，造成事故。

② 入磨调速胶带转速选定

入磨物料量的大小是通过调节胶带的转速来控制的。转速快则入磨料多，慢则料少。经调试后选定该胶带转速大于55％(约130 t/h)为宜，低于此值时回粉，胶带料多易压死，但在实际生产中应灵活调整。根据水泥的品种不同、物料的变化、辊面的磨损情况而定。

③ 辊压力选定

依据本厂物料特性和辊压机性能，液压系统额定辊压力为218 bar(21.8 MPa)。最后选定预充压力为150 bar(15 MPa)、第一低报警值为190 bar(19 MPa)、第一高报警值为200 bar(20 MPa)及最大压力为230 bar(23 MPa)。当辊压力达预充压力150 bar(15 MPa)时，横插阀自动打开。该阀打开之后，液压系统继续加压达190 bar(19 MPa)，如低于该值，则系统自动加压。当压力高于230 bar(23 MPa)时，系统自动卸压。如此往复，以保证辊压效果和保护设备。

④ 斜插板开度选定

该斜插板开度控制较为灵活。辊压机启动前，需把其关到0％位，以减少辊压机启动负荷，防止启动失败。辊压机启动后，需喂料时，则缓慢打开该插板，且须注意主电机功率变化，以防止功率过大电机过载跳停。正常时，插板位置为70％较好。插板开得过大，通过辊子的物料就多，反之，通过辊子的物料就少。实际生产中应根据具体情况而定。

⑤ 辊间隙选定

依据设备性能，选定工作辊间隙为 23 mm。即物料出辊压机后形成的料饼厚度为 23 mm。空载时，辊间隙为 10 mm。在运转过程中，动辊两边位置相差为 15 mm 时，辊压机跳停。在实际生产中因辊面磨损，可适当调小辊间隙，以便提高辊压效果。

(2) 正常生产操作控制

生产控制采用先进的集散控制系统，由中控室操作员集中控制，现场岗位巡检。具有操作简单、控制灵活、安全、高效的特点。

① 开机投料

a. 水泥磨系统已经正常运转。

b. 辊压机系统所属机、电、仪、自动化设备均处在正常状态。

c. 现场巡检确认设备完好。

d. 中控操作员选择辊压机系统程序组，启动该组系统设备。

e. 设备启动完毕，检查确认各设备状态及参数。如均处在正常状态，则可进行喂料。

f. 选择辊压机喂料阀门，物料此时进入辊压机系统。

g. 当称重仓料位达 70%时，横插阀打开。操作员只需缓慢打开斜插板进行喂料即可。

② 操作控制

在正常操作控制过程中，须监控设备状态和调节一些过程参数。

a. 辊压机喂料量

辊压机喂料量的调节主要通过调节斜插板的开度来实现。开度大，则喂料多；反之，则喂料少。另外，辊压机喂料量主要依据辊压机功率决定，一般为 500～750 kW 时，效果最好。

b. 磨喂料量

磨喂料量的调节主要通过调节入磨胶带的转速来实现。转速快，则喂料多；反之，则喂料少。另外，磨喂料量主要依据水泥磨能力来定，取 55%～65%为佳。

③ 停机操作

转换辊压机喂料阀门至水泥磨后，待辊压机称重小仓料放空后，选择辊压机系统程序组，停该组设备即可。

4. 辊压机生产中出现的问题及解决措施

(1) 辊压机辊子轴承油脂润滑流量报警

在辊压机运转过程中，辊子轴承油脂润滑流量报警频繁，最后查明是由于油脂泵内的油脂混有灰尘杂质，致使油嘴出油不畅，油量偏小，引起流量报警。要求以后加油时，做到清洁加油，并将流量报警动作时间由原来的 1 min 延至 30 min，这样当发现油量报警时，马上通知现场巡检，巡检可在短时间内处理好，确保不影响生产。

(2) 启动液压压力不够

辊压机运转数月后，出现启动液压压力不够的现象。经检查发现是卸压阀阀芯磨损，造成压力释放过快，需要更换卸压阀，并将卸压阀脉动时间缩小以解决该问题。

(3) 辊面磨损严重达不到辊压效果

辊压机辊面在运行一段时间后会出现表面磨损。严重时，辊压机振动加大且辊压效果差，达不到生产要求。针对该问题有两个对策：一是对磨损面进行补焊。但因补焊量大，费时长，会影响运转率，且焊后使用效果差，不经济。二是购买备用辊。当辊面磨损严重且辊压效果差时，更换上备用辊（动、静两辊）。此方法效果非常理想，对提高产量、节约成本具有极大的意义，但一次性投资大。

(4) 辊间隙检测报警

当动辊一侧的轴承座或动辊整体后退量过大，达到设定保护值时，会出现辊间隙检测报警，通过更换新探针可消除报警。

(5) 辊压机安全销经常脱出

在辊压机运转过程中，有时会因物料粒度过大或有硬物，安全销会脱出以保护设备。但有一段时间，物料粒度不大、没有硬物、辊压机功率也不高，辊压机却频频跳停，安全销脱出。检查发现安全销的力矩垫片磨损，扭矩变小，经更换垫片后，该现象减少。

(6) 称重仓料位波动大

运转两年后发现称重仓料位波动大，经常出现假报，与实际料位相差较大，造成辊压机喂料不稳，频繁冲料跳停。仪表人员检查发现称重仓仓体因强度不足，变形严重，有一侧已倾落在支柱上，该点的称重传感器无法检测仓重。定检时更换称重仓底部并焊加强筋，重新标定料位后，称重仓料位恢复正常工作。

7.3.6 辊压机的性能及特点

辊压机采用的是高压下的料层挤压粉碎，因此，具有以下优点：粉磨效果高，增产节能，结构简单；紧凑，占地面积小；金属消耗少；工作噪声低，粉尘少，有利于环境保护。辊压机不足之处是：投资高；对喂料的粒度分布、含水量、稳定性、不含金属异物等工艺操作条件要求高，要求喂料料柱密实而充满整个料层，并保持一定的喂料压力，回料量控制要恰当，粉磨工艺系统配置要合适，否则它的优越性不能发挥；由于磨辊作用力大，存在辊面材料剥落及磨损、磨辊和轴承容易损坏、减速器齿轮过早破裂等设备问题。近年来正在从工艺、结构、材质等方面进行改进，辊压机的机械结构如辊面材质和特性、轴承等都有改善。

辊压机和球磨机都是用于粉磨的设备，相比有如下几个显著的特点：

(1) 粉磨效率高且节能。球磨机对物料施加的是压力和剪力的综合效应；而辊压机主要施加纯粹的压力。实验表明，在颗粒物料破碎过程中，仅施加压力所产生的应变约为施加剪力所产生应变的5倍，因此辊压机的粉磨效率显著更高。

(2) 降低了钢铁的消耗。在粉磨水泥时，球磨机的单产磨耗为300～1 000 g/t，而使用辊压机的粉磨系统，其单产磨耗仅为0.5 g/t。因此，辊压机能够满足粉磨白水泥的需求。

(3) 噪声较低。球磨机的噪声水平在110 dB以上，而辊压机的噪声约为80 dB，这使得辊压机在使用过程中更加环保和舒适。

(4) 体积小，质量轻，占地面积小，安装简便，甚至可以整体安装，便于现场操作。

然而，由于辊压机的辊子施加的力量较大，设备在使用过程中可能会出现一些问题，例如辊面材料的脱落与磨损、轴承的损坏以及减速器齿轮的早期断裂等。此外，辊压机对工艺操作过程的要求也较为严格，例如喂料必须使料柱密实并充满整个料层，同时需保持一定的喂料压力，控制回料量也要适当，同时粉磨工艺系统的配置也需合理，否则其优势无法得到充分发挥。

练习题

1. 料层挤压粉碎原理是什么？
2. 辊磨机基本构造及工作原理是什么？
3. 辊磨机与球磨机之间的区别都有哪些？
4. 简述辊压机的工作原理。
5. 具体阐述辊压机联合粉磨系统的工作流程及优缺点。
6. 辊压机与球磨机相比，其优势有哪些？

破碎设备动态图　　辊磨机测试题　　辊压机测试题

第 8 章　空气选粉机

◇ 本章教学要点

知识要点	能力培养
1. 掌握离心式选粉机的构造、工作原理及离心式选粉机的两个分离区特点； 2. 掌握旋风式选粉机的构造和工作原理； 3. 掌握 O-Sepa 选粉机的构造及工作原理。	1. 具备对分级设备工作参数计算和设计的能力； 2. 具有正确评价分级效果好坏、评估分级后气体是否合格的能力。

选粉机是随干法圈流粉磨技术的进步而发展起来的。在粉碎作业中要求生产某一狭小粒度范围的产品，然而实际上不可避免地产生过粉碎，使其粒度分布范围变宽。为了更好地控制产品粒度，将粉碎机和分级机组合成圈流系统，将出粉碎机的产品进行分级，细颗粒作为成品，粗颗粒返回再次粉碎，这样可以减少过粉碎，节约能量。

应用空气作分散介质进行分级的设备，称为空气选粉机；应用水作分散介质进行分级的设备，称为水力分级机，本章重点讲解空气选粉机。

空气选粉机是根据流体力学原理，在空气中将大小不同的固体颗粒按其沉降速度不同进行分级的设备，适用于闭路粉磨系统。空气选粉机的工作原理基于空气动力学原理，通过特殊构造的转子将粉体颗粒分散并悬浮在气流中，利用颗粒与气流之间的惯性差异进行分离与分级。这种设备的主要组成部分包括进料口、主机(包含转子、分布板、微细粉尘收集箱等)、旋风分离器、微细粉尘收集箱、离心风机和电动机等。

空气选粉机主要包括通过式选粉机、离心式选粉机、旋风式选粉机、笼式选粉机、打散分级机等。

8.1　通过式选粉机

通过式选粉机，也称为粗粉分离器。它的基本特征是内外腔之间有可调导向叶片，但没有动力部件。常见的结构如图 8-1 所示。通过式选粉机的工作原理是出磨物料由气体携带进入选粉机下部的粗料套筒的立式进风管 1，气体中的物料在反射棱锥体 4 受到碰撞作用而转向。由于上升风速的降低和提升气力的变小，粗颗粒向下降落并通过粗粉出口管 5 离开选粉机。细颗粒由混合气体继续带到上部，到达位于导向叶片 6 与旋转着的转子之间的选粉区进行分选。细粉在气力的驱动下，穿过转子并离开壳体上部的排气管 7 进入收尘器。粗粉从选粉区降落下来进入内锥壳体 3。通过内锥壳体与反射棱锥体之间的环形缝隙来实现物料的均匀分散，这样上升的混合气体可对此部分物料进行再分选，以提高选粉机的选粉效率。

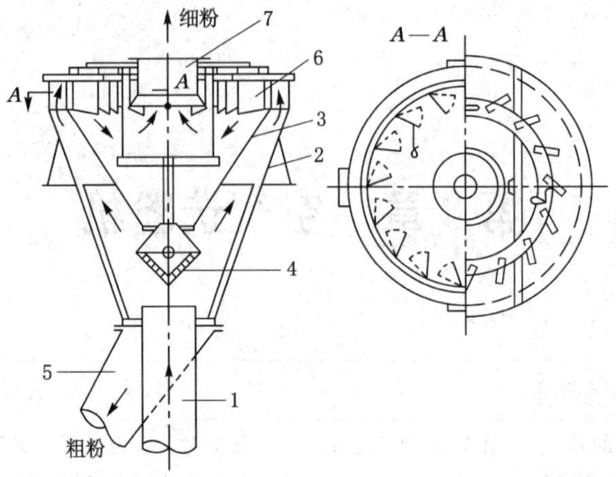

1—进风管；2—外锥壳体；3—内锥壳体；4—反射棱锥体；
5—粗粉出口管；6—导向叶片；7—排气管。

图 8-1　通过式选粉机

通过式选粉机是一种外部循环式分级设备,其中存在两个分离区:一是在内外壳之间的粗选粉区,颗粒主要是在重力作用下沉降,分出最小粒径;二是在内壳中的细选粉区,颗粒是在惯性离心力的作用下沉降进行进一步分级。为了调整细粉的细度,可以采取以下措施:

(1) 改变气流速度:通过调整气流速度,可以影响颗粒在选粉机内的运动轨迹和分级效果,从而改变最终产品的细度。

(2) 改变叶片的导向角度:叶片的导向角度对颗粒的运动方向和分级效果有直接影响,通过调整叶片角度,可以优化细粉的分离效果。

(3) 适当升降反射棱锥体的位置:通过适当调整其位置,可以进一步改善细粉的细度。

这些调整措施旨在通过改变选粉机内部的气流动力学条件,优化颗粒的分级过程,从而达到调整细粉细度的目的。实施这些调整时,需要考虑到选粉机的具体结构和操作条件,以确保调整的有效性和安全性。

通过式选粉机结构简单,操作方便,没有运动部件,不易损坏。使用这种选粉机可以得到细度相当于 0.080 mm 方孔筛上筛余为 10%～20%的细粉,生产能力可达 7～8 t/h。不过使用这种选粉机时,必须另设通风机产生气流,以将粉料带入选粉机;另外还需设置收尘设备回收细粉,使设备复杂。通过式选粉机宜配用风扫式磨机系统。

8.2　离心式选粉机

8.2.1　构造及工作原理

1. 结构概述

离心式选粉机如图 8-2 所示,选粉机由内壳体 4 和外壳体 5 套装而成,内外壳体之间形成环形空间。内外壳体通过上支架相连接,在内外壳体的内壁均设有可更换的衬板。壳体上部为圆柱形,下部为圆锥形。内壳中部有一垂直漏斗,粉料经此漏斗送入选粉机内。漏斗中心的垂直轴上装有转子，转子由撒料盘 10、小风叶 2 和大风叶 1 组成。大风叶旋转后产生的循环气流经过内壳体中部切向装置的回风叶之间的缝隙，进入内壳体 4 后，形成旋转上升的气流，然后又从内外壳之间的环形空间下降，返回内壳体，因此在选粉机的内部形成一股循环的气流。内筒体下端与回风叶 6 以螺栓相连接，回风叶在径向与直径成一定角度，以便循环气流的通过，选粉机的顶部用盖板封闭。在大小风叶之间和内壳体顶边装有一圈可以调节的粗粉挡风板 11。内锥体的下端为粗粉出口 8，外锥体的下端为细粉出口 9。

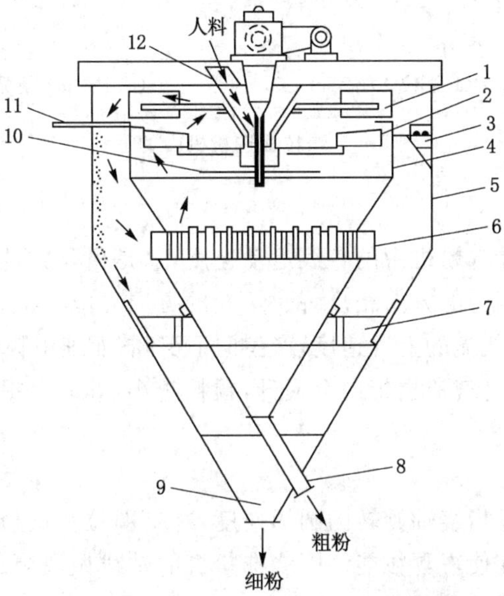

1—大风叶；2—小风叶；3—支架；4—内壳体；5—外壳体；6—回风叶；
7—支架；8—粗粉出口；9—细粉出口；10—撒料盘；11—挡风板；12—加料管。

图 8-2　离心式选粉机

2. 工作原理

(1) 工作过程

当传动装置带动立轴转动时，气体从进气口进入，与粉体物料充分混合。在转子的高速旋转下，粉体物料受到离心力作用，大小不同的颗粒被分离，从而实现粉体的分级。不同大小的颗粒通过不同的出口排出，完成了选粉过程。

具体工作过程结合图 8-2 可以看出，由加料管 12 进入并落在撒料盘 10 上的粗细混合物料，由于离心力的作用，从撒料盘上均匀地抛向内壳的衬板上。气流由内筒下部向上穿过撒料盘甩出的物料，由于撞击作用，大颗粒物料失去动能落入粗料管中，由粗粉出口 8 排出。剩下的物料被上升的气流带到小风叶处，在此又受到一次分离，合格的细粉继续上升到大风叶处，并被气流带至内外壳体之间的环向空间，在循环并呈螺旋向下运动的气流作用下，使粉尘产生离心力而抛向外壳内壁上，由于失去动能而落下，沿着环形空间向下运动的空气流，通过回风叶的缝隙进入内壳的空间。由于通道面积的扩大和气流速度降低，细粉下降并由细粉出口 9 排出。

(2) 颗粒的运动速度

对上述工作过程进行受力分析，选粉机内的颗粒是在环流气体作用力 F_d、惯性离心力 F_c 和重力 G 的共同作用下进行分级的[图 8-3(a)]。颗粒的运动速度主要包含以下分速度：

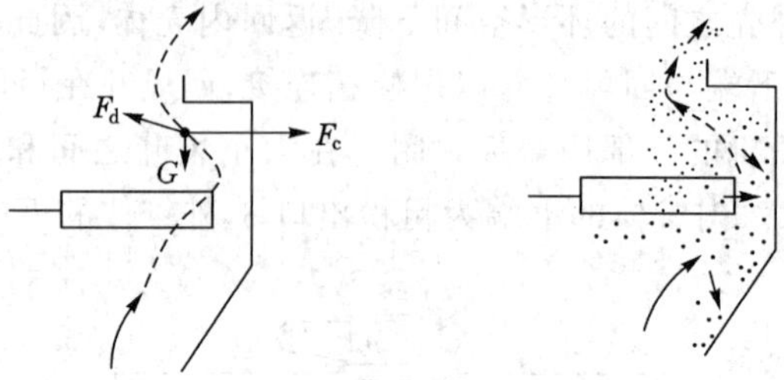

(a) 颗粒受力情况　　(b) 颗粒运动情况

图 8-3　颗粒在选粉机内的运动

① 轴向速度 $(u_p)_L$

轴向速度是指颗粒在选粉机中的直线运动速度，这是由颗粒的重力和上升气流对颗粒的作用力所引起。由于两力的方向相反，故 $(u_p)_L$ 的方向可能向上，也可能向下。对于粗大的颗粒，其沉降速度大于气流的上升速度，产生向下沉降；而细小颗粒，其沉降速度小于气流的上升速度 $u_0 < u_f$，被上升气流携带向上提升，颗粒越小，其向上提升速度越接近上升气流速度。

② 切向速度 $(u_p)_t$

选粉机的切向速度是指绕轴旋转的圆周速度，这是颗粒在选粉机内运动的一个关键速度分量。切向速度的存在使得颗粒能够围绕选粉机的轴线做圆周运动，这种运动有助于颗粒在选粉机内部的不同区域进行分离，从而实现物料的大小分级。

③ 径向速度 $(u_p)_r$

径向速度则是指沿着半径方向的运动速度，由颗粒绕轴旋转产生的惯性离心力所引起。显然，颗粒在随同气流做圆周运动的同时，由于 $(u_p)_t$ 和 $(u_p)_r$ 合力的结果，大小不同的颗粒将以不同的运动轨迹倾斜地向上或向下运动。粗大的颗粒倾斜向下运动，细小的颗粒倾斜向上运动；中等颗粒虽也倾斜向上运动，但斜度较小，于是形成如图 8-3(b)所示的颗粒运动情况。

在离心式选粉机内，颗粒重力的影响可略去不计。由于撒料盘的旋转作用，颗粒在水平方向所受到的剩余惯性离心力为：

$$F_{c0} = \frac{\pi}{6} d_p^3 (\rho_p - \rho) \frac{v_p^2}{r} \tag{8-1}$$

式中　v_p——撒料盘边的颗粒周围速度，m/s；

r——撒料盘半径，m。

d_p——球形颗粒直径，m；

ρ_p——固体颗粒密度，kg/m^3；

ρ——流体密度，kg/m^3。

在垂直方向上，气流对颗粒的作用力为

$$R = \zeta \frac{\pi}{4} d_p^2 \rho \frac{u_f^2}{2} \tag{8-2}$$

式中　u_f——空气向上流速；

ζ——阻力系数；

其余符号意义同前。

(3) 颗粒分级界限尺寸

合力方向决定颗粒走向，如图 8-4 所示。

当颗粒的运动走向角为 α 时，颗粒刚能飞出内壳体筒口边，这种颗粒的粒径 d_{p_i} 即为颗粒分级界限尺寸，又称选粉机的切割粒径。从上述可解得：

$$d_{p_i}=\frac{3\zeta\rho\gamma u_f^2}{4(\rho_p-\rho)v_p^2}\cdot\cot\alpha \tag{8-3}$$

对于一定的选粉机处理一定物料时，式(8-3)尚可简化为

$$d_{p_i}=\kappa\frac{\zeta u_f^2}{rn^2} \tag{8-4}$$

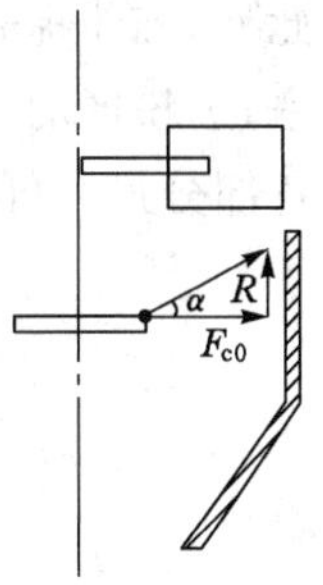

图 8-4　粉料在选粉机内的分级

式中　n——主轴转速；

κ——常数；

其余符号意义同前。

式(8-3)及式(8-4)为离心式选粉机的分级界限公式。大于 d_{p_i} 的颗粒将碰撞于内壳体的内壁或挡风板上面，在内壳体内的空间降落，作为粗粉排出。小于 d_{p_i} 的颗粒则被气流带出，经大风叶进入内外壳体之间的环形空间，在重力作用下沉降，成为细粉排出。

因此，分级界限尺寸一定程度上也反映了产品细度。显然，分级界限尺寸增大，则产品变粗；反之，则产品变细。

离心式选粉机中分级界限尺寸 d_{p_i} 的大小主要通过调整转子转速、风叶数目、回风叶角度来实现。

增加转子转速或风叶数目都会使上升气流速度增加，进而影响细粉的细度。这两种方法通常会导致细粉的细度下降，而降低转子转速或减少风叶数目则可以提高细粉的细度，这是因为旋转气流速度的增加或减少会影响颗粒的分离效果。需要注意的是，改变转子转速和风叶的数目对细度的调整幅度较小，而调整挡风板位置则更为方便且效果显著。具体的调节幅度要通过实际生产经验来决定。

回风叶的角度调节同样会影响旋转气流的速度。当回风叶偏向内筒壁时，通道宽度减小，导致旋转速度增加，从而提高细粉的细度；反之，回风叶偏离内筒壁则会降低细粉的细度。因此，通过调整回风叶的角度，可以有效实现对细度的控制。而在增减风叶时，应成对按直径方向进行，以保持转子的平衡。

对于分级界限尺寸的调节，必须依赖实际的生产经验来确保选粉机能够达到理想的产品细度。这就意味着在实际操作中，需要根据具体的产品需求和设备性能特点，通过精确调整上述参数来获得最佳的分级效果。

(4) 选粉机的各部分尺寸比例

离心式选粉机中有两个主要的分离区域：内壳中的选粉区和内外壳之间的环形细粉沉降区。在内壳的选粉区，颗粒主要受到惯性离心力的作用而沉降。当物料从入料口落至撒料盘时，受到离心力的影响而向外抛出，粗粉通过粗粉出口排出。而在细粉沉降区，颗粒则在重力的作用下沉降。此区域位于内外壳之间，形成了一个环形空间，细小颗粒在此进一步

分级，最后从细粉出口排出。

选粉区还可以细分为选粉区和细粉提升区。这两个区域的高度比例对选粉机的工作至关重要。延长细粉在气流中的停留时间有助于物料更佳的分级，因此，选粉空间的高度应尽可能高。此外，细粉提升区内细粉越过内壳体边缘时，其输出速度应尽量快。为了实现较好的选粉效率，选粉区的高度 L_1 和细粉提升区的高度 L_2 之比应大于 1，一般可取 $L_1/L_2=2$。选粉机的各部分尺寸(图 8-5)比例可参考采用如下数值：

$$b=0.1d;d_i=0.7d$$

$$d_1=0.7d;d_2=0.5d$$

$$d_3=0.33d;L_1/L_2=2\sim1.82$$

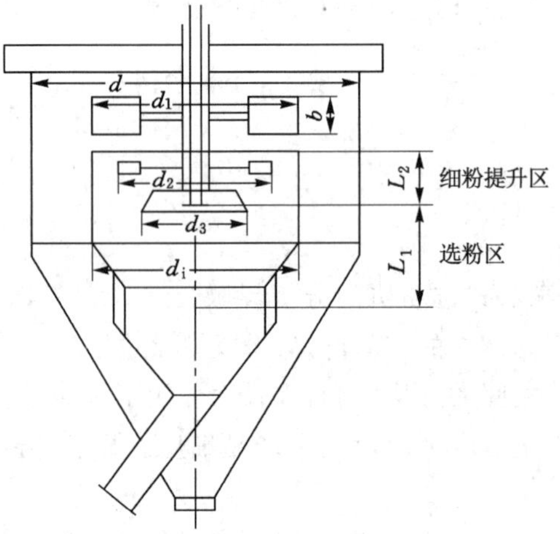

图 8-5　离心式选粉机的各部分尺寸

8.2.2　性能及应用

离心式选粉机的分级气流在机内循环，物料的分级和粗粉、细粉的收集都在机内完成。因此，离心式选粉机的结构较紧凑，能耗较低，设备较轻，占用空间较小。然而，它存在分级效率较低、生产能力较低、产品细度调节不方便、机件磨损较重、振动较大等缺点。离心式选粉机适合于分级粒径较大、处理量也很大的物料。离心式选粉机的应用领域非常广泛，主要包括建材、冶金、化工、矿山等行业。建材行业：在水泥、石灰、矿渣等物料的选择中，离心式选粉机能够有效提高产品的均匀性和纯度。冶金行业：在金属粉末、合金粉末的选粉和分级中，离心式选粉机能够满足高精度的要求。化工行业：用于颜料、催化剂、化学添加剂等物料的分级，确保产品的精细度和均匀度。其他领域：还包括环保领域的废水处理、烟气脱硫等工艺中氢氧化钙的选粉，以及非金属矿物质的加工等。

8.3　旋风式选粉机

8.3.1　构造及工作原理

离心式选粉机的结构存在一些缺点，会出现物料分散不均匀、分离效率低和细度控制难等问题。如机内用来产生循环气流的大风叶由于与含尘气流相接触，磨损较大。而且大风叶转速较低，风叶间隙较大，故空气效率较差。同时，细粉在内外壳体之间的细粉沉降区中依靠重力很难完全沉降，循环气流返回选粉区时总会带有部分细粉，影响选粉效果，降低选粉效率。

这些问题主要源于离心式选粉机在结构上和分选原理上的设计限制，导致其在处理物料时无法达到理想的分级和分离效果。因此，对离心式选粉机做了改进，设计了一种外部循环气流的旋风式选粉机。这种细粉选粉机的特点是取消了大风叶，采取专用风机外部鼓风；取消内外壳体间的细粉沉降区，采取专用旋风分离器外部回收细粉的形式。

旋风式选粉机结构如图 8-6 所示，选粉室 8 是一个用钢板制成的圆柱形外壳。选粉室的周围均匀布置有几个旋风分离器 7。在分级室内，小风叶 9 和撒料盘 10 一起固定在垂直轴 4 上。由电动机 1 经过胶带传动装置带动旋转，在分级室中形成强大的离心力。进入分级室中的气粉混合物在离心力的作用下，大或重的颗粒受离心作用力大，故被甩至分级室四周边缘，并不再受离心力的影响，自然下落，便被收集下来，落到滴流装置 11 处。在该处被上升气流再次分选，之后作为粗粉经粗粉管 12 排出。小或轻的物料受离心力作用小，在分级室内部悬停，受气流影响被上升的气流带入旋风分离器 7 中。气流以切线方向进入旋风筒，在筒内形成一股强烈旋转气流。处在气流中的颗粒受到惯性离心力的作用，甩向四周筒壁，向下落到下部的外锥体中，作为细粉经细粉管 13 排出。

清除细粉后的空气则由旋风分离器中心的排风管经集气管 6 和导风管 14 再返回通风机，形成了气流闭路循环。

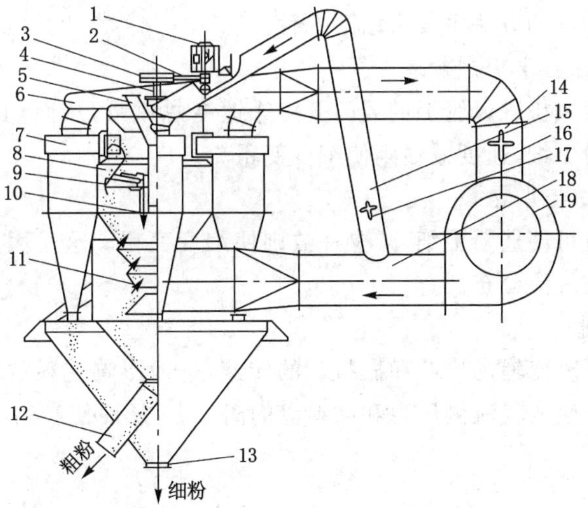

1—电动机；2，3—传动装置；4—垂直轴；5—进料管；6—集气管；7—旋风分离器；8—选粉室；9—小风叶；10—撒料盘；11—滴流装置；12—粗粉管；13—细粉管；14—导风管；15—支风管；16，17—调节阀；18—进风管；19—风机。

图 8-6　旋风式选粉机

图 8-7 是使用旋风式选粉机的粉磨系统。物料从磨头仓 1 经喂料机 2 喂入球磨机 3 中，经过粉磨后从磨尾排出，用螺旋输送机 4、斗式提升机 5 运送到旋风式选粉机 6 中进行选粉。由于使用旋风分离器收集细粉，因此选粉机下部的卸料口使用锁风螺旋 7、8 来锁风。

粗粉经过锁风螺旋7用螺旋输送机9送回磨机再磨，细粉经过锁风螺旋8用适当的运输设备送往料仓。

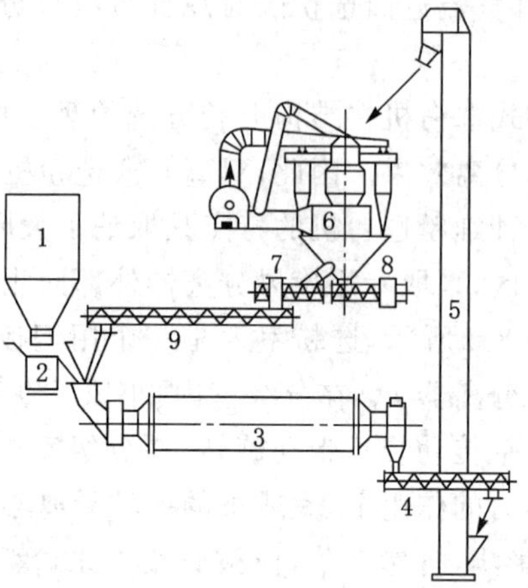

1—磨头仓；2—喂料机；3—球磨机；4—螺旋输送机；5—斗式提升机；
6—旋风式选粉机；7，8—锁风螺旋；9—螺旋输送机。

图8-7　使用旋风式选粉机的粉磨系统

8.3.2　细度调整

旋风式选粉机是一种常用的粉体分级设备，其细度调整对于保证产品质量至关重要。旋风式选粉机调整细度的方法主要有以下3种。

1. 调节选粉室内上升气流流速

通过调节离心通风机进风管上的风门开度来改变总风量，从而调整上升气流速度。气流速度增加会使选粉更细，速度减慢则使细度变粗。

2. 调整小风叶安装片数

增加小风叶片数可使选粉更细，减少片数则使细度变粗。这是因为小风叶片数直接影响物料的分散程度和气流分布。

3. 改变主轴转速

调整主轴转速可改变辅助风叶和撒料盘的转速，进而影响选粉的细度。加快主轴转速可以增大辅助风叶产生的气流侧压力和撒料盘的离心力，从而使产品细度变细。

8.3.3　性能及应用

1. 性能

旋风式选粉机也是采用下部撒料，但空气的进入是采取下部切向进风，在空气进入和上升的过程中穿过撒料料幕，再经过旋转风叶或锥形转笼实现分级，经过分级的气流将成品细粉带出选粉室，从选粉室排出的含尘气流再送入旋风筒进行气粉分离实现成品收集。由于从旋风筒出来的干净气流再进入风机进行循环，所以称这种选粉机是外循环工作。旋风式选粉机的主要特点是能耗低、处理量大、组合结构方式灵活，并且具有以下性能优势：

(1) 能耗低、污染小

旋风式选粉机可以与流化床粉碎主机互换成为粉碎分级机，也可以与雷蒙机、球磨机、对辊磨等粗粉碎机组合，分离其中的超细粉，从而实现能耗低、污染小的效果。

(2) 处理量大

旋风式选粉机的处理量一般比离心式选粉机高 2～2.5 倍。

(3) 选粉效率高

在相同循环负荷率下，旋风式选粉机的选粉效率一般比离心式选粉机提高 8%左右，使磨机生产能力提高 10%左右，单位电耗节省 21%左右。

(4) 产品细度易于调节

旋风式选粉机的产品细度调节范围广，可以根据需要调节分级室中离心力的大小，达到分出指定粒度的目的。

2. 应用

旋风式选粉机非常适用于超细分级，特别是在普通分选设备无法实现分级的物料，尤其适合加工严格并要求粒度分布狭窄的产品，如重钙、高岭土、滑石粉等。此外，它还能够分级对粒度段要求极严的物料，满足纯度和粒形的要求。

8.4　笼式选粉机

1979 年日本小野田公司开发了 O-Sepa 选粉机，不仅保留了旋风式选粉机外部循环的优点，而且采用笼式转子改变了选粉原理，从而大幅度提高了选粉效率。随着选粉机的发展，一般称离心式选粉机为第一代选粉机，旋风式选粉机为第二代选粉机，以 O-Sepa 选粉机为代表的笼式选粉机称为高效选粉机，也有人称它为第三代选粉机。三代不同选粉机的发展实际上是与控制要求的变革相联系的。选粉技术的不断发展，其基本原因在于：一方面粉磨质量的要求不断提高。另一方面是由于机组系统产量的增加以及节能期望值的提高，要求选粉机单机能力扩大，选粉效率进一步提高，促使选粉机从机理上和结构上加以改进以适应需要。

O-Sepa 选粉机的优越性得到广泛的发挥，该机具有结构新颖、体积小、处理量大、分级机理明确、选粉效率高、产品细度调节范围宽（产品比表面积可在 280～650 m^2/kg 内任意调节）、操作方便、维修工作量小等优点。

O-Sepa 高效选粉机自 20 世纪 80 年代初被引进后，已在全国许多水泥厂，特别是新型干法生产线上得到广泛的应用。随着我国选粉技术的发展，对选粉机的结构进行了不断的改进和完善，对工艺系统和磨内参数进行了不断的优化，使我国的 O-Sepa 选粉机无论在设备质量上还是工艺性能上都能与国外同类产品相媲美，各项技术指标均达到了国际先进水平，其增产节能效果明显，被大家公认为高效选粉机。围绕着 O-Sepa 选粉机的选粉原理和内部结构，国内外都推出了各种各样的高效选粉机，但大都以笼形转子为核心，以平面涡流选粉原理为基础。在我国球磨机系统中常见的有改进型 O-Sepa 选粉机、组合式选粉机和煤磨动态选粉机。

8.4.1　O-Sepa 选粉机的构造

O-Sepa 选粉机的构造主要由壳体部分、回转部分、传动部分、润滑系统等组成。

1. 壳体部分

壳体部分由壳体、进料斗、弯管等组成，在壳体内装设有导向叶片、缓冲板、空气密封圈，壳体侧面及顶盖开设有检查门。壳体的一二次进风口（或壳体全部）及弯管出口处均粘贴有陶瓷贴片，进料斗、导向叶片、缓冲板各处均喷涂耐磨材料，灰斗内以形成料衬来防止磨损。

2. 回转部分

回转部分由转子、主轴、轴承等组成，转子用键固定在主轴上，或以法兰与主轴相连，主轴通过传动部分的驱动而转动。转子是选粉机的主要部分，由撒料盘及水平垂直板、上下轴套联结板组成。

3. 传动部分

传动部分由立式或卧式调速电机、专用减速器、弹性联轴器等组成，电机通过弹性联轴器和减速器连接，整个传动装置安装在传动支架上。

4. 润滑系统

润滑系统采用XYZ型稀油润滑站，润滑油喷淋在回转体主轴的上轴承、下轴承，再由回油管流回稀油站油箱，形成强制润滑循环系统。稀油站设有油泵、电机、冷却器、过滤器、电接点式温度计、压力表和油箱等。

8.4.2 O-Sepa 选粉机的工作原理

O-Sepa 选粉机的工作原理是物料由选粉机上部喂入，经撒料盘和缓冲板充分分撒后，进入选粉区。由切向管引入的一次风和二次风经导向叶片水平进入选粉区，受笼形转子和水平分料板的作用，分选气流形成水平涡流，对物料进行分选，细粉从上部出口进入成品收集器收集，粗粉在下落的过程中落入下部的锥体，最后落入锥体的物料经三次风再次分选，选出的细粉被气流带到上部出口，其余的粗粉颗粒作为回粉从底部出口卸出，再次返回磨机进一步粉磨。

从 O-Sepa 选粉机选粉原理来看，有三个关键技术点，即“分散”“分级”“收集”。其中，“分散”指进入选粉机的物料尽可能地抛撒开来，颗粒间形成一定的距离，并且撒料盘撒出的物料要形成均匀而连续的料幕；“分级”指物料分散后在选粉室有限的停留时间内，利用各种形式的气流进行分选，把物料中的粗、细颗粒尽量分开并送到各自出口；“收集”指选粉机捕捉粗粉和细粉的能力。而上述三个技术方面的实施，均离不开充足并有效的通风这一前提。

O-Sepa 选粉机的具体工作过程如图 8-8 所示。气流分别由一次风管、二次风管切向进入蜗壳形筒体，经过导流叶片进入导流叶片和涡轮转子之间的环形分级区，形成一次涡流。然后进入涡轮内部的分级区，在高速旋转的涡轮叶片的带动下，形成二次涡流。最后气流经过涡轮中部，由细粉出口进入旋风筒或袋式收尘器等细粉收集设备。被分级的物料从进料口喂入，经撒料盘离心散开，在缓冲板的作用下均匀地分散后落入环形分级区，与经过导流后的分级气流进行料气混合。在旋转的分级气流作用下，物料中较粗的颗粒被甩向导流叶片，沿分级室下降，进入锥形灰斗。再经过由三次风管进入的三次空气的漂洗，将混入粗颗粒中或凝聚的细颗粒分出后，粗颗粒经翻转阀排出。粒径较小的细颗粒随气流进入涡轮分级区，在强制涡流场中再次被分级。较粗的颗粒被甩出，回到环形分级区，合格的细颗粒则随气流一起通过涡轮中部，由细粉出口排出。

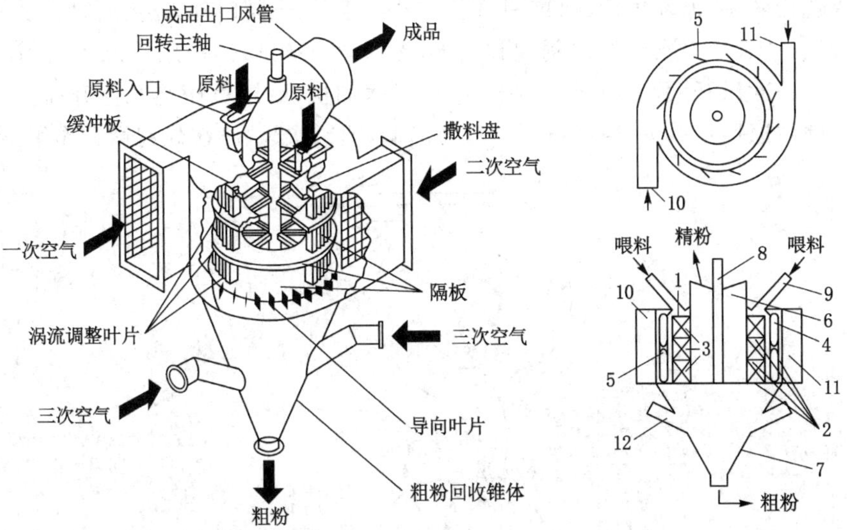

1—撒料盘；2—水平隔板；3—竖向调节叶片；4—缓冲板；5—导向叶片；6—精粉出口管；
7—粗粉出口料斗；8—回转轴；9—喂料管；10—一次进风管；11—二次进风管；12—三次进风管。

图 8-8　O-Sepa 选粉机工作原理图

在 O-Sepa 选粉机中，每个颗粒都经过三次的大小分选(图 8-9)。第一次是在进入选粉室时，第二次是通过转子的竖向叶片时，第三次是由于三次风的漂洗作用。物料颗粒自上而下贯穿空气选粉全过程，选粉距离较长，为每个颗粒提供了多次重复分选的机会。细粉从外向内克服了边壁效应的不利影响，而且每次分选都在精确的惯性离心力和水平风力的平衡条件下进行，最后落入锥体部分的颗粒又经过三次风再次分选，选粉效率大大提高。

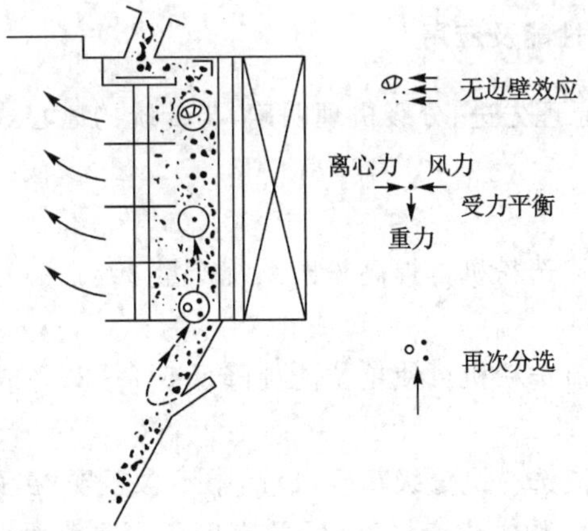

图 8-9　O-Sepa 选粉机选粉原理

由于待选物料自上而下落进选粉区，而选粉区为无筒壁的空间区域，细粉从外向内克服了边壁效应的不利影响。选粉机内选粉颗粒受力情况如图 8-10 所示，选粉效果主要与气流速度有关。通过 O-Sepa 高效选粉机的风量主要来自一次风(水泥磨含尘气体)。一次风、二次风从上部蜗壳切向进入，三次风(清洁空气)从下部锥体进入。在生产过程中，控制粗粉回料量，调整选粉效率、循环负荷，除靠调整选粉机转速、风机阀门外，还要合理调节一次风、二次风、三次风（一、二、三次风的比例大致为 68%、22%、10%）。一般情况下，在其他条件不变的情况下，一次风开大，磨内通风增强，物料流速加快，磨尾负压绝对值升高。二次风、三次风开大，磨内通风量减少，磨尾负压绝对值降低，但二次风、三次风起微调作用。

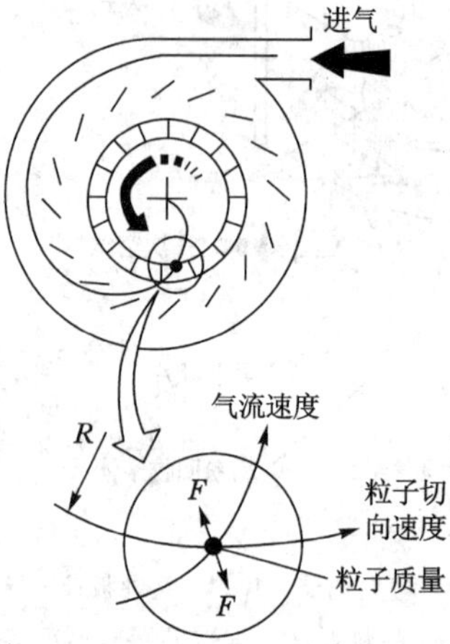

图 8-10　O-Sepa 选粉机内选粉颗粒受力情况

选粉机本身不是一个粉磨设备，它不能产生细粉，细粉的产生还是靠磨机。但是，一台好的选粉机能将出磨物料中的合格产品及时选出，避免在磨内过粉磨，减少垫层和黏聚现象，不跟物料反复循环，却可以大幅度提高整个粉磨系统的产量，降低粉磨电耗，具有十分重大的经济意义。与离心式、旋风式选粉机相比，O-Sepa 选粉机在实际生产中表现更为优秀，其产量分别提高 23%和 7%，电耗分别降低了 7.8 kW·h/t 和 3.2 kW·h/t。

8.4.3　O-Sepa 选粉机的性能及应用

O-Sepa 选粉机因其原理先进、分级机理明确，与传统的离心式、旋风式选粉机相比主要有如下优势。

1. 提高产量

使用 O-Sepa 水平涡流选粉机可提高粉磨系统产量 30%～50%。

2. 降低能耗

使用 O-Sepa 水平涡流选粉机可使单位能耗降低 5%～20%或更多。

3. 提高质量，降低成本

由于 O-Sepa 水平涡流选粉机分级精确，成品中不含粗颗粒，而最有利于水泥质量提高的粒径范围为 3～30 μm 的颗粒含量增加，因此有助于提高水泥强度等级或在保持水泥强度等级不变的情况下增加矿渣掺量，减少熟料用量而降低成本。

4. 操作简单，细度调节方便

O-Sepa 系列选粉机的主电机和润滑油站均可远程控制，操作很方便。仅需调节 O-Sepa 选粉机主电机转速就可以在较大范围内改变产品的细度。此外，产品的颗粒分布、风量和机内温度的调整也十分方便和简单。

5. 磨损小，维护简单

O-Sepa 选粉机的易磨损部分如撒料盘、缓冲板、导风叶片和转子叶片等均采用耐磨材料制造或进行抗磨工艺处理，其磨损率很小，因而其维护成本极低。

6. 处理粉料量大

O-Sepa 选粉机比尺寸相近的离心式、旋风式选粉机产量大得多，因而更适应大规模生产的需要，且其分级性能十分稳定。

7. 选粉效率高

回磨粗粉料中的细粉残留量极少，选粉效率高。

O-Sepa 选粉机的应用非常广泛，可以应用于各种工业粉体的筛选与分离，如陶瓷、矿业、化工、制药、食品等行业。特别是在水泥、陶瓷行业，O-Sepa 选粉机已经成为主流的粉体分级设备，为制品的品质提升和能耗降低作出了重要贡献。此外，O-Sepa 选粉机的稳定运行和良好的密封性能有效防止了粉体对环境的污染，同时也方便了设备的维护，延长了使用寿命，显著降低了企业的运营成本。

8.5　打散分级机

打散分级机是在 20 世纪 90 年代初开发问世的料饼打散分选设备，集料饼打散与颗粒分级于一体，与辊压机配套使用，构成独立的挤压打散回路。可以消除辊压机边缘漏料和开停机过程中及正常工作时未被充分挤压的大颗粒物料对后续球磨系统产生的不利影响，获得大幅度增产节能的效果。

进入 20 世纪 80 年代中期，辊压机因其高效、节能、低耗等特点，在世界范围内得到了广泛应用。随着辊压机的推广应用，虽然挤压过的物料中有 70%小于 2 mm 颗粒，并且有占总量 25%～30%小于 0.088 mm 的成品，但是仍有占总量 10%～15%大于 5 mm 的大颗粒，并且随着辊压机使用周期的加长，侧面挡板磨损后而未能及时更换，大颗粒物料的比例将加大。因此，挤压过物料的颗粒分布很宽，使得后续球磨机的配球较难适应上述物料，影响系统产量的进一步提高。

因此水泥生产商迫切需求一些新型设备来对辊压过的物料进行打散分级处理。这些设备能够将大颗粒物料返回辊压机，而细粉进入球磨机。为了进一步完善挤压预粉磨系统，使得进入后续粉磨系统的物料颗粒小而均匀，各国在挤压预粉磨技术研究中一直致力于这一目标。为此，国内外各大水泥装备公司相继开发出多种设备和新工艺，以达到上述要求。在上述背景下打散分级机作为一种新型的料饼打散分选设备应运而生。

8.5.1　打散分级机的构造

打散分级机是一种在多个工业领域中广泛应用的设备，特别是在需要处理粉状或颗粒状材料的场合。打散分级机主要由壳体部分、回转部分、传动装置和热风管等组成。

1. 壳体部分

这是打散分级机的主体结构，它通常由坚固的金属材料制成，以承受内部机械部件的运转和外部环境的压力。壳体部分不仅为设备提供了必要的保护，还确保了内部工作环境的密封性，防止了物料在处理过程中的泄漏和污染。

2. 回转部分

这是打散分级机的核心工作部件。通过旋转运动，回转部分对进入的物料进行打散和分级。这种打散作用有助于改善物料的均匀性和流动性，为后续的处理步骤提供更好的条件。同时，分级功能则根据物料的粒度、密度等特性，将其分离成不同的等级或类别。

3. 传动装置

传动装置是驱动回转部分旋转的关键部件。它通常由电机、减速器、联轴器等组成，通过精确的传动比和稳定的动力输出，确保回转部分能够按照预定的速度和方向进行旋转。传动装置的可靠性和稳定性对于打散分级机的整体性能和效率至关重要。

4. 热风管

在需要干燥或加热物料的场合，热风管是打散分级机中不可或缺的部分。通过向设备内部通入热风，热风管可以迅速提高物料的温度，促进水分的蒸发和干燥过程的进行。同时，热风还可以帮助改善物料的流动性和分散性，提高打散分级的效果。

8.5.2 打散分级机的工作原理

打散分级机是一种集料饼打散与颗粒分级于一体的新型分级设备。其打散方式采用离心冲击粉碎的原理，经辊压机挤压后的物料呈较密实的饼状，由对称布置的进料口连续均匀地喂入，落在带有锤形凸棱衬板的打散盘上，中空轴带动打散盘高速旋转，使落在打散盘上的料饼在衬板锤形凸棱部分的作用下得以加速并脱离打散盘，料饼沿打散盘切线方向高速甩出后撞击到反击衬板上后被粉碎。

打散分级机上部为打散部分，类似水平冲击式破碎机，下部为涡流式高效选粉机，必要时可引入热风对物料进行烘干作业。打散分级机如图 8-11 所示，上部筒体内壁装有反击板 4，与打散盘 5 构成粉碎腔，用于打散物料。外锥体 9 的圆柱筒体与风轮 7 构成选粉室，对打散后的物料进行分级。筒体上盖设有出风口和出风口挡料筒 6，并与上部筒体连接。挡料筒与上部筒体的下半部形成一个环形的下料通道，打散后的物料在通道内形成较为均匀的料幕进入选粉区，被风轮旋转产生的辐射气流分级，倒锥筒体收集分级后沉降下来的细粉从底部的出口排出。内锥体 8 主要接收没有被气流吹远而被分选下来的粗颗粒，经由底部的粗粉出口排出机外，返回辊压机重新挤压粉碎。

由于物料的打散过程是连续的，因而从反击衬板上反弹回的物料会受到从打散盘连续高速飞出物料的再次剧烈冲击而被更加充分地粉碎。打散盘衬板表面的锤形凸棱的作用是避免物料在打散盘表面打滑，对物料强行施以沿打散盘周向的加速，使其在脱离打散盘甩出时具有较高的初速度，从而获得较大的动能，能够有力地撞击沿打散盘周向布置的反击衬板，用以强化对料饼的冲击粉碎效果。被打散的物料通过环形通道均匀地落入分级区。经过打散粉碎的物料在挡料锥的导向作用下，通过外围的环形通道进入在风轮周向分布的风力分选区内。物料的分级应用是惯性原理和空气动力学原理，粗粒物料由于其运动惯性大，在通过风力分选区的沉降过程中，运动状态改变较小而落入内锥筒体被收集，由粗粉卸料口卸出返回，同配料系统的新鲜物料一起进入辊压机上方的称重仓。细粉由于其运动惯性小，在通过风力分选区的沉降过程中，运动状态改变较大而产生较大的偏移，落入内锥筒体与外锥筒体之间被收集，由细粉卸料口卸出，送入球磨机继续粉磨。

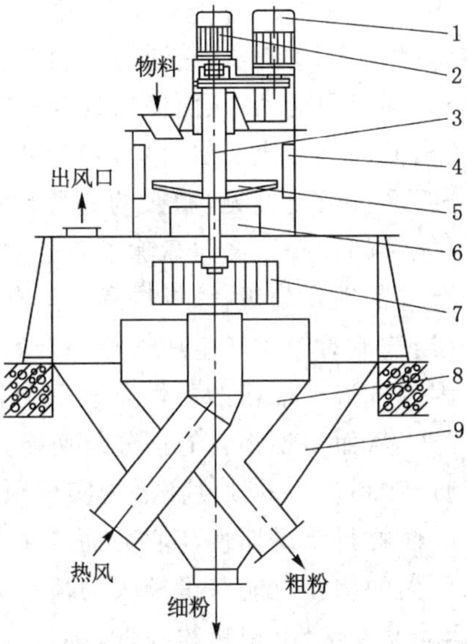

1—打散电机；2—分级电机；3—主轴；4—反击板；
5—打散盘；6—挡料筒；7—风轮；8—内锥体；9—外锥体。

图 8-11　打散分级机

8.6　选粉机的撒料机构

选粉机的撒料是选粉机主要工作过程中的第一步，它的作用是通过对混合物料的分撒，使其能与气流充分交互，尽量让符合要求的粉料能被气流带走，使其进入到选粉过程中的下一步的分级过程。但不同类型的选粉机的撒料机构和撒料原理不尽相同。从撒料与分级的位置关系上大体可分为两类：一类是撒料在下，分级在上；另一类是撒料在上，分级在下。

8.6.1　下部撒料原理及性能分析

离心式选粉机、旋风式选粉机及组合式选粉机及其改进型选粉机的撒料机构的设计被安排在分级机构的下部。由于这种结构一般都采用下部进风，气流穿越撒料料幕，携带一部分粉尘形成含尘气流，含尘气流再进入分级区或分级机构实现粉体的分级。撒料质量可用气流穿越料幕后携带粉尘的效果来衡量，在同样气流条件下撒料效果可用如下两个指标来衡量：一个是合格细粉的携带率；另一个是不合格产品粗粉的携带率，分别用 C_x 和 C_c 来表示，它们的表达式分别为：

$$C_x=\frac{F_{xs}}{F_{xz}}\times 100\% \tag{8-5}$$

$$C_c=\frac{F_{xc}}{F_s}\times \% \tag{8-6}$$

式中，F_{xs} 为随气流上升粉体中的合格细粉量；F_{xz} 为粗细混合粉中的合格细粉总量；F_{xc} 为上升粉体中不合格粗粉量；F_s 为上升粉体总量。

1. 平板撒料盘

平板撒料盘结构比较简单,如图 8-12 所示,它通过撒料盘的旋转使从上方下落到撒料盘上的粉料产生径向惯性离心力和径向运动,从而使物料沿径向和切向方向产生抛撒运动,实现物料分散。在选粉机内的横截面上形成一层料幕,来自机体下部的气流穿过该料幕,将合格细粉和一部分粗粉带入分级区。由此可见,抛撒的料幕越均匀、越松散,同时在合适的气流条件下带走合格产品的可能性越大。该撒料盘除了有上述撒料机理以外还具有如下两方面的功能:一是利用粗粉的自重实现预分级,该机构利用具有一定速度的气流将细粉由下而上带入分级区。理论上只有当气流对粉体产生随气流上升的黏性力大于或等于细粉的自重时,细粉才会随气流上升。因为气流对细粉的黏性是表面力,而物料的重力是体积力,因此较大粒径的物料不容易被提升,从而实现物料的预分级功能。气流速度越高,能被气流带走物料粒径越大。另一个是利用物料产生的惯性离心力实现预分级。物料的抛撒是依靠撒料盘使物料产生旋转运动,同时使物料获得惯性离心力而产生径向运动。同样由于物料获得的惯性离心力是体积力,因而大的物料也能获得较大的惯性离心力和相对较小的黏性阻尼力。较粗物料产生较高的运动速度,会出现粗粉在前、细粉在后的情况,当撒料盘达到一定的旋转速度时,粗粉就冲撞到四周的壳体上,这样也可以实现预分级的目的。

2. 螺旋桨撒料盘

螺旋桨撒料盘结构如图 8-13 所示。这种撒料装置在结构上是采用若干倾斜叶片代替圆盘式的平面撒料装置,将要抛撒的粉料下落到这些倾斜的叶片上,通过旋转被抛撒的粉料形成若干片料幕,在机体内错开分布形成层叠,形成空间立体分散状料幕,粉体疏松地分布在抛撒空间中,有利于气流穿过时带走细粉。显然这种撒料效果优于平板撒料装置,但平板撒料装置存在的缺陷在螺旋桨撒料盘上仍然存在。

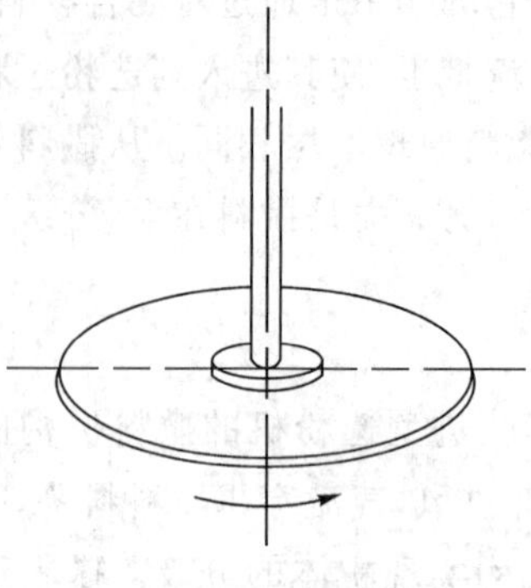

图 8-12　平板撒料盘

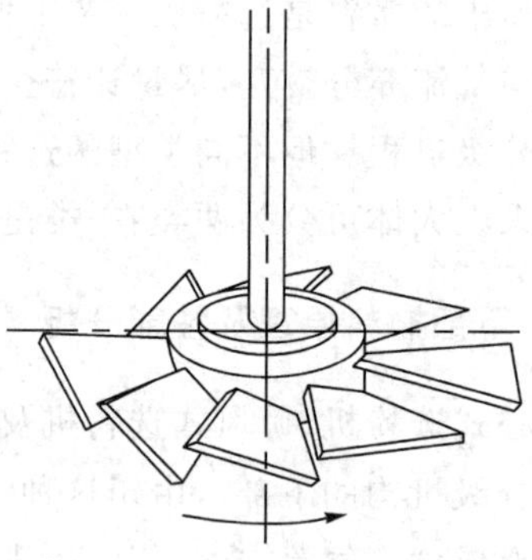

图 8-13　螺旋桨撒料盘

3. 无撒料盘装置

现在市场上有一种组合式选粉机是采用无撒料装置的下部布料的结构。该结构由下部进风、中部给料和布料、上部分级组成。其撒料过程是通过中部进料落在一个圆锥体上,粉体在自重的作用下,下滑到圆锥体的下部边缘,下落后形成环向料幕,进风口在圆锥体的下方,气流穿过料幕将细粉携带上升进入分级区。这种结构采用小直径筒体和高速气流,以实现无撒料盘带料上升,结构较简单。

8.6.2　上部撒料原理及性能分析

以O-Sepa选粉机为代表的第三类选粉机的撒料机构是在分级区的上方，进风口与分级区等高。由于结构布置的不同，形成的撒料机理和效果有很大的区别。该结构的撒料过程和撒料机理是这样实现的：待选粉料从分级区外壳的顶部进入，落入分级转笼上部的撒料盘上。该撒料盘也是与分级转笼同步旋转，使落入的粉料产生惯性离心力，并产生径向和切向运动，将粉料抛撒到固定的缓冲挡板上；再沿缓冲挡板向下自由落体，形成沿圆周分布的垂直料幕。料幕垂直下落的过程中，在实现粉料分级前，还要继续完成物料分散的作业。在垂直料幕自由下落过程中，由于分级转笼的旋转产生较高的切向速度，而且在转笼与导向叶片之间有较大的速度梯度。由于这两方面的因素，垂直下落的料幕被逐层剥离，粉体与气流充分混合形成气固两相流，只有在气粉充分混合的情况下，才能取得后续较好的分级效果。

这种撒料机构的撒料效果对撒料盘的依赖不同于下部撒料的情况。该撒料装置仅需要将落在撒料盘上的粉体沿圆周均匀分布就行，与径向速度的大小、料幕分散程度无关。这种撒料的效果与下部撒料效果相比，对速度的要求并不敏感。尽管撒料盘也是与分级转笼同轴，分级速度的调整对撒料并无太多的影响，粉料沿圆周的分布不仅可以依靠转速调节，也可以依靠其他方法来控制。目前这种形式的撒料装置主要有两方面不足：一方面是粉料在撒料盘周向分布不均，尤其是上出风的结构使得撒料盘的环形面积变小，也就是粉料可运行的径向距离太小，很难实现沿周向均匀分布。尽管目前有厂家在撒料盘上增加径向隔板，使粉料能沿圆周运行更长一段距离，以实现均布的作用，但这种办法只能在有限的范围内改善撒料情况，而且这种方法也会带来副作用。粉体集中于径向隔板处，同样会造成料幕厚薄不均的情况。另一方面是如何尽快地将垂直下落的料幕分散，并随气流同步旋转，如果料幕太厚，或粉体成团状下落，甚至一直落到分级区的下方，这种料团虽也经过了分级区，但实际上并没有分级处理的过程。同理，料幕分散过程越长，粉体参与分级的时间就越短，分级效果也就越差。

8.7　选粉机工艺参数的确定

选粉机是干法圈流粉磨系统的辅助设备，但是选粉机的工作情况对粉磨设备起着重大影响。选粉机的作用是将粉磨过程中合格产品及时分离出，以提高磨机产量，降低电耗。粉磨成品的数量和质量很大程度取决于选粉机性能，选粉机特性即使只有相当小变化，都将会在各方面对圈流粉磨过程有明显影响。

圈流粉磨的优点固然很多，但毕竟粉磨流程比开流复杂，要求有较高的管理水平和做到正确运用对粉磨成效有影响的参数值去控制粉磨和选粉过程，才能获得预期的效果。在圈流粉磨系统中，选粉机及其附属提升输送设备的运转需要消耗能量，通常这部分能量大约相当于磨机所需能量的10％～20％。所以，如果粉磨效率没有提高，或者粉磨效率的提高而节省下来的能量抵偿不了选粉机及其附属设备的运转而增加的能量时，圈流粉磨在能量消耗方面就会变得无利可图。因此，圈流粉磨不能貌似圈流，实质是开流的粉磨。

在开流粉磨中，可以变更的操作条件通常是磨机的喂料量。可是为了满足对产品的细度要求而调节喂料量的结果，会使磨内的料面发生变化，使料球比发生变化，因而会破坏磨内原有的合理工作制度，导致磨机温度上升和粉磨介质的损耗增加。圈流粉磨对粉磨过程的控制比较灵活，可以通过对选粉机的工作条件的调节来控制粉磨过程而不至于改变磨内的操作环境。在圈流粉磨中，例如离心式选粉机的小风叶数目、大风叶直径、挡板角度等，大体上可以相对于磨机喂料量独立选定。当需要变更细度，要对圈流系统进行调节时，为了稳定磨机的运转条件，不应该变更磨机的喂料量，而是调节选粉机的工作条件。新一代的选粉机主轴的转速是可以变动的，而且由外部的风机送风，主轴的转速与风量的大小无关，这使得圈流系统的调节具有更大的灵活性。

为了使干法圈流粉磨系统在最佳状态下运转，应使磨机和选粉机合理匹配，其中循环负荷和选粉效率是表征圈流粉磨状态的重要参数。

8.7.1 循环负荷

磨内物料流量是决定圈流粉磨成效的一个重要参数。圈流粉磨操作的特点就是大流量，圈流粉磨适宜在磨内大流量的条件下操作。没有磨内的大流量，就没有圈流粉磨的实效，结果必须是将圈流粉磨系统当作开流粉磨系统使用。对于圈流粉磨系统，即使产生的细度相同，而因磨内物料流量取值的不同，产量也会有很大的变化。因此，寻求最适宜的磨内物料流量是优化圈流粉磨运转条件的首要条件，必须特别注意。确定最适宜的磨内物料流量之后，便要将圈流系统的运转稳定在这一点上。最简单的做法是凭借选粉机喂料提升电动机电流的大小来监控物料流量的稳定情况。磨内物料流量可以通过循环负荷这一参数反映出来。循环负荷 L 是指选粉机的粗粉量(即回粉量)和细粉量(即成品量)之比，它与粒径大小无关。

在圈流粉磨系统中(图 8-14)，设 F 为出磨物料量，亦即选粉机的喂料量(t/h)，其细度(以通过某一控制筛的百分数表示)为 f；P 为粉磨产品量，亦即选粉机的细粉量(t/h)，其细度为 p；R 为磨机回料量，亦即选粉机的细粉量(t/h)，其细度为 r；G 为新喂入磨机的物料量(t/h)。显然，它应等于粉磨产量，亦即 $G=P$。循环负荷为

$$L=\frac{R}{P}\times 100\% \tag{8-7}$$

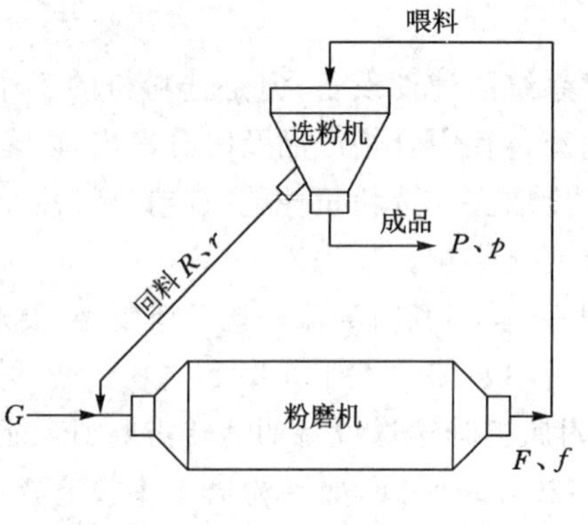

图 8-14 圈流粉磨系统流程图

此外，尚有一个性质与循环负荷相近的参数为循环系数，即

$$U=\frac{F}{P}\times 100\% \tag{8-8}$$

L 与 U 的关系为

$$L=U-1 \tag{8-9}$$

在实际操作中，物料流量 F、P、R 不易测出，改用筛分方法，通过三种料流在某一任意选定的筛上做筛析时的筛下料量 f、p、r 来计算比较方便。当圈流系统在稳定状态下工作时，根据物料平衡：

$$F=P+R \tag{8-10}$$

对于筛下料来说，有

$$Ff=Pp+Rr \tag{8-11}$$

两式联立，就可得出循环负荷：

$$L=\frac{R}{P}\times 100\%=\frac{p-f}{f-r}\times 100\% \tag{8-12}$$

$$U=\frac{F}{P}\times 100\%=\frac{p-r}{f-r}\times 100\% \tag{8-13}$$

应注意，上述的 f、p、r 必须是同一尺寸的筛孔上的筛下料量，但筛孔尺寸是任意选定的。不管选定的筛孔尺寸多大，计算出来的结果，即 L、U 的值始终一样。因此，理论上只需用一种筛孔尺寸的筛，例如 80 μm 的筛同时测定 3 种料流的筛下料量，便可求得循环负荷率。但事实上，由于取样误差和测量误差，特别是当使用孔径较大的筛时，L 值的计算式中分母的值（$f-r$）显著变小，微小的取样误差都会对计算结果产生较大的影响。因此循环负荷的值不能单靠一种筛的筛下料量测定值来计算，而应该在各种筛孔尺寸的筛上，取每个筛的 f、p、r 数次测定的平均值。而且，并不是直接用式(8-12)计算出相应于这些平均值的 L 值，而是先根据每一种筛的筛析结果用下式计算出粗粉回收率：

$$E_{TR}=\frac{R}{F}\times 100\%=\frac{p-f}{p-r}\times 100\% \tag{8-14}$$

或精粉回收率：

$$E_{TP}=\frac{P}{F}\times 100\%=\frac{f-r}{p-r}\times 100\% \tag{8-15}$$

然后根据这些用不同筛孔的筛取得的数据计算出来的 E_{TR} 值的平均值 $(E_{TR})_m$ 通过下式求出循环负荷的平均值：

$$L_m=\frac{(E_{TR})_m}{1-(E_{TR})_m} \tag{8-16}$$

之所以不直接计算 L，而是以 $(E_{TR})_m$ 为中介，是因为 $(E_{TR})_m$ 的计算式中分母（$p-r$）的值较大，E_{TR} 的误差分布不会有很大偏离。

在式(8-12)～式(8-15)中，若 f、p、r 代表筛余量，则计算结果仍然一样。

当圈流粉磨系统中的选粉机的工作条件不变时，循环负荷的大小主要取决于磨机新喂入的物料量。由于在稳定操作的条件下，圈流粉磨系统的精粉产量也就是磨机新喂入的物料量。磨机的喂料量少，产量必然低，循环负荷也必然处于较低的水平。因此，要提高圈流粉磨系统的产量，必须加大喂料量，使循环负荷维持在较高的水平上。增大喂料后，产品细度出现的问题则通过调整磨机的仓位、钢球的级配、各仓的填充系数、隔仓板的形式、隔仓板和卸料筛板算缝大小等措施加以解决。必要时,还得改变磨机后面的输送装置和提升机的工作参数。

因选粉机性能、磨机规格、粉磨流程及对产品质量要求的不同,最适宜的循环负荷值可分布在相当广阔的范围内。使用通常尺寸的粉磨介质的球磨机,恰当的循环负荷的范围由选粉机的性能决定;要求的产品粒度越细,越要用大的循环负荷;当要求尖峰的颗粒尺寸分布时,要采用大的循环负荷;粉磨易磨性不良的物料时,虽然循环负荷值大,但磨内流量也是较低的。

8.7.2 选粉效率

实际操作中,选粉机不可能将粉磨物料中的合格产品全部分离出。由于种种原因,例如颗粒之间的撞击黏结、局部涡流、小风叶对各个颗粒的撞击机会并非均等以及细粉沉降区的收集效率不高,在回磨粗粉中总会混有一部分未分离出的合格产品,粗颗粒亦可能落入细粉中。选粉效率是衡量选粉机工作的重要指标。

细粉回收率或称选粉效率 η 是指经过选粉后成品中实际选出的某一粒级的物料量与选粉机喂料中该一粒级含量之比,即

$$\eta=\frac{Pp}{Ff}\times100\%=\frac{p}{f}\left(\frac{1}{1+L}\right)\times100\%=\frac{p(f-r)}{f(p-r)}\times100\% \tag{8-17}$$

根据上述定义,细粉选出就是喂入选粉机物料中小于某一尺寸的颗粒被选入精粉中的百分率。因此,人们往往习惯于将此参数称为选粉效率,并有不少人将其看成是评价选粉过程或选粉机工作好坏的重要参数或甚至是唯一的参数,从而在操作控制中追求高的“选粉效率”。其实,这种做法有欠妥之处。

选粉效率会随粒度大小而变化。它的大小是因所指定的筛孔尺寸而变化(图 8-15)。随着所选用的测试工具(分析筛)筛孔尺寸的变大,选粉效率降低。对于同一选粉过程,同一选粉机在同一条件下工作,其效率会因测试时所选用的筛孔尺寸的不同而变化。另外,选粉效率可以使用各种筛孔尺寸的筛子来测定,最好选用筛析最完全的筛子,亦即筛孔尺寸相当于物料中最大颗粒的尺寸 $d_{\max}$。这样,精粉和喂入选粉机的物料都能全部通过筛孔,即 $p=100\%$,$f=100\%$。

根据式(8-17),选粉效率:

$$\eta=\frac{P\times100}{F\times100}\times100\%=\frac{P}{F}\times100\% \tag{8-18}$$

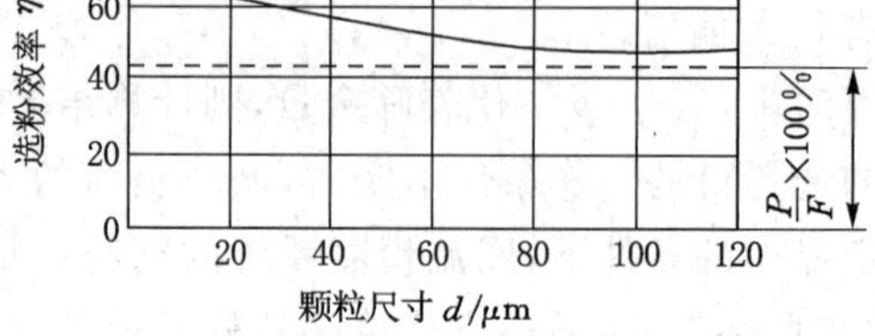

图 8-15 选粉效率与所指定的筛孔的关系

这就是全部颗粒的“总选粉效率”，其值是所有选粉效率中的最小者(图 8-15)。

再次，前已述及，圈流粉磨系统的产量随循环负荷的增大而增大。选粉效率对 80 μm 以下的颗粒而言，则具有一峰值。循环负荷过高或过低，都会使选粉效率下降。所以，要把产量维持在较高的水平上，选粉效率不一定高。

8.7.3　选粉机日常出现的问题

选粉机在日常操作中可能会产生以下两个问题。

1. 选粉效率低、循环负荷高

造成水泥磨选粉机选粉效率低的主要原因是入选粉机的一次、二次风量不足，造成单位体积气体含尘量过高，有效的风量不能带动过多的水泥颗粒；在转子与导流叶片的分级区内不能形成稳定气流，所以在一次风管道内积灰严重，风管积灰后通风面积减小，使得单位体积含尘量进一步加大，造成导向叶片间隙积灰，从而使选粉机的选粉效果大幅度降低。

2. 回粉取样分析时发现其中含有大量的成品

选粉效果好的前提是选粉机能够让物料均匀分散在分级空间内，从而有效发挥其选粉分级作用。这就要同时满足两个条件：一是撒料要连续且均匀；二是应有足够的风量把分散后的物料“浮”起来。我们往往只注重分散而忽视了风量，导致入选粉机的物料不能被有效“分级”，比表面积忽高忽低。在这种情况下，操作员往往会一再地提高选粉机转速，这样不但不能有效地提高比表面积，反而是越提高转速比，其表面积越低。因为选粉机转速越快，形成的离心力也越大，单位体积含料量过高，物料分散不好，粒子受向心力不均且普遍偏小，来不及分级即成为粗粉，导致回磨物料中含有大量合格成品。

练习题

1. 离心式选粉机的工作原理是什么？
2. 旋风式选粉机的工作原理是什么？
3. O-Sepa 选粉机的主要结构及工作原理是什么？
4. O-Sepa 选粉机的主要优点有哪些？
5. 在选粉系统中，选粉效率和循环负荷之间的关系是什么？

以匠心薪火淬炼青春本色

流体分级设备测试题

第9章 料浆脱水设备

◇ 本章教学要点

知识要点	能力培养
1. 掌握常用的脱水方法； 2. 熟悉料浆过滤过程； 3. 了解压滤机等脱水设备。	具有正确评判物料中水分存在对产品性能影响的能力。

脱水就是从含有水分的固体物料中除去水分的过程。在选矿过程中，绝大多数的选矿产品都含有大量的水分。例如浮选厂的精矿所含的水分为固体质量的4～5倍，重选厂与磁选厂所得到的精矿也有大量的水分。因此，必须对精矿产品进行脱水，不然精矿的运输非常困难，而且会增加运输费用。在寒冷地区，含有大量水分的精矿储存与运输时会发生结冰现象。精矿脱水对于冶炼也是非常必要的，精矿含水分较大不仅增加冶炼的能耗，并且还会降低冶金炉的利用系数。此外，为了加强环境保护，或在水源较缺乏的地区为了减少水的消耗，也需要对选矿产品进行脱水。尾矿水量往往在70%以上，尾矿进入尾矿库之前一般都要经过脱水。

在无机非金属材料工业生产中，用湿法粉磨所得到的料浆往往也要脱除一部分水分，才能做进一步的加工。例如，用可塑成型法生产细陶瓷制品时，水分在55%（均以质量计）以上的料浆需要脱水，变成水分在20%～25%的泥饼。湿法生产水泥时，送入回转窑的料浆要求水分在40%以下；半湿法生产水泥时，还需进一步将料浆脱水，使其残余水分为16%～19%。

可见，脱水作业是生产必不可少的重要环节。脱水的方法主要有以下几种：

1. 机械脱水

机械脱水是利用机械力（重力、压力、离心力）将水分和固体分离，例如沉淀浓缩、过滤都属于这一类方法。所用的设备有沉降厚浆池，脱水后的料浆所含水分可缩减至40%～69%。如果所用的设备采用过滤机，可使料浆水分降至18%～25%。

2. 热能脱水

热能脱水是利用热能使水分汽化，达到水分和固体分离的目的。例如用回转窑干燥机对物料进行干燥即属此类。若要制备含水分更少的坯料，采用喷雾干燥器脱水效果更好。

3. 物理化学方法脱水

物理化学方法脱水是一种综合利用物理和化学原理进行脱水处理的工艺。这种方法主要涉及使用化学试剂对物质进行调理改性，然后通过物理方法如机械压干来进行脱水处理。

此外，物理化学方法脱水还可以应用于选矿产品的脱水处理，即从选矿产品中除去水分的过程。选择脱水方法时，需要根据物料的性质（如粒度、密度、磁性等）和脱水前后产品的水分来决定。这包括重力泄水、浓缩、过滤和干燥等多种方法，旨在从含大量水分的选矿产品中有效去除水分。

9.1　料浆过滤过程

料浆过滤是使料浆中固体颗粒与液体分离的脱水过程。当料浆中的固体颗粒不能在适当时间内以沉降方法得到分离时，过滤将是普遍实用而有效的方法。同时，利用沉降方法可将料浆所含水分缩减至 40%～60%，而通过过滤方法则能使料浆水分降到 18%～25%，形成可塑性的泥料。湿法制造陶瓷的坯料就是用过滤方法制成的。在水泥工业中，也将生料浆经过过滤脱水制成泥饼，再送入窑煅烧。制造石棉水泥制品时，也需要将石棉水泥料浆过滤成制品。因此，过滤操作在无机非金属材料工业中占有一定的地位。

过滤是使悬浮液通过能截留固体颗粒并具有渗透性的介质来完成脱液的过程。过滤过程如图 9-1 所示。将料浆放到过滤介质的上面，过滤介质为多孔的过滤间壁，料浆中的水分能通过间壁中的孔隙成为澄清的滤液流出。颗粒则为间壁所截留，堆积在间壁上面成为滤饼。滤饼生成后，它也是过滤介质，水分必须通过滤饼颗粒之间的孔隙方能流出。间壁和滤饼对水分的流出均有阻力。

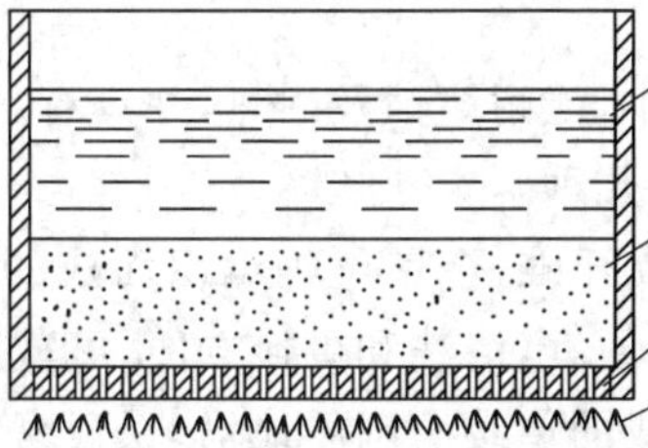

图 9-1　过滤过程示意图

随着过滤的进行，滤饼的厚度逐渐增加，过滤阻力增大。为了使过滤得以持续下去，大多数情况下要用泵或真空泵来使过滤介质的两侧维持一定的压差，以克服阻力，使滤液易于流出。

过滤是通过多孔过滤介质的流动过程，属于多相流体运动的过程。其特点是：

(1) 流体通过多孔过滤介质（包括滤布和滤饼）的流动属于层流，宏观和微观因素会影响其过滤过程。

① 宏观上的流体力学因素包括多孔介质的特性（滤布孔径、滤饼材质等）、滤饼结构（粒度组成、物料的种类）、操作压力、悬浮液浓度、滤液黏度（液体性质）、固体颗粒的直径等。

② 微观上的物理化学因素包括电动现象（物料颗粒的荷电性质）、毛细现象（滤饼孔隙率）、絮凝现象（物料颗粒的表面性质）、固体颗粒本身的内在性质（伴生物质）等。

物料颗粒粒径越大，宏观因素将在过滤过程中占主导地位，反之微观因素则占主导地位。如果物料粒径在 10～20 μm，微观上的物理化学因素的主导作用将会显现。影响过滤过程的因素十分复杂，单从理论上分析过滤过程十分困难。

(2) 悬浮液中的固体颗粒渐渐沉积在过滤介质的表面或钻入介质的孔隙内部。最先沉积在过滤介质表面上的滤饼，会在压差和上层物料颗粒的共同作用下受到压缩，孔隙逐渐变小，颗粒因受挤压而变形。随着过滤的进行，过滤阻力不断增加，过滤速率会明显降低。由此可知，研究过滤过程是研究十分困难的。

过滤操作进行到一定时间之后，随着滤饼的增厚，过滤速度越来越小，再继续进行下去是不经济的，须将滤饼移走，重新开始过滤。在移去滤饼之前，为了进一步排除残存在滤饼孔隙中的水分，有时还要进行滤饼的去湿。去湿的办法是将空气在正压或负压下通过滤饼，使滤饼孔隙中存留的滤液尽量排挤出来，最后将滤饼从滤布上卸下。为了尽可能卸除滤饼和清净滤布，以降低下次过滤的阻力，可采用压缩空气从过滤介质后面进行反吹。

可见，过滤操作包括过滤、去湿及卸料等阶段。这些阶段周而复始交替循环进行。

9.2 过滤介质的选择

过滤介质是使工作介质通过并将其中的固体颗粒或液滴截留，以达到分离或净化目的的多孔材料。它是过滤设备的关键组成部分，决定了过滤操作的分离精度和效率，也直接影响过滤机的生产强度及动力消耗。

选择过滤介质时，要考虑悬浮液中固体颗粒的含量、颗粒大小的分布范围、过滤介质对滤液澄清程度的影响和过滤速率。此外，还要涉及过滤设备的选型、滤液的腐蚀性及过滤操作的温度、压力等因素。

过滤介质应具有多孔性，阻力小，能耐腐蚀及耐热，并具有足够的机械强度。

工业上常用的过滤介质有以下几种。

(1) 编织材料：是由天然或合成纤维、金属丝等编织而成的滤布和滤网，是工业生产中最常用的过滤介质。此类材料价格便宜，清洗和更换方便，可截留的最小粒径为 5～65 μm。用聚酰胺、聚酯或聚丙烯等纤维制成的单缕滤网质地均匀、耐腐蚀、耐疲劳，正在逐步取代其他织物滤布。

(2) 多孔性固体：包括素瓷、烧结金属或玻璃，或由塑料细粉黏结而成的多孔塑料管等。此类材料可截留的最小粒径为 1～3 μm，常用于处理含有少量微小颗粒的悬浮液。

(3) 堆积介质：如砂、砾石、木炭和硅藻土等颗粒状物料，或玻璃棉等非编织纤维的堆积层，一般用于处理固体含量很少的悬浮液，如城市给水和待净化的废液等。

9.3 过滤设备

过滤设备是用来进行过滤的机械设备或者装置，是工业生产中常见的通用设备。过滤设备总体分为真空和加压两类，真空类常用的有转筒、圆盘、水平带式等；加压类常用的有压滤、压榨、动态过滤和旋转型等。按操作方式分间歇过滤机、连续过滤机；按操作压强差分压滤、吸滤和离心过滤等过滤机。

工业上使用的典型过滤设备有板框式压滤机（间歇操作）和转筒式真空过滤机（连续操作）。

9.3.1 板框式压滤机

板框式压滤机是普遍采用的一种间歇式过滤设备。它由架座、固定支承板、滤板、滤框、压紧板、横梁和压紧装置等组成。架座间装置了两根平行的横梁，滤板和滤框顺序地垂直悬挂在横梁上。图 9-2 所示为板框式压滤机的一种形式。

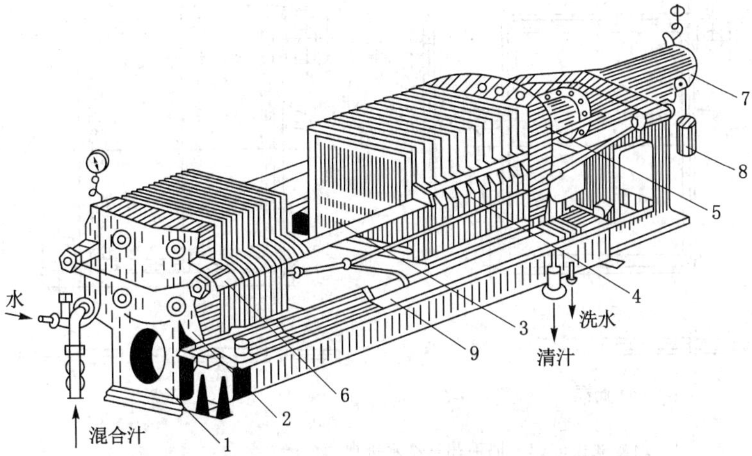

1—架座；2—固定支承板；3—滤板；4—滤框；5—压紧板；6—横梁；7—压紧装置；8—平衡锤；9—清液槽。

图 9-2 板框式压滤机

板框式压滤机的主要过滤部件为滤板和滤框。滤板和滤框的组合及过滤状态如图 9-3 所示。

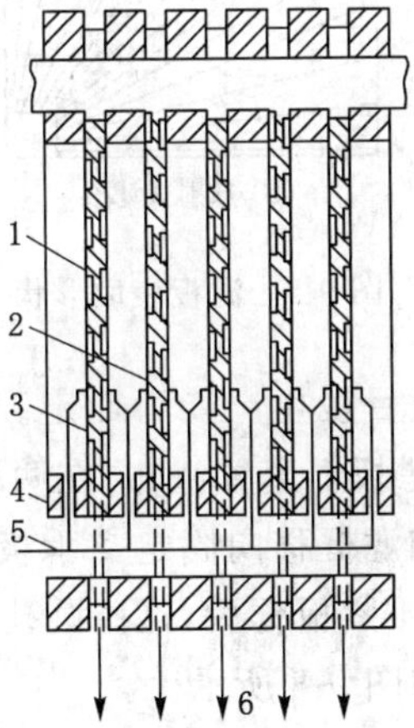

1—洗涤板；2—滤板；3—滤布；4—滤框；5—滤液入口；6—滤清液。

图 9-3 板框组合及过滤示意图

滤板和滤框均为正方形，如图 9-4 所示。滤框是中空的铸铁方框，其作用是支承相邻的两块滤板构成阻留滤泥的扁平小室。框的两边有把手，框的底部有一带圆孔的方耳。圆孔中有一贯通的进料孔与框内相通。滤框的上部也可有一方耳，中间有一圆孔和框内不相通。滤板为带有槽形表面的铸铁板，其作用是支承滤布和排出滤清液。为了达到这两个目的，滤板的表面上做出凸凹纹路，凸出部分用以支承滤布，凹下部分用作排出滤清液的流道。滤板表面形状如图 9-5 所示。滤板的底部有一方耳，中间有圆孔，不与板内相通；另一侧有过滤清液排出孔口。板的上部也可有一方耳，中间有圆孔。有半数滤板（有孔滤板）的圆孔和板内相通,用以进入洗水,另一半滤板(无孔滤板)的圆孔和板内则不相通。为了避免滤板和滤框弄错,因此在设计制造时使滤板的把手向下弯曲,而滤框的把手则为直形。

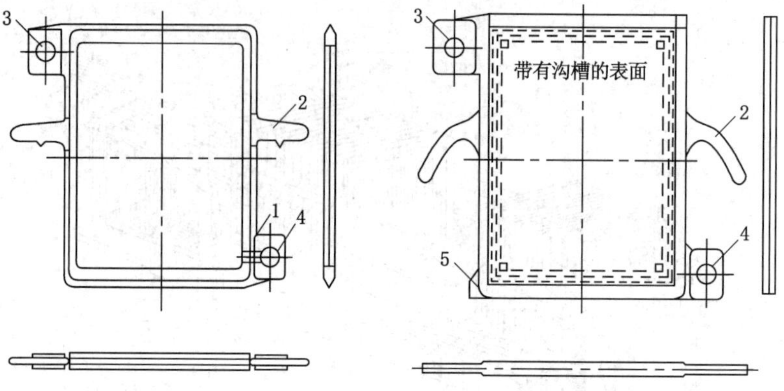

(a) 滤框　　(b) 滤板

1—通滤框孔道;2—把手;3—洗水进口;4—滤液入口;5—滤液出口。

图 9-4　滤板和滤框

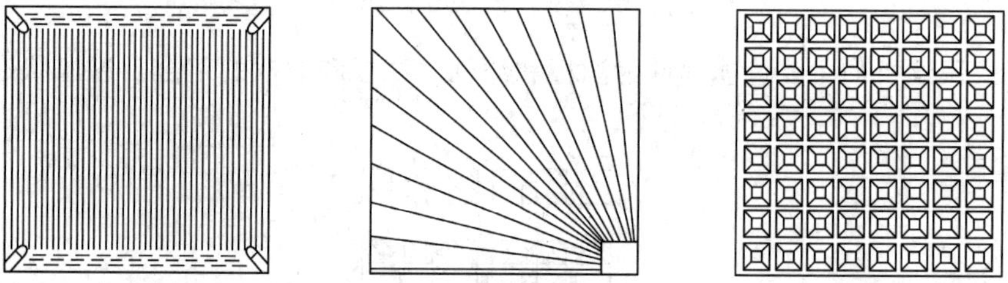

(a) 平纹式滤板　　(b) 放射式滤板　　(c) 角锥式滤板

图 9-5　滤板表面形状

板框式压滤机的板框规格和数目视生产能力而定。常用的压滤机一般由 47 块滤板和 48 块滤框间隔安装而成。在每块滤板上套置滤布,在两块滤板和一块滤框之间形成密闭的过滤室。依次将套置滤布的滤板和滤框移向固定支承板,最后开动液压缸通过压紧板将滤框压紧,并用大螺母加以固定。当压紧板框后,这些圆孔便构成了混合液进入或洗水进入的通道,经进料孔进入每块滤框内,如图 9-3 所示。

混合液在压力作用下通过滤布,滤液即进入滤板纹路槽沟中,沿着槽沟流到滤板下部的滤液排出口,通过滤液旋塞流入滤液槽中,滤泥则存留于滤框内。当压滤机滤框空间充满约 90%的滤泥时,应停止进入混合液,进行卸除滤泥。因滤泥内含有一定量的滤液,如需回收,可在卸除滤泥前用水洗涤滤泥。在洗涤前,先关闭混合液进入阀,开蒸汽或压缩空气阀,以顶出滤框内的混合液,然后关闭。同时关闭有孔滤板的混合液出口旋塞,然后打开洗水阀。洗水经过两层滤布和滤泥层以后,由洗水板(无孔滤板)旋塞流出。上述洗涤滤泥的过程称为反洗。采用反洗的滤板和滤框均有图 9-4 所示的洗水方耳。滤泥的洗涤也可采用顺洗,即滤板和滤框没有洗水方耳,洗水经混合液进口方耳进入滤框,洗水由混合液出口流出。

板框式压滤机的压紧装置有人工式、电动式和液压式三种。人工手动压紧是通过把手直接转动螺杆或经齿轮转动螺杆来实现的,通常适用于较小的压滤机。电动式压紧装置由电动机驱动，当达到必要的压紧程度时，电流会增大，继电器会切断电源，使电动机停止转动。松开压紧板时，电动机能够自动反转。液压式压紧装置包括水力压紧装置和油压压紧装置。

板框式压滤机的主要优点如下：

① 过滤面积大，结构简单，制造、使用、维修费用较低。

② 过滤的压强差较大，过滤速度快，对混合液质量适应性好。

③ 可以获得清澈透明、质量好的混合液。

④ 滤泥洗涤较方便，洗水量不大，滤液损失较少。

板框式压滤机的主要缺点如下：

由于设计结构的特点，它的间歇操作给生产的连续性造成困难。主要体现在装拆卸泥的劳动强度比较大，环境卫生也比较差，结构笨重，滤布消耗量大。

9.3.2　转筒式真空过滤机

1. 转筒式真空过滤机的主要工作部件

转筒式真空过滤机主要由转筒、分配头和滤浆槽组成，其结构如图 9-6 所示。

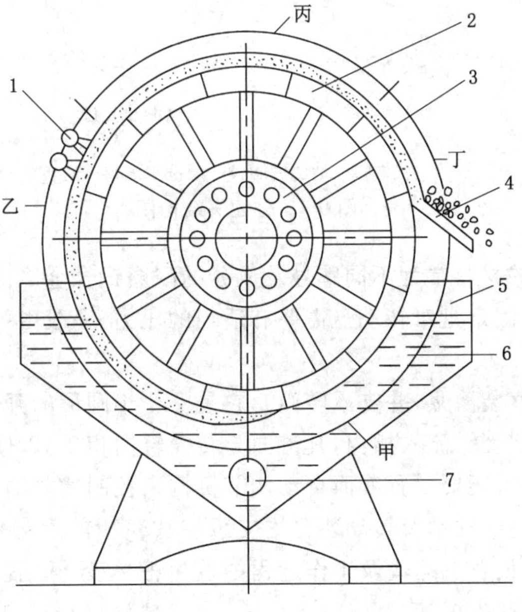

1—清水喷头；2—转筒；3—分配头；4—刮刀；5—滤浆槽；6—滤布；7—搅拌器；
甲—过滤区；乙—脱液洗涤区；丙—脱水区；丁—滤渣剥离区。

图 9-6　转筒真空过滤机

(1) 转筒

转筒是过滤机的关键部件，为水平圆筒结构，表面覆盖金属网和滤布。滤布通常采用帆布或金属丝织布，金属网用于支承滤布。转筒内部分隔为多个互不相通的扇形格，通过分配头分别与滤液罐、洗水罐和压缩空气源连接。转筒旋转时，扇形格内交替形成真空或加压状态。

过滤时，转筒下半部浸入滤浆槽中，浸没面积占转筒总面积的 30%～40%。滤浆槽内设有搅拌器,用于保持滤浆均匀。转筒由电动机驱动,转速为 0.1～3 r/min。每旋转一周,转筒表面依次经历过滤、洗涤、吸干和去渣四个工艺阶段,对应分为过滤区、脱液洗涤区、脱水区和滤渣剥离区四个功能区。

(2) 分配头

分配头的作用有两个:一是使真空源与过滤区、脱液洗涤区和脱水区相通而形成负压;另一个是使滤渣剥离区与压缩空气管连通,使滤渣被吹松而利于脱落。

分配头由一个安装在转筒上的转动盘和一个与之紧密接合的固定盘组成,如图 9-7 所示。转动盘上的孔与转筒内部的扇形格连通,故每一孔各与转筒表面的一段相通。固定盘上有三个凹槽,分别与通至滤液罐、洗水罐的两个真空管路及压缩空气源连通。当固定盘上的凹槽与转动盘上的某几个孔相遇时,便使转筒表面分别处于不同的操作区域。而固定盘上的空白位置与转动盘的小孔相遇时,则转筒表面相应的区域便停止工作。这是一个过渡区,避免使两个操作区域互相串通。

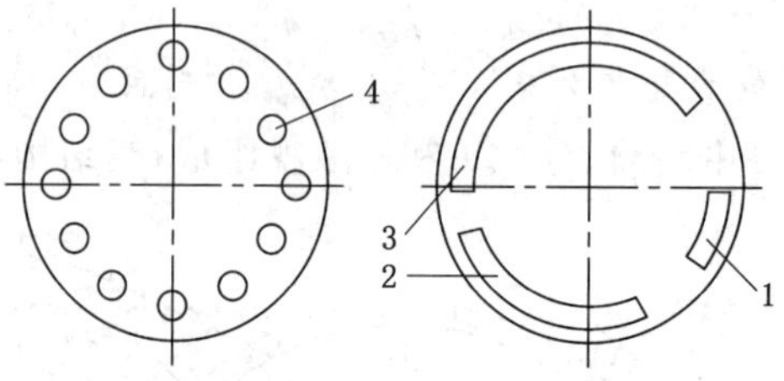

(a) 转动盘　(b) 固定盘

1—通压缩空气源;2—通滤液罐;3—通洗水灌;4—通转筒壁孔。

图 9-7　分配头结构图

转动盘和固定盘的材料常为不同牌号及成分的耐磨铜合金。两者的滑动摩擦面必须密合,且有适当的润滑。固定盘对转动盘需要有适当的压力,一般由可调节的压缩弹簧控制。

(3) 滤浆槽

滤浆槽的作用是盛装滤浆,并支承转筒。它是一个半圆形的开口长槽,滤浆进口管通常设在槽后侧中部。滤浆缓缓流入槽内,其流向与转筒转向相反,以使滤浆分布均匀。滤浆槽上除设有滤浆溢流口外,还要设置液面自动调节机构来控制滤浆的进入量,以保持滤浆液面的稳定。过滤机转筒前后轴承及转动装置均支承在滤浆槽前后旁板的机架上。因此,槽体应有一定的刚度,以免设备在运输及工作过程中发生槽体变形。滤浆槽底部通常装有搅拌器,以防止滤浆在槽底产生沉淀。

2. 转筒式真空过滤机的工作原理

转筒式真空过滤机工作时,处于过滤区(甲)的扇形格浸入滤浆中,并与真空源相通,滤液在负压作用下穿过滤布进入扇形格内,再经分配头上的管道排出。因脱液洗涤区(乙)的扇形格内仍处于负压状态,故可将残余滤液吸尽,洗涤水由喷头喷出,对滤渣进行冲洗。脱水区(丙)的扇形格也处于负压区,它使滤渣完全脱水干燥。在滤渣剥离区(丁)内,其扇形格与压缩空气源相通,高压空气把已被吸干的滤渣吹松。由于转筒的旋转,滤渣随同滤布在通过刮刀时,因机械力的作用使滤渣得到剥离,这样便完成一个过滤循环。每旋转一周,就经历一个操作循环。在任何瞬间,对整个转筒来说,各部分表面都进行着不同阶段的操作。

3. 转筒式真空过滤机的工作特点和使用维护注意事项

转筒式真空过滤机的优点是操作连续自动、滤布消耗量少、劳动强度低、生产能力大。但缺点是体积较大、能源消耗大、滤浆的温度不能太高和过滤的推动力不够大等。它特别适用于大规模处理固体物含量很大的悬浮液。在食品工业中常用于甜菜榨糖、淀粉等的脱水以及蛋白液的过滤等。转筒式真空过滤机在使用和维护上应注意：

(1) 开机前要全面检查机器；传动部件应灵活转动；所有紧固螺栓不得松动；各管道应畅通，阀门应调节正常。

(2) 真空系统是过滤机的关键，应使真空度达到工艺要求，并不得有任何泄漏。

(3) 筒身内各扇形格相互间不得相通，要先试车检查其密封情况。其他所有密封件均应配合紧密。

(4) 转筒浸入滤浆的深度要视其过滤特性来决定。对于极易生成滤渣的滤浆，浸没率可小一些。常用的浸没率为20%～40%。

(5) 分配头的转动盘和固定盘间属于滑动配合。由于它既与真空源相通，又与压缩空气源相通而使压力差很大，故接合面必须光滑和平整。应注意调节弹簧压力，并给以适当润滑。

(6) 滤布在工作一段时间后(时间视滤浆的性质而不同)，因其毛细孔被固体微粒堵塞而影响过滤的正常进行，故要定期取下洗刷干净。

(7) 转筒的转速取决于滤浆的性质。滤浆浓度高，转速可快一些；反之，则应低一些。

(8) 滤渣的厚度一般控制在20 mm以下。对于难过滤的胶质滤浆，滤渣厚度应小于10 mm。

(9) 刮刀与滤布之间的距离太大会影响卸渣效果，太小又会损坏滤布，一般为2～5 mm。

(10) 工作完毕，要彻底清洗滤布和滤浆槽等机件，以备下次使用。

练习题

1. 脱水的方法主要包含哪些？
2. 板框式压滤机和转筒式真空过滤机之间的区别是什么？

第10章 收尘设备

◇ 本章教学要点

知识要点	能力培养
1. 掌握气固分离效果的评价方法——收尘效率的概念及计算方法； 2. 掌握袋式收尘器和电收尘器的结构、工作原理及应用； 3. 了解其他分离设备的结构、原理及应用。	1. 具备关于分离设备方面计算和设计能力； 2. 具备正确评价分离效果好坏、评估收尘后气体是否合格的能力。

10.1 概述

收尘机械，是用于捕集、分离悬浮于空气或气体中粉尘粒子的设备，也称为收尘器。收尘器的性能通常通过几个关键指标来评估，包括可处理的气体量、气体通过收尘器时的阻力损失、收尘效率以及价格、运行和维护费用、使用寿命长短和操作管理的难易程度。收尘器主要用途有两种：一种是通过收尘设备筛选收集粉状产品，如水泥系统对成品水泥的收集提取；另一种是除去空气中的粉尘，改善环境，减少污染，所以有时候又把这种用途的收尘设备叫作除尘设备。

10.1.1 收尘设备的分类

收尘器的种类有很多，可按照不同的分类形式进行划分。

1. 按干湿分类

(1) 干式收尘器：主要是指应用粉尘惯性作用、重力作用而设计的收尘设备，主要用于分离或浓集高浓度粗颗粒粉尘。

(2) 湿式收尘器：依靠水力亲和力来分离、捕集粉尘颗粒的收尘装置，在处理生产过程中产生的高浓度、大风量的含尘气体时采用较多。对较粗的亲水性粉尘，其分离效率比干式机械收尘器要高。

2. 按作用原理分类

(1) 重力式收尘器：依靠重力作用，以粉尘从缓慢运动的气流中自然沉降为基础，从气流中分离粒子的一种收尘设备。它效率较低，占地面积大，主要用于较大颗粒的收尘。

(2) 惯性力收尘器：其原理在于当气流绕过某种形式的障碍物时，可以使粉尘粒子从气流中分离出来。这种收尘装置的效率较低，通常与重力沉降装置配合使用。

(3) 离心式收尘器：其原理是当气体介质快速旋转时，气体中悬浮粒子达到极大的径向迁移速度，从而使粒子有效分离。这种收尘设备可以处理高温气体，造价比较便宜，运行费用较低且用途广泛。

(4) 过滤作用收尘器：是一种高效、环保的收尘设备，其核心原理是利用袋式过滤作用分离含尘气体中的固体粉尘。该设备通过让含尘气体经过一定的过滤材料，达到分离气体中固体粉尘的目的。

(5) 静电式收尘器：是一种利用电场与荷电粒子之间的相互作用而从气流中分离粒子的收尘设备。该设备可以捕集粒子的最小尺寸，效率很高，但运行费用高。

(6) 组合式收尘器：为提高收尘效率，往往在前级设粗颗粒收尘装置，后级设细颗粒收尘装置，形成各类串联组合的收尘装置。

10.1.2 收尘性能

收尘设备的收尘性能一般用流体阻力与收尘效率来表示。但是，也应综合考虑设备费、运转费、处理风量、占地面积、工作可靠性及操作管理繁简等指标。

1. 流体阻力

流体阻力是指含尘气体为了克服收尘设备阻力所损失的压头，以测定设备的进、出口全压差来表示。收尘设备的流体阻力是衡量其性能的一个重要指标，它直接关系到设备的通风性能和收尘效率。这种阻力主要由两部分组成：一是设备的固有阻力，即由设备的各个烟气流通途径造成的原始阻力，包括进出风方式、进风管道各部位的烟气流速、各仓室进风的均匀度、导流系统设计、滤袋间距等因素。二是设备的运行阻力，即收尘器在运行过程中，滤袋表面形成的挂灰层的厚度导致的循环值。这个值在设备达到一定阻力值时，系统会启动清灰，将设备阻力恢复到原始阻力，进入下一个循环。这个循环时间的长短取决于烟气含尘浓度、滤料的品种规格等因素。

2. 收尘效率

收尘效率是指当含尘气体经过收尘器时，被捕集的粉尘量与原含尘气体粉尘量之比。这个比例在数量上等于额定工况下收尘器进出口气体含尘浓度的差与原入口气体含尘浓度之比。收尘效率是评价收尘器性能的重要指标，它反映了收尘器对含尘气体的处理能力。收尘效率有两种表示方法：总收尘效率和部分收尘效率。总收尘效率是从气体中分离的粉尘与原含有粉尘量的比率；而部分收尘效率，又称分散度效率，是指通过收尘器的气体中，某一定粒径的粉尘量与原气体中含同一粒径的粉尘量之比。对不同粒径的粉尘，部分收尘效率是不同的。因此，以总收尘效率和部分收尘效率同时评定收尘设备的性能，才能得到较全面的结论。

(1) 总收尘效率

总收尘效率（简称收尘效率）以从气体中分离收集出来的粉尘量(G_c)与原来含有的粉尘量(G_i)之比来表示。由于通过收尘设备的粉尘量不易直接测定，所以，通常用测定进入收尘设备前后的气体含尘浓度来计算，即

$$\eta=\frac{G_c}{G_i}\times 100\%=\frac{C_1Q_1-C_2Q_2}{C_1Q_1}\times 100\%=\left(1-\frac{C_2Q_2}{C_1Q_1}\right)\times 100\%$$

式中，C_1，C_2分别为单位高度进入收尘设备前和经过收尘设备后的气体含尘浓度，g/m^3；Q_1，

Q_2分别为单位高度进入收尘设备和排出收尘设备的风量，m^3/h。当收尘设备本身没有漏风，则 $Q_1=Q_2$，上式可简化为

$$\eta=\frac{C_1-C_2}{C_1}\times100\%=\left(1-\frac{C_2}{C_1}\right)\times100\%$$

（2）部分收尘效率

部分收尘效率是对其中某一定尺寸的粉尘而言的收尘效率，为已收集某一粒级的粉尘量与原来气体中含该尺寸粉尘量之比，即

$$\eta_x=\frac{G_{c_x}}{G_{i_x}}\times100\%=\frac{G_c\cdot R_{c_x}}{G_i\cdot R_{i_x}}\times100\%=\eta\times\frac{R_{c_x}}{R_{i_x}}$$

式中 G_{c_x}——收下粉尘中某一粒级的粉尘量，g；

G_{i_x}——气体中原含有某一粒级的粉尘量，g；

R_{c_x}——收下粉尘中某一粒级的粉尘质量分数，%；

R_{i_x}——气体中原含有某一粒级的粉尘质量分数，%；

其余符号意义同前。

当已知各粒级的部分收尘效率时，总收尘效率可按下式算出：

$$\eta=\frac{1}{100}(R_1\eta_1+R_2\eta_2+\cdots+R_n\eta_n)\quad(\%)$$

式中 $\eta_1,\eta_2,\cdots,\eta_n$——各粒级的收尘效率，%；

$R_1,R_2,\cdots,R_n$——各粒级占总粉尘量的质量分数，%。

因此，收尘效率是衡量收尘器性能的关键因素，它直接反映了收尘器在收集粉尘过程中的有效性。此外，除了收尘效率，评价收尘器性能时还会考虑其他因素，如流体阻力的大小、制造的难易程度以及工作的可靠程度等。

3. 通过率

有时也以通过率（或称通过系数）作为收尘性能的另一表示方法。通过率是指净化后的气体中残余粉尘的含量 G_0与气体中原含有的粉尘量 G_i之比，即：

$$\varepsilon=\frac{G_0}{G_i}\times100\%$$

在工程上，评价收尘设备时，通常采用收尘效率表示。因为它不仅反映出收尘设备的工作效率，而且便于计算粉尘回收量。当评价两台收尘效率比较高的收尘设备时，用收尘效率表示不够简便，而且在数值的区别上也不明显，此时也宜采用通过率来评价其性能。

10.2 重力沉降室

重力沉降室是利用重力作用使尘粒从气流中自然沉降的收尘装置。其机理为含尘气流进入沉降室后，流动截面积的扩大使气流速度大大降低，较重颗粒在重力作用下缓慢向灰斗沉降，而气体则沿水平方向继续前进，从而实现收尘的目的。

重力沉降室又称降尘室，是最简单的收尘设备，如图 10-1 所示。当含尘气流内的颗粒沿入口截面上分布均匀地进入降尘室后，由于流道截面积的扩大，气流速度减慢，只要颗粒能够在气体通过的时间内降至室底，便可从气流中分离出来。这种分离过程依赖于颗粒的沉降时间与气体在降尘室内的停留时间的比较。只要气体在降尘室内的停留时间少于或等

于颗粒的沉降时间，即可满足收尘要求。

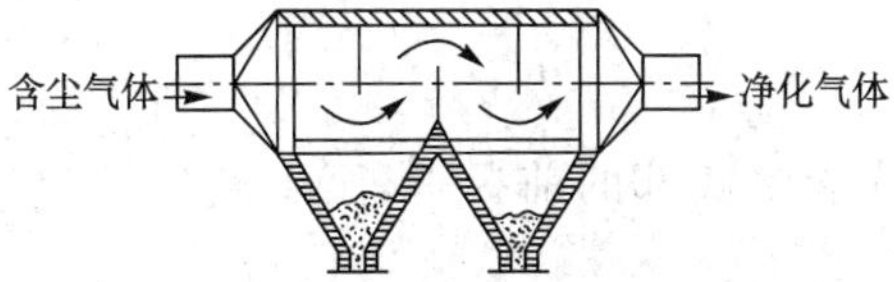

图 10-1　降尘室

重力降尘室的工作流程如图 10-2 所示，含尘气体从一侧以水平方向的均匀速度 v 进入沉降室，尘粒以沉降速度 v_0 独立沉降，运行 t 时间后，使尘粒沉降于室底；净化后的气体从另一侧出口排出。

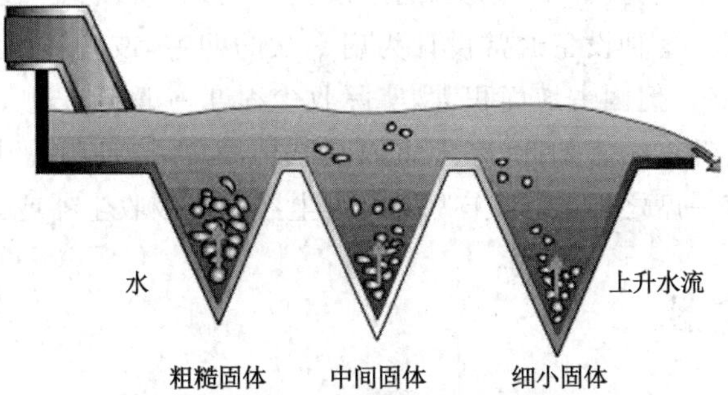

图 10-2　沉降变化示意图

设降尘室高度为 H，长度为 L，宽度为 B，如图 10-3 所示，需要收集的最小尘粒的沉降速度为 u_0，气体在水平方向上的流速为 v。降尘室端部截面最高点 O 处的颗粒以与气体相同的水平流速 v 向右运动，同时以沉降速度 u_0 向下降落。为了能够收集某种尘粒，则应该使

$$\frac{H}{u_0}\leqslant\frac{L}{v} \tag{10-1}$$

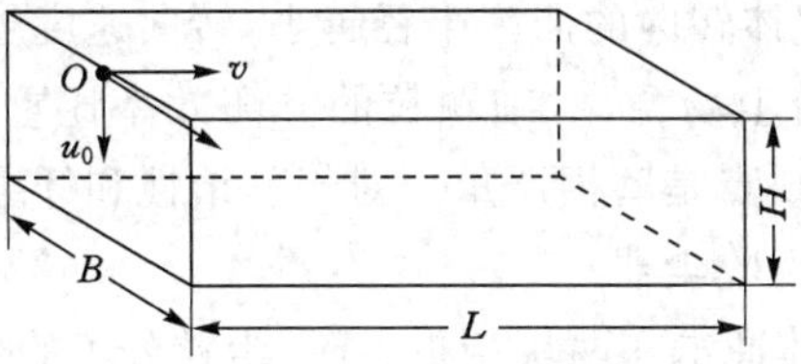

图 10-3　降尘室计算

气体中的尘粒粒径在 3～100 μm 范围内时，尘粒沉降时只受到气流的黏性阻力。因此，尘粒的沉降速度 u_0 可用斯托克斯公式算出。根据式(10-1)和斯托克斯公式，就可求出降尘室能够全部离析出来的界限粒径：

$$d_k=\sqrt{\frac{18\mu Hv}{L(\rho_p-\rho)g}} \tag{10-2}$$

上式表明，L 越大或 v 和 H 越小时，就越能沉降微小颗粒。如果含尘气体的流量为 Q，则气

体经过降尘室的水平流速为：

$$v=\frac{Q}{HB}\quad (\mathrm{m/s}) \tag{10-3}$$

在保证尘粒能够落到降尘室底部的前提下，至少满足$\frac{H}{u_0}=\frac{L}{v}$，此时将式(10-3)代入该等式，则

$$Q=LBu_0\quad (\mathrm{m^3/s}) \tag{10-4}$$

式(10-4)表明，降尘室的生产能力与室的水平面积以及尘粒的沉降速度成正比，而与室的高度无关。为了提高降尘室的收尘效率，有时会在降尘室中插入若干上下交错的垂直挡板，使气流折流，通过惯性作用来提高收尘效率。

降尘室的设计基于重力沉降的原理，通过改变气流方向和速度，使含尘气流中的颗粒在重力作用下自然沉降。这种设备通常设计为扁平状的凹室，或者在室内均匀设置多层水平隔板，构成多层降尘室。但因占地面积大，实际收尘程度一般不超过40%～70%，对含有较细尘灰的气体效率更低。尽管如此，降尘室因其结构简单、流动阻力小等优点，在空气污染控制装置中仍然占有一席之地，通常作为高效收尘器的初级收尘器或预处理装置使用。

10.3 惯性收尘器

惯性收尘器，亦称惰性收尘器，是一种使含尘气体与挡板撞击或者急剧改变气流方向，利用惯性力分离并捕集粉尘的收尘设备。由于运动气流中尘粒与气体具有不同的惯性力，含尘气体急转弯或者与某种障碍物碰撞时，尘粒的运动轨迹就会发生突变，粉尘将分离出来，从而使气体得以净化。惯性收尘器内颗粒的分离是惯性力、离心力和重力共同作用的结果。

惯性收尘器分为碰撞式和回转式两种。前者是在气流方向上装设一道或多道挡板，含尘气体碰撞到挡板上使尘粒从气体中分离出来。显然，气体在撞到挡板之前速度越高，碰撞后速度越低，则携带的粉尘越少，收尘效率越高。后者是使含尘气体多次改变方向，在转向过程中把粉尘分离出来。气体转向的曲率半径越小，转向速度越多，则收尘效率越高。惯性收尘器可用于高温高浓度粉尘场合，对细颗粒的分离效率比重力收尘器高，可捕集10 μm以上的颗粒，惯性收尘器的缺点是磨损严重。对于黏结性和纤维性粉尘，因存在堵塞和惯性力小等问题，不适合使用惯性收尘器。

图10-4所示为含尘气体冲击在两块挡板上时，尘粒分离的机理。在含尘气流的前方设置挡板，使气流的方向急剧改变，尘粒由于惯性继续按原来的气流方向前进，碰撞到挡板上而被捕集。在冲击到挡板B_1上的尘粒中，沉降力较大的粗大尘粒d_{p1}被分离捕集下来。气流绕过挡板B_1后，由于挡板B_2使气流方向转变，其中跟随气流的尘粒d_{p2}借惯性离心力的作用碰撞挡板B_2，又被分离捕集下来。

图10-5列出四种惯性收尘器型式。图10-5(a)及(b)适合于管网的自然转弯处，通过使含尘气流方向急剧变化，利用尘粒自身惯性力从含尘气流中分离尘粒。图10-5(c)为百叶窗式惯性收尘器，是单独作为粗收尘设备的一种型式。通过含尘气流与百叶等障碍物碰撞时，利用尘粒自身惯性力从含尘气流中分离尘粒。这种收尘器收尘效率不高，所以应用不广。

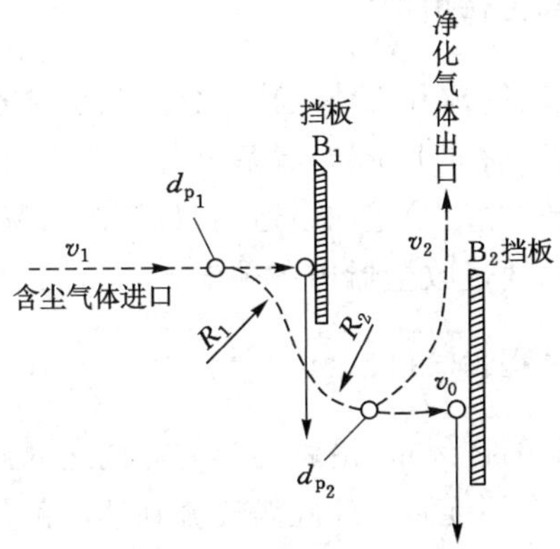

图 10-4 冲击和气流方向转变导致尘粒的分离

但是百叶板做成粉尘浓缩器，与其他收尘设备（如旋风收尘器、旋风水膜收尘器或过滤器等）组合成机组，通过复杂的结构使含尘气流多次改变方向，可提高收尘效率。图 10-5(d)为多排碰撞式惯性收尘器。根据这种原理，可以在管网内设计出多种形式的碰撞式惯性收尘器。

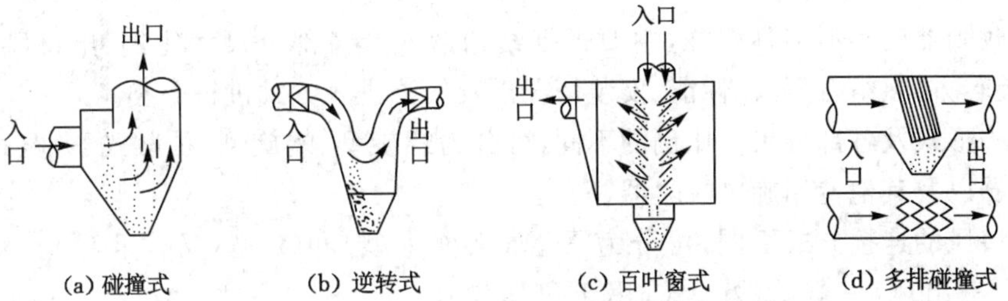

图 10-5 惯性收尘器的型式

惯性收尘器的性能因结构不同而异。当气体在设备内的流速为 10 m/s 以下时，压力损失在 200～1 000 Pa 之间，收尘效率为 50%～70%。在实际应用中，惯性收尘器一般放在多级收尘系统的第一级，用来分离颗粒较粗的粉尘。它特别适用于捕集粒径大于 10 μm 的干燥粉尘，而不适宜于清除黏结性粉尘和纤维性粉尘。另外，惯性收尘器收尘效率不高，只能用于多级收尘系统的初级收尘，或用于管网的转弯处。

10.4 旋风收尘器

旋风收尘器是一种常见的工业收尘设备，其工作原理是利用旋转气流产生的离心力将尘粒从含尘气流中分离出来。在工业生产中，旋风收尘器具有结构简单、操作方便、维护费用低等优点，被广泛应用于各种工业领域。旋风收尘器最早出现在 19 世纪末期，当时主要用于去除空气中的烟尘和灰尘。随着工业的发展，旋风收尘器的应用范围逐渐扩大，成为各种工业领域中不可或缺的收尘设备。20 世纪中期以来，旋风收尘器得到了广泛应用和研究，其技术性能和设计水平得到了不断提高。

10.4.1 旋风收尘器的结构和工作原理

旋风收尘器主要由进风口、筒体和锥体组成。含尘气流通过进风口进入筒体，在筒体内旋转并向下运动，到达锥体底部后向上旋转，最后从排气口排出。在旋转过程中，较大的尘粒由于离心力作用被甩向筒壁，并沿筒壁向下运动，最终落入灰斗中。较小的尘粒随气流一起向上运动，到达锥体顶部后，通过收尘器出口排出。

10.4.2 旋风收尘器的工作过程

含尘气体通过旋风收尘器的进风口，沿着切线的方向进入到收尘器筒内，外壁开始向下做旋转运动，而这股气流被称为外旋涡。外旋涡气流到达底部位置后，会沿着轴心力向上旋转，从排气口出来，这股气流被称为内旋涡。向下时的外旋涡与向上时的内旋涡都是以相同方向旋转，可以是顺时针旋转，也可以是逆时针旋转。气流开始做旋转运动的过程中，粉尘会通过离心力的作用向外壁甩动，抵达外壁的粉尘在旋转气流和重力的共同作用之下，沿着锥体壁面进入灰斗，从而达到收尘的效果。

10.4.3 旋风收尘器的类型

旋风收尘器的类型多种多样，主要根据结构形式及各部分尺寸比例、出口风的连接方式、气体旋转方向、组合形式、性能、安装情况以及气流进入方式进行分类。

按结构形式及各部分尺寸比例的不同，可分为螺旋型、蜗旋型、扩散式、旁路式、组合式旋风收尘器以及其他专用旋风收尘器等。

按出口风的连接方式不同，可分为 X 型（又称 Ⅰ 型）和 Y 型（又称 Ⅱ 型）。X 型（又称 Ⅰ 型）为水平出风，一般为吸入式，用于负压操作；Y 型（又称 Ⅱ 型）为上部出风，一般为正压操作。

按气体在旋风收尘器内的旋转方向不同，可分为左旋和右旋。从器顶俯视，逆时针旋转者为左旋转，称 N 型；顺时针旋转者为右旋转，称为 S 型。因此，各种旋风收尘器均可分为 XN 型、XS 型、YN 型和 YS 型四种。

旋风收尘器的规格一般用筒体直径来表示。例如 CLT/A-4.0 型旋风收尘器（XS 型）表示筒体直径为 400 mm、水平出风、右旋转的 CLT/A 型旋风收尘器。

在无机非金属材料工业中，常用的旋风收尘器主要有 CLT/A 型旋风收尘器、CLG 型多管旋风收尘器、CLP 型旁路式旋风收尘器、CLK 型扩散式旋风收尘器等。

1. 螺旋型旋风收尘器

螺旋型旋风收尘器的特点在于其进风管的截面呈矩形，筒体盖为螺旋型导向板，进风管与水平面成一定倾角向下引入，如图 10-6 所示。这种设计可以

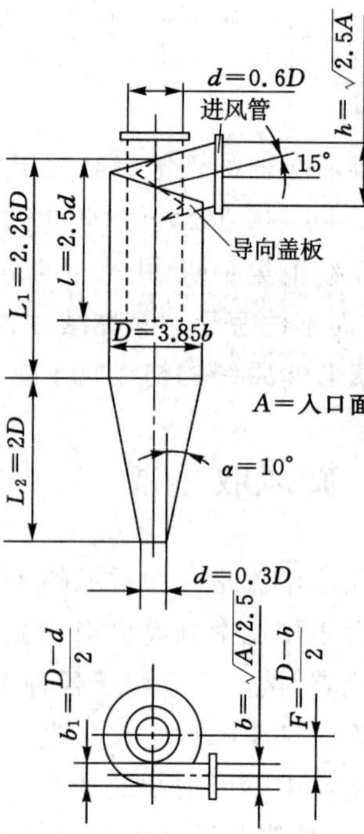

图 10-6 螺旋型旋风收尘器（CLT/A）

消除引入气体向上流动而形成的上旋涡，从而减少动力消耗，提高收尘效率。螺旋型导向板角度一般采用8°～24°，可根据不同需求来确定。倾角的大小会影响阻力及处理能力：倾角大时，阻力小，处理量大；倾角小时，阻力大，但收尘效率高。

CLT/A型旋风收尘器属螺旋型一种，其进风管倾角做成15°。筒体细而长，锥筒的锥度较小，因而阻力并不很大，但收尘效率高，目前应用比较广泛。

2. 蜗旋式旋风收尘器

蜗旋式旋风收尘器如图10-7所示。其结构主要包括进口管、圆筒体、旋风器、出口管、底部灰斗、承重框架等部件。结构特点是进口装置做成蜗壳状，其外缘曲线通常为渐开线或对数螺旋线，这种设计使得气体以切线方向进入圆筒体，从而产生旋转运动。进口管用于引入含尘气体，进口位置一般与顶盖平齐或接近顶盖。直筒部分较短，锥体较长。

按蜗壳外缘与筒体相切角度（即气流引入角）的不同，这类收尘器又可分为三种型式。图10-7(a)为半圆周型蜗壳入口式，蜗壳外缘外包半圆周后与筒体相切，气流引入角为180°，可以提高引入气体的离心力。图10-7(b)为全圆周型蜗壳入口式，蜗壳外缘外包一周后与筒体相切，气流引入角为360°，全圆周型蜗壳旋风收尘器的设计考虑了气流的流动形式和速度分布，以确保最佳的收尘效率和最小的压力损失。图10-7(c)为带环状进气室的全圆周型蜗壳入口式，气流经环状进气室旋转360°后引入器内，具有360°全周环形汽道。研究表明，蜗旋式收尘器的气流引入角为180°时收尘效率较高。

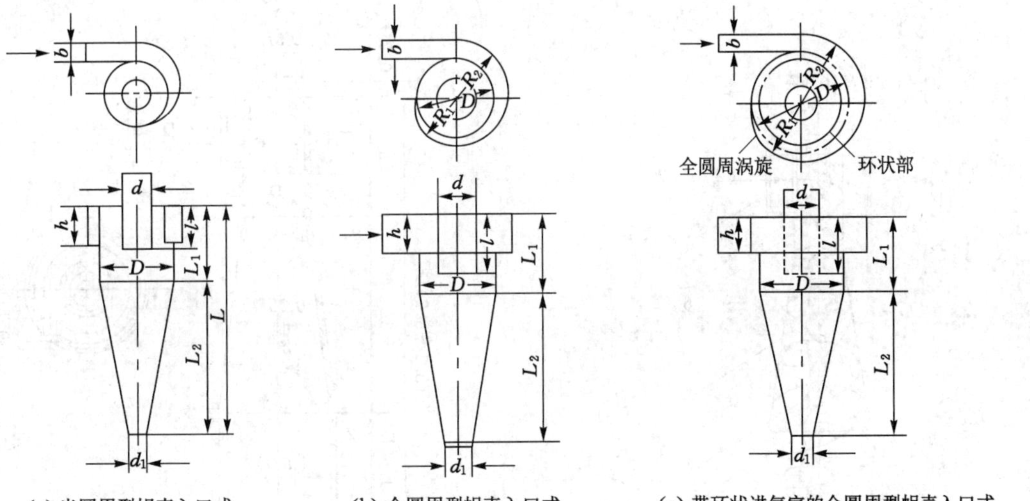

(a) 半圆周型蜗壳入口式 (b) 全圆周型蜗壳入口式 (c) 带环状进气室的全圆周型蜗壳入口式

图10-7 蜗旋式旋风收尘器

3. 扩散式旋风收尘器

扩散式旋风收尘器是一般旋风收尘器的改进型，其主要结构包括倒锥形状的锥体、底部装有反射屏和较大的灰斗，如图10-8所示。扩散式旋风收尘器的锥体设计成倒锥形状，这种设计减少了含尘气体自筒身中心短路到出口的可能性。倒锥体的作用是逐渐增大自锥体壁到锥体中间的距离，从而减小了含尘气体由锥体中间短路到排气管的可能性，提高了收尘效率。在扩散式旋风收尘器的锥体底部装有反射屏，这个反射屏的作用是防止上升的净化气体重新把细微粉尘卷起带走，从而提高收尘效率。反射屏的设计可以有效防止已经分离的粉尘被上升的气流重新卷起并带出，进而提高整体的收尘效果。扩散式旋风收尘器具有一个较大的灰斗，这是其与一般旋风收尘器的一个显著区别。灰斗的设计允许粉尘夹带少量气体从锥体底部旋转进入，灰斗的圆柱体直径一般取筒体直径的 1.65 倍，这样的设计有助于收集和存储粉尘，同时也方便粉尘的排出和处理。

从图 10-8 可以看出，含尘气体由矩形进气管 1 沿蜗旋面引入器内，在惯性离心力作用下甩向器壁的尘粒沿圆筒 2 壁向下扩散降落，经筒壁与隔离锥 4 之间的环隙向下沉降至灰仓 5。而旋转主气流向下扩张到倒锥体时，由于隔离锥的阻隔使大部分旋转气体被反射，经中心排气管 6 排出。少量旋转气流随同尘粒一起进入灰仓，气流在灰仓内流速降低，粉尘掉落。在灰仓中心形成的内涡流上升至隔离锥，进一步使气流中尚带有的少量粉尘继续沉降。净化后的空气通过隔离锥的透气孔上升至中心排气管排出管外。

扩散式旋风收尘器的优点是：结构简单，制造和维护容易；收尘效率高，对 50 μm 以下较细粉尘的收尘效率可达 90%～94%，对 50 μm 以上较粗粉尘的收尘效率可达 95%～99%；适于捕集非纤维的干燥粉尘。由于收尘器做成扩散形锥筒，出口不易堵塞，含尘气体对器壁（尤其是下部锥筒）磨损小，这对处理高含尘浓度及黏性或磨蚀性的粉尘有利。其缺点是流体阻力较大（一般为 950～1 700 Pa），体型高大，因此设备的金属耗量也比较大。

常用的 CLK 型扩散式旋风收尘器的结构尺寸如图 10-9 所示。

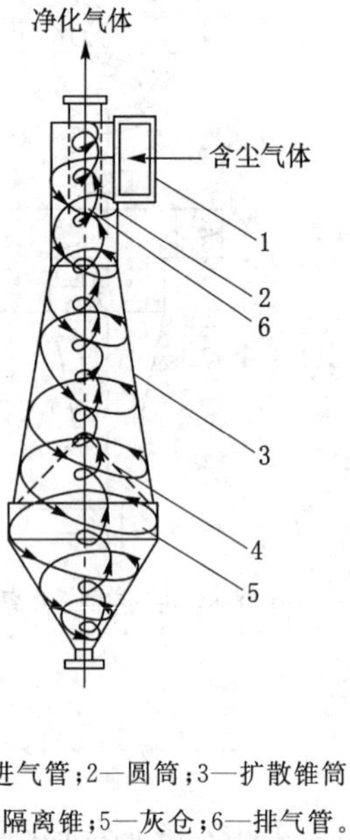

1—进气管；2—圆筒；3—扩散锥筒；
4—隔离锥；5—灰仓；6—排气管。

图 10-8　扩散式旋风收尘器气流示意图

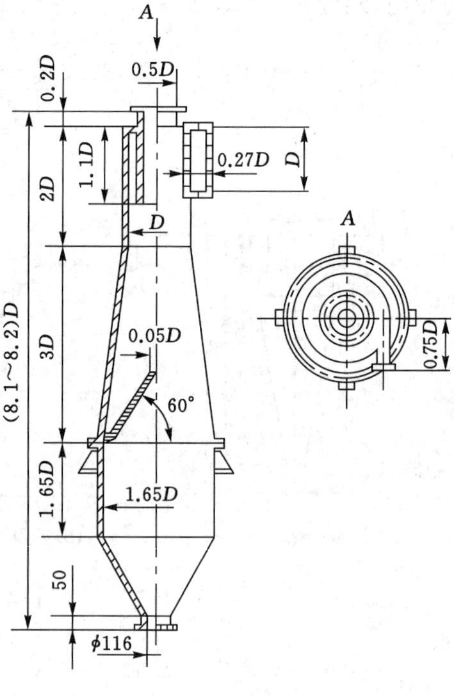

图 10-9　CLK 型扩散式旋风收尘器的结构尺寸

4. *旁路式旋风收尘器*

上述几种旋风收尘器的共同缺点是，当进入气流的含尘浓度较低时，收尘效率降低，这是上旋涡气流携带较细、较轻粉尘从排气管逃逸的结果。为了克服该问题，设计了旁路式旋风收尘器(图 10-10)。旁路式旋风收尘器的设计特点在于其进风口上缘与顶盖相隔一定距离,形成了上、下两股旋涡,将分股旋涡的分界面置于排气管的底部。在筒体外侧设有一旁路分离室,排气管较短,这种设计有利于含尘气体中较细粉尘的分离。

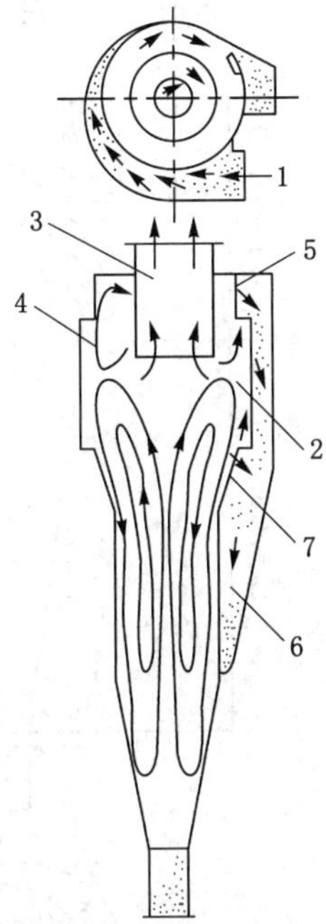

1—进气口;2—粉尘环分界面;3—排气管 4—上旋流;5—窄缝口;6—回风口;7—锥筒旁路口。

图 10-10 旁路式旋风收尘器工作原理示意图

旁路式旋风收尘器是一种带有旁路的高效旋风收尘器,如图 10-10 所示。含尘气体从进气口切向进入,气流在获得旋转运动的同时,气流上、下分开形成双旋涡运动。粉尘在双旋涡分界处产生强烈的分离作用,较粗的粉尘颗粒随下旋涡气流分离至外壁,其中部分粉尘由旁路分离室中部洞口引出,余下的粉尘由向下气流带入灰斗。上旋涡气流对细颗粒粉尘有聚集作用,从而提高收尘效率。这部分较细的粉尘颗粒,由上旋涡气流带向上部,进入旁路室的含尘气体经由收尘器外壁下部的回风口引入器内,在顶盖下形成强烈旋转的上粉尘环,并与上旋涡气流一起进入旁路分离室上部洞口,经回风口引入锥体内与内部气流汇合,净化后的气体由排气管排出,分离出的粉尘进入料斗。

CLP 型旋风收尘器是在实践基础上设计的一种旁路式旋风收尘器。按旁路及筒体形式的不同,可分为 CLP/A 型与 CLP/B 型两种(图 10-11)。

CLP/A 型的特点是筒体上端旁路室为直形,下端为螺旋形,这样处理是为了让气流充分地形成上部旋涡,并由旁路有效去除旋涡形成的回灰环,以提高效率。上锥体圆锥角较大,形成突缩,有利于生成粉尘环从锥筒旁路口(图 10-10 中 7)引至分离室内,可避免已分离出的粉尘再次卷入核心气流带出。另外,采用双锥体可降低最大圆周速度值,减小设备阻力。同时,有利于使整个锥筒更加细长,使气流的径向速度降低,也可避免将已分离出来的粉尘带入中心区核心气流,从而提高效率。

CLP/B 型的筒体外形与 CLP/A 型相似,为了进一步提高效率和降低阻力,将双锥改用

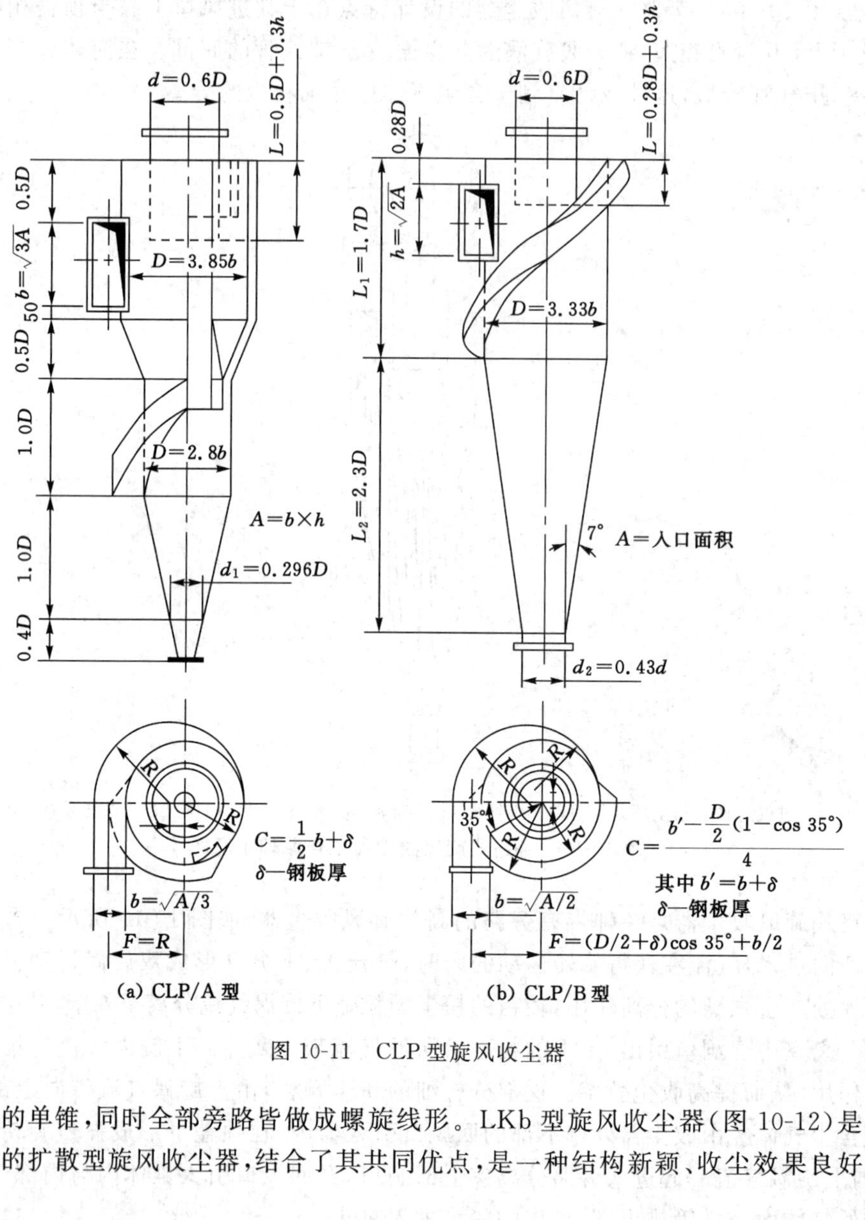

(a) CLP/A 型　　(b) CLP/B 型

图 10-11　CLP 型旋风收尘器

锥角较小的单锥，同时全部旁路皆做成螺旋线形。LKb 型旋风收尘器(图 10-12)是具有旁路分离室的扩散型旋风收尘器，结合了其共同优点，是一种结构新颖、收尘效果良好的旋风收尘器。

5. 组合式旋风收尘器

为了在处理较大量气体时也能获得较高收尘效率，可采用多个旋风收尘器组合使用。为了便于彼此连接和均匀分配风量，通常采用相同直径的旋风收尘器组合。组合的方式很多，常见的有以下几种。

(1) 旋风收尘器组

将若干个单筒旋风收尘器并联组合起来，所有旋风收尘器共用一个灰仓来收集沉积的粉尘。筒数根据气体处理量而定，有上下错列式并联和平列式并联两种(图 10-13)。实际应用时，旋风收尘器组中并联单筒个数一般为 2～8 个，单筒越多，就越容易使气流分配不均匀，致使收尘效率降低。

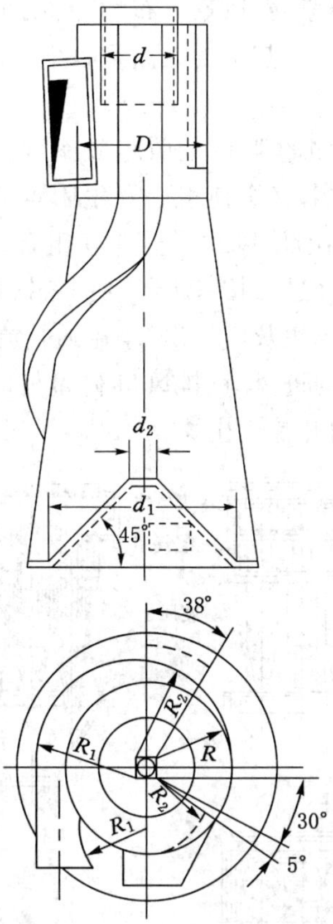

图 10-12　LKb 型旋风收尘器

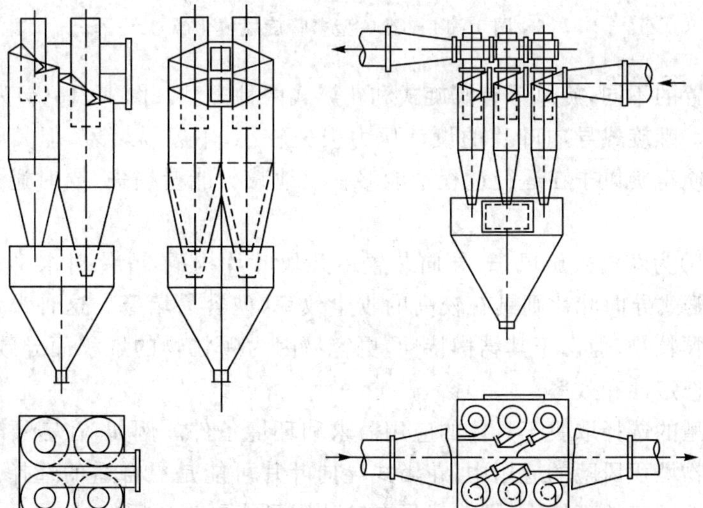

图 10-13　旋风收尘器组

这种组合的优点是装置比较紧凑，风量分布均匀，既可处理大量的含尘气体，又可获得较高的收尘效率，实际应用效果好。其主要缺点是收尘器之间的壁面很难检修。

(2) 多管旋风收尘器

为了提高旋风收尘器捕集微细尘粒时的收尘效率，收尘器的直径不宜过大。当处理的气体量过大时，收尘器的数目太多，又会使组合发生困难，这时可使用多管旋风收尘器。多管旋风收尘器由许多简化后的小型旋风收尘器并联组合而成，如图 10-14 所示。依据离心的原理，含尘气流由收尘器入口处进入按等高排列的铸铁旋风子切向入口处，尘粒在旋风子内受离心力的作用被分离出来，经集灰门排出，净化的气流经芯管集气箱排出。组合中的单体称为旋风子，旋风子使用共同的进风口、排风口和卸灰口。旋风子的进风由轴向入口，旋流运动由安装在旋风筒内的导向叶片产生。

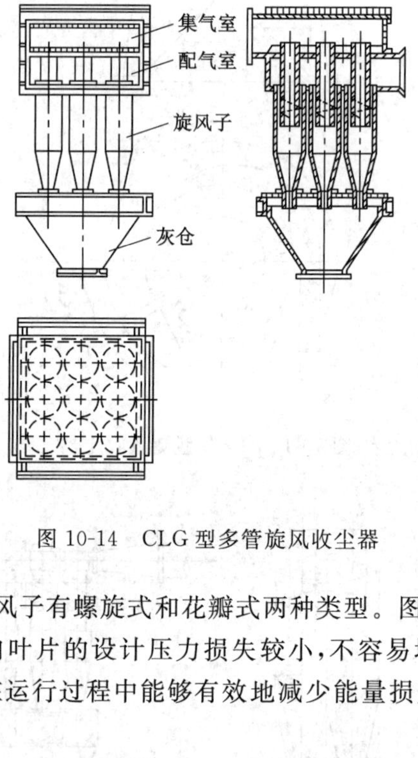

图 10-14　CLG 型多管旋风收尘器

按导向装置的不同，旋风子有螺旋式和花瓣式两种类型。图 10-15(a)为螺旋式旋风子，共有两圈螺旋。螺旋式导向叶片的设计压力损失较小，不容易堵塞，但其收尘效率相对较低。这种设计使得旋风子在运行过程中能够有效地减少能量损失，同时避免了因堵塞而导致的性能下降。

图 10-15(b)为花瓣式旋风子，导向装置由几块叶片构成，叶片对水平方向的倾斜角为 25°或 30°。花瓣式导向叶片则具有较高的收尘效率，但容易堵塞。这种设计虽然能够有效地捕捉和分离颗粒物，但由于其结构特性，更容易因为颗粒物的堆积而导致堵塞，从而影响其长期运行的稳定性和效率。

这两种类型的选择取决于具体的应用需求和环境条件。例如，在需要较高收尘效率但可能面临颗粒物堆积风险的应用中，花瓣式导向叶片可能是更合适的选择。而在对压力损失和堵塞敏感性较高的环境中，螺旋式导向叶片则可能更为适用。

目前国内定型生产的有 CLG 型多管旋风收尘器，它不带外壳，旋风子是用钢板卷焊而成的，管径有 150 mm 和 250 mm 两种，管数有 9、12 及 16 三种。图 10-14 所示为 9 管 CLG 型多管旋风收尘器。

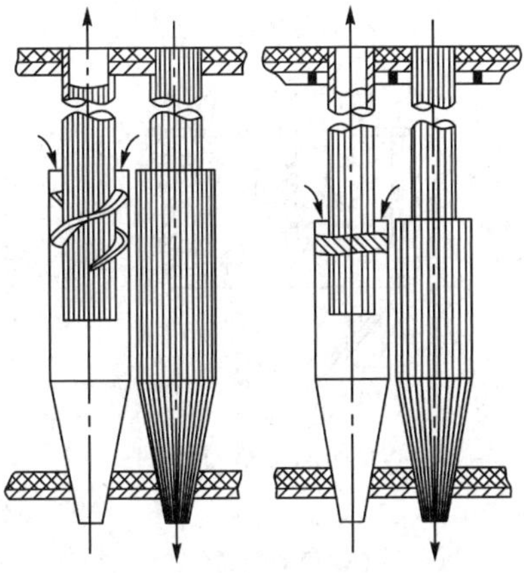

图 10-15　旋风子的型式

多管旋风收尘器的优点是：

① 可以处理大量的气体，体积比单体组合式布置更紧凑，更能有效地捕集 5～10 μm 的尘粒，允许处理含尘浓度较高（100 g/m^3）的气体。

② 多管旋风收尘器的收尘效率非常高，有效地去除空气中的粉尘和颗粒物，保证生产环境的清洁和安全。

③ 多管旋风收尘器的结构紧凑，占地面积小，适合安装在有限的空间内，设计采用多管并联的方式，可以根据需要增加或减少管道数量，灵活性强。

④ 多管旋风收尘器广泛应用于钢铁、化工、电力等行业，可以有效地去除这些行业中产生的粉尘和颗粒物。

但收尘器的旋风子容易发生堵塞，尤其是在处理水泥、黏土等黏性粉尘时更容易堵塞。再加上多管旋风收尘器具有清理不便、修理困难、金属用量大等缺点，故在无机非金属材料工业中用得不多。当气体湿度不大、所含尘粒的黏性较低时，多管旋风收尘器可作为初级收尘设备使用。

10.4.4　旋风收尘器的排灰装置

旋风收尘器的排灰装置包括灰仓和锁风闸门，这些部件是旋风收尘器不可或缺的一部分。在这个过程中，排灰装置起到了关键的作用，它确保了收尘过程的顺利进行。在生产实践中，往往由于排灰装置漏风而使收尘器操作恶化。例如，排灰口漏风 1%，效率降低 5%～10%；漏风 5%，效率约降低 50%；漏风 15%，效率趋于零。因此，旋风收尘器下部不能直接与排灰装置连接，常用储灰仓以形成灰封，同时还必须由专用密封性良好的排灰装置将灰仓中的粉尘自动排出。这些组件共同协作，确保了旋风收尘器的有效运行和高效收尘。

常用的锁风阀门有重力式及机动式两种。重力式又分为翻板式和闪动阀式（图 10-16）。重力式锁风阀门主要依靠物料自身的重力来实现阀门的开启和关闭。当物料在重力作用下进入阀门时，阀门自动开启，允许物料通过；当物料通过后，阀门在自身重力的作用下自动关闭，防止空气窜流。这种阀门结构简单，维护方便，适用于处理量不大且物料性质允许的情况下。

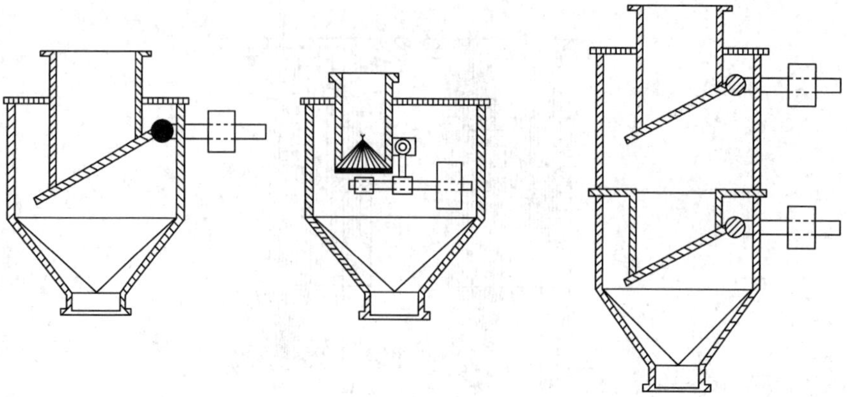

(a) 翻板式　　(b) 闪动阀式　　(c) 两级翻板式

图 10-16　重力式锁风阀门

10.4.5　影响旋风收尘器收尘效率的因素

1. 进气口

旋风收尘器的进气口是形成旋转气流的关键部件，是影响收尘效率和压力损失的主要因素。切向进气的进口面积对收尘器有很大的影响，进气口面积相对于筒体断面小时，进入收尘器的气流切线速度大，有利于粉尘的分离。

2. 圆筒体直径和高度

圆筒体直径是构成旋风收尘器的最基本尺寸。旋转气流的切向速度对粉尘产生的离心力与圆筒体直径成反比，在相同的切线速度下，筒体直径越小，气流的旋转半径越小，粒子受到的离心力越大，尘粒越容易被捕集。但若筒体直径选择过小，器壁与排气管太近，粒子又容易逃逸；筒体直径太小还容易引起堵塞，尤其是对于黏性物料。

当处理风量较大时，因筒体直径小，处理含尘风量有限，可采用几台旋风收尘器并联运行的方法解决。但并联使用制造比较复杂，所需材料也较多，气体易在进口处被阻挡而增大阻力，因此，并联使用时台数不宜过多。

筒体总高度是指收尘器圆筒体和锥筒体两部分高度之和。增加筒体总高度，可增加气流在收尘器内的旋转圈数，使含尘气流中的粉尘与气流分离的机会增多。但筒体总高度增加，外旋流中向心力的径向速度使部分细小粉尘进入内旋流的机会也随之增加，从而又降低收尘效率。在筒体总高度一定的情况下，适当增加锥筒体部分的高度，有利于提高收尘效率。一般圆筒体部分的高度为其直径的 1.5 倍，锥筒体高度为圆筒体直径的 2.5 倍时，可获得较为理想的收尘效率。

3. 排风管直径和深度

排风管的直径和插入深度对旋风收尘器收尘效率影响较大。排风管直径必须选择一个合适的值。排风管直径减小，可减小内旋流的旋转范围，粉尘不易从排风管排出，有利于提高收尘效率，但同时出风口速度增加，阻力损失增大；若增大排风管直径，虽阻力损失可明显减小，但由于排风管与圆筒体管壁太近，易形成内、外旋流“短路”现象，使外旋流中部分未被清除的粉尘直接混入排风管中排出，从而降低收尘效率。一般认为排风管直径为圆筒体直径的0.5～0.6倍为宜。

排风管插入过浅，易造成进风口含尘气流直接进入排风管，影响收尘效率；排风管插入深，易增加气流与管壁的摩擦面，使其阻力损失增大。同时，使排风管与锥筒体底部距离缩短，增加灰尘二次返混排出的机会。排风管插入深度一般以略低于进风口底部的位置为宜。

10.4.6 旋风收尘器的维护

1. 稳定运行参数

旋风收尘器的运行参数主要包括：入口气流速度、处理气体的温度和含尘气体的入口质量浓度等。

(1) 入口气流速度

对于尺寸一定的旋风收尘器，入口气流速度增大不仅可提高处理气量，还可有效地提高分离效率，但压降也随之增大。当入口气流速度提高到某一数值后，分离效率可能随之下降，磨损加剧，收尘器使用寿命缩短。

(2) 处理气体的温度

气体温度升高，其黏度变大，使粉尘粒子受到的向心力加大，于是分离效率会下降。所以高温条件下运行的收尘器应有较大的入口气流速度和较小的截面流速。

(3) 含尘气体的入口质量浓度

浓度高时大颗粒粉尘对小颗粒粉尘有明显的携带作用，表现为分离效率提高。

2. 防止漏风

旋风收尘器一旦漏风将严重影响收尘效果。据估算，收尘器下锥体或卸灰阀处漏风1%时收尘效率将下降5%；漏风5%时收尘效率将下降30%。旋风收尘器漏风有3个部位：进出口连接法兰处、收尘器本体和卸灰装置。引起漏风的原因如下：

(1) 连接法兰处的漏风主要是由螺栓没有拧紧、垫片厚薄不均匀、法兰面不平整等引起的。

(2) 收尘器本体漏风的主要原因是磨损，特别是下锥体。据使用经验可知，当气体含尘质量浓度超过10 g/m^{3}时，在不到100 d时间里可以磨坏3 mm的钢板。

(3) 卸灰装置漏风的主要原因是机械自动式(如重锤式)卸灰阀密封性差。

3. 预防关键部位磨损

影响关键部位磨损的因素有负荷、气流速度、粉尘颗粒。磨损的部位有壳体、圆锥体和排尘口等。防止磨损的技术措施包括：

(1) 防止排尘口堵塞。主要方法是选择优质卸灰阀，使用中加强对卸灰阀的调整和检修。

(2) 防止过多的气体倒流入排灰口。使用的卸灰阀要严密，配重得当。

(3) 经常检查收尘器有无因磨损而漏气的现象，以便及时采取措施予以杜绝。

(4) 在粉尘颗粒冲击部位，使用可以更换的抗磨板或增加耐磨层。

(5) 尽量减少焊缝和接头，有的焊缝应磨平，法兰止口及垫片的内径相同且保持良好的对中性。

10.4.7 旋风收尘器的选型原则

(1) 旋风收尘器净化气体量应与实际需要处理的含尘气体量一致。选择收尘器直径时应尽量小些，如果要求通过的风量较大，可采用若干个小直径的旋风收尘器并联为宜。如气量与多管旋风收尘器相符，以选多管收尘器为宜。

(2) 选择收尘器时，要根据工况考虑阻力损失及结构形式，尽可能使之动力消耗减少且便于制造维护。

(3) 旋风收尘器能捕集到的最小尘粒应等于或稍小于被处理气体的粉尘密度。

(4) 当含尘气体温度很高时，要注意保温，避免水分在收尘器内凝结。

(5) 旋风收尘器结构的密闭要好，确保不漏风。尤其是负压操作，更应注意卸料锁风装置的可能性。

(6) 易燃易爆粉尘(如煤粉)应设有防爆装置。防爆装置的通常做法是在入口管道上加一个安全防爆阀门。

(7) 当粉尘浓度减小时，最大允许含尘质量浓度与旋风筒直径有关，即直径越大其允许含尘质量浓度也越大。具体的关系如表 10-1 所示。

表 10-1 直径与允许含尘质量浓度关系

旋风收尘器直径/mm	800	600	4	200	100	60	40
允许含尘质量浓度/(g/m^3)	400	300	200	150	60	40	30

10.5 袋式收尘器

袋式收尘器是指利用纤维性滤袋捕集粉尘的收尘设备。用滤袋进行过滤与分离粉尘颗粒时，可以让含尘气体从滤袋外部进入内部，把粉尘分离在滤袋外表面，也可以使含尘气体从滤袋内部流向外部，将粉尘分离在滤袋内表面，含尘气体通过滤袋分离与过滤完成收尘过程。

10.5.1 袋式收尘器的结构和工作原理

袋式收尘器由多个部分组成，包括箱体、滤袋、清灰装置、灰斗和除灰装置。其主要结构可以细分为过滤系统、脉冲喷吹系统、压缩空气系统、出灰系统、自动控制系统等。

袋式收尘器工作原理图如图 10-17 所示。箱体内悬吊着许多滤袋，含尘气体进入收尘器后，通过并列安装的滤袋，粉尘被阻留在滤袋的外表面，净化后的气体从收尘器出口排出。随着粉尘在滤袋上的积聚，含尘气体通过滤袋的阻力也会相应增加。当阻力达到一定的数值时，利用清灰装置将这些粉尘排出收尘器，实现清灰。壁上形成的尘粒层，为了使滤袋保持通畅，在适当的间隔时间内进行清理一次，通过清灰机构使积聚在滤袋内表面上的尘粒振落到灰仓后排出。过滤和清灰依次交替进行。

袋式收尘器的过滤机理是通过纤维滤料做成的滤袋与粉尘层的过滤相结合，如图 10-18 所示。其收尘机理综合了多种效应，包括筛滤、惯性碰撞、钩附(拦截)、扩散、重力沉降和静电作用等。

(1) 筛滤效应：当粉尘的粒径比滤料孔隙或滤料上的初层孔隙大时，粉尘便被捕集下来。

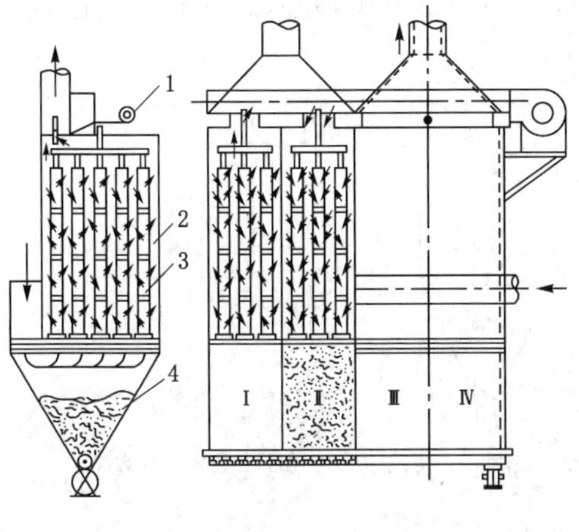

1—清灰机构；2—过滤室；3—滤袋；4—灰仓。

图 10-17　袋式收尘器工作原理图

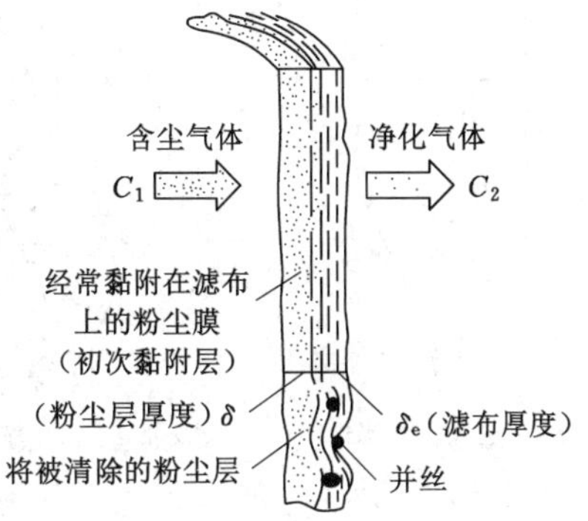

图 10-18　滤布的过滤作用原理示意图

(2) 惯性碰撞效应：含尘气流流过滤料时，尘粒在惯性力作用下与滤料碰撞而被捕集。

(3) 钩附效应（拦截效应）：细微的粉尘在织物内保留，当粉尘颗粒的半径大于粉尘中心到达纤维边缘的距离时，粉尘即被捕获。

(4) 扩散效应：极细小的粉尘由于布朗运动与滤料接触而被捕集。

(5) 重力沉降效应：颗粒大、相对密度大的粉尘在重力作用下沉落下来。

(6) 静电作用效应：如果粉尘与滤料的电荷相反，则粉尘易于吸附于滤料上，从而提高收尘效率。

这些效应共同作用使得袋式收尘器能够高效地捕集和去除含尘气体中的颗粒物。

在过滤过程中，由于滤布表面及内部粉尘搭拱不断堆积，使在滤布进气的一面形成一层由尘粒组成的孔径很小的粉尘层。初次粉尘黏附层也是过滤介质，显著改善了过滤作用，使气体中粉尘几乎全部被捕集下来。

随着粉尘层的加厚，滤布阻力增加，使过滤进行困难。为了使滤布通畅，保持稳定的处理能力和收尘效率，延长滤布使用寿命，必须定期清除滤布上的部分粉尘层。由于滤布绒毛的支承作用，滤布粉尘的初层仍然残留下来成为滤布外的第二过滤介质，所以清灰后收尘效率几乎没有降低。

从上述可见，袋式收尘器的收尘效率及稳定性主要取决于过滤介质、清灰方式和收尘器的结构形式。

气体经过滤介质滤出时的阻力 Δp 包括滤布阻力 Δp_0 和积聚在滤布表面的粉尘层阻力 Δp_d 两部分，即：

$$\Delta p = \Delta p_0 + \Delta p_d \quad (\text{Pa}) \tag{10-5}$$

由于滤布上及尘粒间的孔隙狭窄，气流穿过滤布时呈层流状态。

10.5.2　袋式收尘器的分类

在收尘器中，袋式收尘器的类型很多，根据其特点可以进行不同的分类。

1. 按收尘器的结构形式

按收尘器的结构形式，如滤袋形状、过滤方向以及进风口位置进行分类，如图 10-19 所示。图(a)为下进风，外滤式；(b)为下进风，内滤式；(c)为上进风，外滤式；(d)为上进风，内滤式。此外还有侧进风和端进风的结构形式。

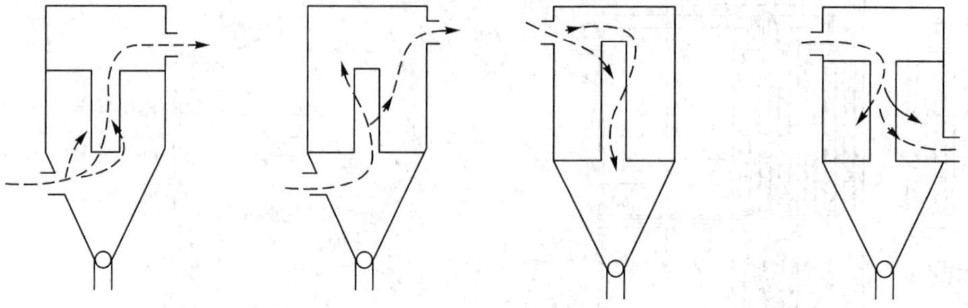

(a) 下进风，外滤式　(b) 下进风，内滤式　(c) 上进风，外滤式　(d) 上进风，内滤式

图 10-19　袋式收尘器的示意简图

(1) 按过滤方向分类

按过滤方向可分为内滤式和外滤式两类。

① 内滤式袋式收尘器：图 10-19 中(b)、(d)为内滤式袋式收尘器，含尘气流由滤袋内侧流向外侧，粉尘沉积在滤袋内表面上。其优点是滤袋外部为清洁气体，便于检修和换袋。一般机械振动、反吹风等清灰方式多采用内滤式。

② 外滤式袋式收尘器：图 10-19 中(a)、(c)为外滤式袋式收尘器，含尘气流由滤袋外侧流向内侧，粉尘沉积在滤袋外表面上，其滤袋内要设支承骨架，因此滤袋磨损较大。脉冲喷吹、回转反吹等清灰方式多采用外滤式。扁袋式收尘器大部分采用外滤式。

(2) 按进气口位置

按进气口位置可分为下进风袋式收尘器和上进风袋式收尘器两类。

① 下进风袋式收尘器：图 10-19(a)、(b)为下进风袋式收尘器，含尘气体由收尘器下部进入，气流自下而上，大颗粒直接落入灰斗，减少了滤袋磨损，延长了清灰间隔时间，但由于气流方向与粉尘下落方向相反，容易带出部分微细粉尘，降低了清灰效果，增加了阻力。下进风式收尘器结构简单，成本低，应用较广。

② 上进风袋式收尘器：图 10-19(c)、(d)为上进风袋式收尘器，含尘气体的入口设在收尘器上部，粉尘沉降与气流方向一致，有利于粉尘沉降，收尘效率有所提高，设备阻力也可降低 15%～30%。

2. 按收尘器内的压力

按收尘器内的压力可分为正压式收尘器、负压式收尘器和微压式收尘器三类，具体情况见表 10-2。

表 10-2　袋式收尘器按压力分类

类　别	图　形	说　明
正压式压入式	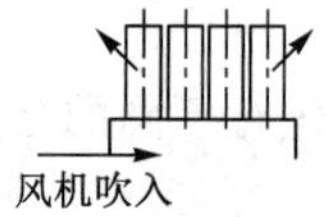	烟气由分机压入，收尘器呈正压，粉尘和气体可能逸出，污染环境，外壳可视情况考虑密闭或敞开，适用于含尘浓度很低的工况，否则风机磨损

表 10-2(续)

类 别	图 形	说 明
负压式吸出式	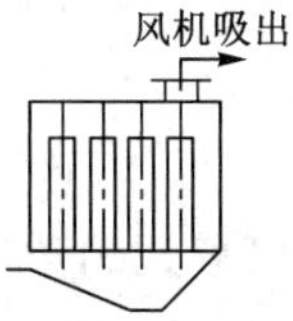	烟气由分机吸出，收尘器呈负压，周围空气可能漏入设备，增加了设备和系统的负荷，外壳必须密闭，负压式是最常用的形式
微压式	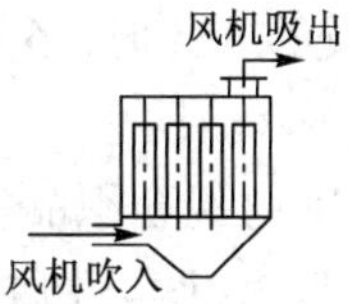	收尘器进出口均设风机，烟气由前风机压入，后风机吸出，收尘器呈微负压，有少量空气漏入设备，设备和系统的负荷增加不大，设计中应当注意两台风机的匹配

(1) 正压式收尘器

正压式收尘器的风机设置在收尘器之前，收尘器在正压状态下工作。由于含尘气体先经过风机，对风机的磨损较严重，因此不适用于高浓度、粗颗粒、高硬度、强腐蚀性的粉尘。

(2) 负压式收尘器

负压式收尘器的风机置于收尘器之后，收尘器在负压状态下工作。其特点是动力装置使用寿命长，但需密闭不能漏气，结构较复杂。由于含尘气体经净化后再进入风机，因此对风机的磨损很小，这种方式采用较多。

(3) 微压式收尘器

微压式收尘器的风机置于两台收尘器中间，收尘器承受压力低，运行较稳定。

3. 按滤袋形状

按滤袋形状分圆形袋收尘器、扁袋收尘器、双层圆筒袋收尘器和菱形袋收尘器为四类，其袋形及特点见表 10-3。一般采用圆形袋，并往往把许多袋子组成若干袋组，扁袋的特点是可在较小的空间布置较大的过滤面积，排列紧凑。

表 10-3　袋式收尘器按滤袋形状分类

类 别	图 形	特 点
圆形袋	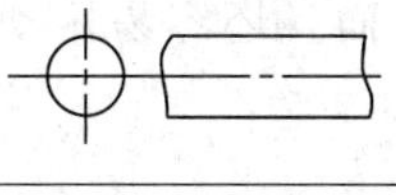	圆形袋采用圆筒形设计，配合圆形骨架支承，结构均匀对称，抗变形能力较强。在过滤和清灰过程中，能有效保持形状稳定，避免因受力不均导致的局部磨损或破损
扁　袋	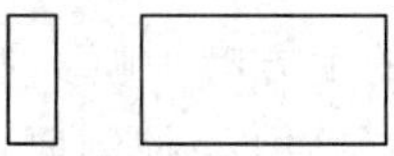	袋宽 35～50 mm，面积 1～4 m^2，可以排得紧密，单位体积内过滤面积较大，为外滤式，有框架，主要用于回转反吹清灰方式和测插袋安装方式
双层圆筒袋	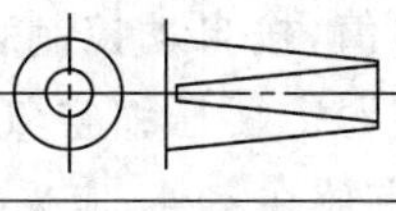	在圆形袋基础上增加过滤面积，将长袋折成双层，从而使过滤面积增加近一倍(主要用在脉冲袋上)。主要应用于反吹清灰方式
菱形袋	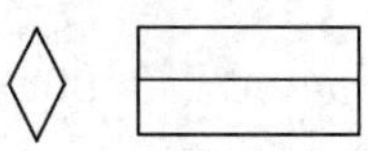	较普通圆形滤袋体积小，可在同样箱体内增加过滤面积，只适用于外滤式

4. 按清灰方法

袋式收尘器按照清灰方法可以分为人工敲打、脉冲喷吹清灰、机械振打清灰、反吹清灰、反吹振动联合清灰、气箱脉冲清灰、声波清灰。

10.5.3 袋式收尘器的滤布材料

袋式收尘器的主要器件是滤袋，滤袋材料为滤布。滤布既要均匀致密，又要有一定的孔径（一般为 20～50 μm，表面绒毛孔为 5～10 μm），使其具有一定的透气性和抗拉、抗剪切等机械强度，流体阻力要小。当处理高温气体或含腐蚀性介质的气体时，还要求具有良好的耐热和耐腐蚀性能，以延长滤袋的使用周期，保持较高的收尘效率。

常用的滤布有天然纤维、合成纤维、无机纤维及几种纤维的混合织品等。每一种滤布都有一定的优缺点，应根据含尘气体性质（温度、湿度、含尘粒度及化学性质等）和清灰机构型式等具体情况来选择使用。常用的几种滤布的主要性能和使用范围见表 10-4。

表 10-4 常用滤布的主要性能和使用范围

滤袋材料		密度/(kg/dm³)	抗拉强度/MPa	耐磨蚀性		耐热性/℃		耐磨性	吸湿率/%	大致适用范围
				耐酸	耐碱	经常	最高			
天然纤维	棉毛	15～1.6	345	差	好	60～85	80	好	8～9	非腐蚀性气体
		1.28～1.33	110	好	差	80～90	95	好	10～16	弱酸气体
合成纤维	尼龙类	1.14	300～660	中等	好	75～85	96	好	4～4.5	腐蚀性粉尘
	奥纶类			中等	中等	125～135	150	好	1.3～2.0	腐蚀性气体
	涤纶类			中等	好	140～160	170	好	0.4	腐蚀性气体
无机纤维	玻璃纤维（硅酮涂层）	2.4～2.7	1 000～3 000	好	好	200～260	280	差	0	高温及腐蚀性气体

10.5.4 袋式收尘器的清灰方式

1. 人工敲打

通过人工拍打袋式收尘器，使每个滤袋上的粉尘掉落，从而清除滤袋上的积灰。这种清灰方式虽然比较简单方便，但是浪费人力和时间成本，而且还容易振动不均，造成滤袋的损坏，因此已经开始被淘汰。

2. 脉冲喷吹清灰

固定滤袋的多孔板设在箱体的上部，在每排滤袋的上方有一喷吹管，喷吹管上对着每一滤袋的中心开一压气暖射孔（嘴）。喷吹管的另一端与脉冲阀、控制阀等组成的脉冲控制系统及压缩空气储气罐相连接。根据规定的时间或阻力值，按自动控制程序进行脉冲喷吹清灰。脉冲清灰作用较强，清灰效果较好，但脉冲喷吹装置需要压缩空气作能源，在寒冷地带因压缩空气中的水汽容易凝结而影响喷吹效果，故不宜放在室外，应采取相应技术措施防止结露或冻结。

3. 机械振打清灰

利用机械装置（电动、电磁或气动装置）使滤袋产生振动而清灰。这种清灰方式包括停风振打袋式收尘器和非停风振打袋式收尘器，前者在停止过滤状态下进行振打清灰，后者则在连续过滤状态下进行振打清灰。这种清灰方式操作简单，也比较可靠，但清灰的效果不是很强。

4. 反吹清灰

气环反吹是在圆形滤袋外侧表面多设置一个中空带缝的圆环，这个圆环并不固定，可以上下移动，同时和高压风机管道相互连接，通过圆环向内部喷射出高速气体，从而将存积在滤袋周围的粉尘全部清除干净。工业收尘设备中的气环反吹由于结构比较复杂，而且容易对滤袋造成损伤，所以在实际操作中使用次数较少。

5. 气箱脉冲清灰

以压缩气体为清灰动力，利用脉冲喷吹机构在瞬间放出压缩空气，高速射入滤袋，使滤袋急剧鼓胀，依靠冲击振动和反向气流而清灰。脉冲喷吹式根据喷吹气源压强的不同，可分为低压喷吹、中压喷吹和高压喷吹。

6. 声波清灰

这种清灰方式主要采用声波清灰器，使收尘布袋产生振动而达到清灰的目的。这种清灰方式功耗小，对收尘设备的损耗也比较小，但缺点是成本较高。

以上这些分类反映了袋式收尘器在设计上的多样性和功能性，以满足不同工业应用中对粉尘收集效率和处理能力的需求。

10.5.5 几种典型的袋式收尘器

袋式收尘器的类型很多，下面介绍常用的两种袋式收尘器。

1. 中部振打袋式收尘器

中部振打袋式收尘器又称 ZX 型袋式收尘器，属机械自动振打袋式收尘器，其构造如图 10-20 所示。袖套状的滤袋 2 装在过滤室 1 的内部。滤袋的上端是闭口的，悬挂在支架 8 上，下端是开口的，用套环张紧在多孔底板 9 的各个孔口上面。过滤室根据收尘器的规格不同，用隔板分隔成 2～9 个分室，每个分室内挂有 14 个滤袋。过滤时，排气管阀门 6 打开，回风管阀门 7 关闭。含尘气体靠抽风机的抽吸作用由进风口 3 进入，经过隔风板 4 分别进入各室的滤袋中，气体经过滤袋后通过排气管 5 排出，气体中的粉尘大部分截留在滤袋的内壁上，有一小部分滞留在滤袋纤维缝中。为了使滤袋通畅，各分室滤袋每经一定的振打周期，进行清灰一次。各室滤袋的振打交错进行，在其中的一室振打清灰时，含尘气体通过其他各室。因此，每室的滤袋虽然间歇地进行振打，实际上整个收尘器是在连续地工作。

振打传动装置 10 设在顶部，通过摇杆 11、振打棒 12 与框架 13，在收尘器的中部摇晃滤袋以达到清灰的目的。每室各有一套振打装置，当某一室滤袋正在进行清灰时，振打传动装置 10 上的拉杆就将该室的排气阀门关闭，切断该室滤袋同抽风机之间的通路。同时回风管阀门打开，回风管 14 内有一部分回风从滤袋的外面反吹入滤袋里面，将滤袋纤维内滞留的粉尘吹松或吹出。这时，振打机构也开始动作，摇杆 11 通过振打棒 12 带动框架 13 不断前后摇动，附着于滤袋上被吹松后的尘粒随之脱落，落入下部的尘仓中，由螺旋输送机 15 和分格轮 16 送走。振打结束后，回风管阀门自动关闭，排气管阀门自动开启，该室滤袋又开始过滤工作。收尘器中还装有电热器 17，在气温低或气体湿度大时使用。

ZX 型袋式收尘器的规格用过滤面积及袋数表示。例如：ZX150-84 表示抽吸式中部振

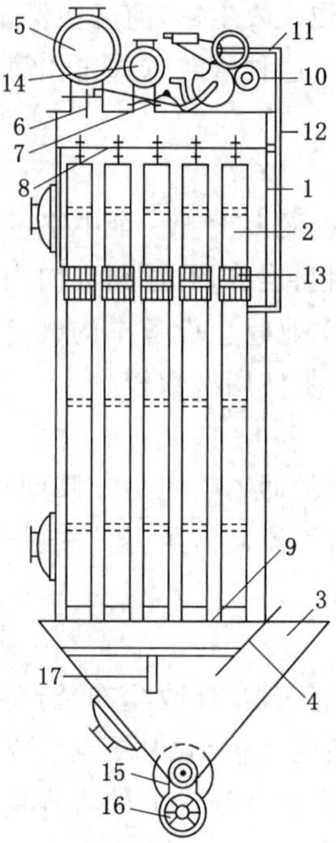

1—过滤室;2—滤袋;3—进风口;4—隔风板;5—排气管;6,7—阀门;8—支架;9—底板;10—振打传动装置;11—摇杆;12—振打棒;13—框架;14—回风管;15—螺旋输送机;16—分格轮;17—电热器。

图 10-20　中部振打袋式收尘器

打的收尘器,袖袋有效面积为 150 m^2,袖袋 84 个。ZX 型袋式收尘器构造简单,故障少,维修容易,是水泥工业普遍选用的收尘设备。但是,这种收尘器的机械振打装置易损坏滤袋,近年来已逐渐被脉冲喷吹袋式收尘器所取代。

2. 脉冲喷吹袋式收尘器

脉冲喷吹袋式收尘器简称脉冲袋式收尘器,是一种高效袋式收尘器。它的特点是利用脉冲阀定期将压缩空气对滤袋进行喷吹清灰。其构造如图 10-21 所示,机体由中箱、上箱和灰仓三部分组成:① 中箱包括过滤室 11、滤袋 10、支承滤袋的骨架 9 以及多孔板 3;② 上箱包括喷吹排气箱 1、喷吹管 2 和滤袋上口的喇叭管(文丘里管)7,喷吹排气箱上部附有压缩空气包 4、脉冲阀 6 及净气出口管 8;③ 灰仓设有进气管 13,下部装有排灰用的螺旋输送机和分格轮排灰阀 15。过滤室 11 内挂有滤袋 10,滤袋套在骨架 9 上,滤袋及骨架固定在喇叭管 7 上。每排滤袋上部都装有一根直径为 20 mm 的喷吹管 2,喷吹管上开有与滤袋数量相同、直径为 6.4 mm 的喷孔,与滤袋中心相对应。喷吹管前装有与压缩空气相连的脉冲阀 6,脉冲阀与压缩空气包 4 相连接,脉冲控制仪 12 不断发出短促的脉冲信号,通过控制阀 5 控制各脉冲阀按程序启闭。含尘气体由进气管 13 进入灰仓,分散进入过滤室中,在通过滤袋时气体穿过滤袋经上部喇叭管 7 进入喷吹排气箱 1,从净气出口管 8 排出;粉尘阻留在滤袋外侧,一部分由于重力掉落,其余则每隔一定时间用压缩空气进行喷吹使之脱落下来。粉尘落到灰仓 14,用螺旋输送机和分格轮排灰阀 15 排出。清灰时,脉冲阀开启,与该脉冲阀相连的喷吹管即与气包相通,高压空气从喷射孔中以极高的速度向喇叭管喷射,在喇叭口部位形成更高的流速,从其周围引入相当于喷射空气量 5～7 倍的二次气流,冲进滤袋内,因此滤袋急剧膨胀，引起一次冲击振动，同时在瞬时内产生由里向外的逆向气流。由于冲击和逆向气流的作用，附着在滤袋外层的粉尘被抖落，同时，处于滤布孔隙中的粉尘也被吹掉，达到了滤布的再生。

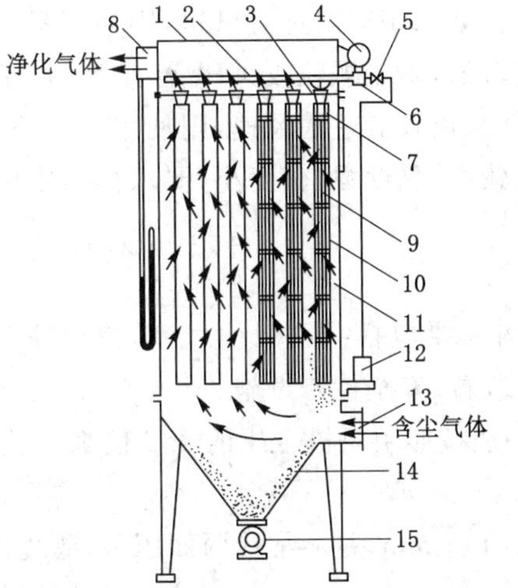

1—喷吹排气箱；2—喷吹管；3—多孔板；4—压缩空气包；5—控制阀；6—脉冲阀；7—喇叭管；8—净气出口管；9—骨架；10—滤袋；11—过滤室；12—脉冲控制仪；13—进气管；14—灰仓；15—螺旋输送机和分格轮排灰阀。

图 10-21 脉冲喷吹袋式收尘器

图 10-22 为一个清灰周期的分解图，图(a)为滤袋过滤初期，滤袋表面吸附的粉尘甚少，图(b)为过滤末期，滤袋表面吸附着一层较厚的粉尘。由于气流通过滤袋向内流动，滤袋收缩，因有骨架支持而呈多角星状。图(c)为喷吹清灰状态，气流反吹，由里向外，滤袋膨胀成圆形，将滤袋表面吸附的粉尘层吹落。由于收尘器内有几排到几十排滤袋，而每次只有一排滤袋受到喷吹，所以对每一排滤袋喷吹是间歇的，但对整个收尘器则是连续工作的，从而使收尘器的工作状况稳定。收尘器阻力一般均能保持在 1～1.2 kPa 范围内。脉冲收尘器每排滤袋有一个执行喷吹清灰的脉冲阀，要求按程序进行喷吹。每次脉冲时间为 0.1～0.2 s，周期为 30～60 s。为适应这样迅速、准确、频繁的动作，要配有专用的脉冲控制仪 12(图 10-21)进行控制。控制仪以一定的周期发出信号，使在一个周期内每排滤袋都得到喷吹，因而可保持滤袋良好的透气性及收尘效果。目前国内使用的脉冲控制仪有气动脉冲控制仪、无触点脉冲控制仪和机械脉冲控制仪。

(a) 过滤初期　(b) 过滤末期　(c) 喷吹清灰状态

图 10-22 清灰周期分解图

10.5.6 袋式收尘器选型设计依据

袋式收尘器是一种干式滤尘装置，适用于捕集细小、干燥、非纤维性粉尘。袋式收尘器的选型设计需考虑的以下几个方面。

1. 过滤速度选取

袋式收尘器过滤速度的影响因素包括清灰方式、清灰制度、粉尘特性、滤料特性、预定的设备阻力、入口含尘浓度等。如采用较高过滤风速，则使用强力清灰方式(如脉冲喷吹)，清灰周期较短，入口含尘浓度较低，粉尘颗粒较大，黏性较小，处理常温含尘气体时需采用针刺毡滤料或腹膜过滤滤料。如采用较低过滤风速，则使用弱力清灰方式(如反吹清灰、振动清灰)，处理高温烟气时，粉尘较细，黏性强，密度小，要求排尘密度低，此时可采用素布或玻纤等滤料。

2. 箱体结构设计

袋式收尘器的箱体结构主要包括：箱体(尘气室、净气室和灰斗)、过滤元件(滤袋、袋笼)、清灰装置、卸灰和输灰装置、安全检修设施。

(1) 箱体的耐压强度一般按照引风机全压的 1.2 倍来设计，取 6 000 Pa 进行耐压强度校核。

(2) 花板厚度一般不小于 5 mm，并能承受两面压差、滤袋自重和最大粉尘载荷，花板边距孔中心间距应大于孔径。

(3) 净气室的断面风速一般取 4～6 m/s。

(4) 灰斗容积应考虑设备检修时间内的储灰量，灰斗应设置检修门，卸灰阀与灰斗之间应设置手动插板阀。处理易结露烟气或捕集黏性较大的粉尘时，宜在灰斗设置料位计、保温装置、破拱装置，灰斗料位计和破拱装置不宜设在同一侧面，卸灰设备应满足最大卸灰量和确保灰斗锁气的要求，避免粉尘外溢。

3. 粉尘性质

(1) 粒径分布

细颗粒粉尘难捕集，不易清灰；粗颗粒粉尘，捕集和清灰都比较容易，但易对滤料和设备产生磨损。特别是采用玻纤滤料时，应特别注意滤料的磨损。

(2) 颗粒形状

颗粒形状分为规则和不规则，对于能凝聚成絮状物的纤维状粒子，应采用强力清灰方式，并采用较低过滤风速，滤袋间距适当增大。

(3) 粉尘的密度

堆积密度关系到收尘器的过滤面积和过滤阻力。堆积密度越小，清灰越困难，从而使袋式收尘器阻力增高，导致必须选用较大的过滤面积。

(4) 带电性

利用粉尘的带电性，可以通过让粉尘荷电，使粉尘层呈疏松状，从而降低收尘器阻力或提高过滤风速。

(5) 可燃性与爆炸性

收尘器设计采用防燃、防爆措施，同时杜绝火源。

4. 含尘浓度

含尘浓度将直接影响设备阻力和清灰周期，并增加滤料和箱体的磨损，同时影响卸灰装置的选型，卸灰装置处理能力应不小于含尘浓度气体量的 1.5 倍。

10.5.7　袋式收尘器的性能及应用

1. 性能

(1) 收尘效率高，一般在99%以上，可达到在收尘器出口处气体的含尘浓度为20～30 mg/m^3，对亚微米粒径的细尘有较高的分级收尘效率。

(2) 处理气体量的范围大，并可处理非常高浓度的含尘气体，因此它可用作各种含尘气体的收尘器。

(3) 结构比较简单，操作维护方便。

(4) 在保证相同的收尘效率的前提下，其造价和运行费用低于电收尘器。

(5) 在采用玻璃纤维和某些种类的合成纤维来制作滤袋时，可在160～200 ℃的温度下稳定运行，在选择高性能滤料时，有些耐温可达到260 ℃。

(6) 对粉尘的特性不敏感，不受粉尘比电阻的影响。

(7) 在用于干法脱硫系统时，可适当提高脱硫效率。

2. 应用

在采用高密度的合成纤维滤袋和脉冲反冲清灰方式时，它能处理粉尘浓度超过7×10^5 mg/m^{3}的含尘气体。它既可用于尘源的通风收尘，改善作业场所的空气质量，也可用于工业锅炉、流化床锅炉、窑炉及燃煤电站锅炉的烟气收尘，以及对诸如水泥、炭黑、沥青、石灰、石膏、化肥等各种工艺过程中含尘气体的收尘，以减少粉尘污染物的排放。

10.6　电收尘器

10.6.1　电收尘器的工作原理

电收尘器是利用电力场的作用来捕集含尘气体中粉尘的设备。其工作原理如图10-23所示。导线借助于绝缘子吊装在金属圆管的中心，将圆管和导线分别接到高压直流电源的正负极上，则圆管与导线之间的空间将产生非均匀电场，电场强度自导线电极向圆筒电极逐渐降低。当电压升高至一定值时，空气电离，生成大量高速运动的正离子、负离子和自由电子。含尘气流通过电场空间时，粉尘与自由电子、离子碰撞，实现粉尘荷电。荷电粉尘在电场力的驱动下，分别按异性相吸的规律向集尘极和电晕极运动，绝大部分粉尘沉积于集尘极，少部分粉尘沉积在电晕极上；当沉积在电极上的尘粒达到一定厚度时，借助于振打机构使电极上沉积的尘层落入下部灰斗，净化后的气体从电场尾部排出。

电收尘器的工作原理主要涉及电晕放电、粉尘荷电、荷电粉尘粒子的捕集以及清灰四个过程。电收尘器利用高压电场使烟气发生电离，气流中的粉尘荷电后在电场作用下与气流分离。电收尘器通过以下步骤实现粉尘的捕集和分离。

(1) 电晕放电：通过施加高压直流电，在电收尘器的电极之间形成电晕放电，产生高浓度的气体离子。

(2) 粉尘荷电：含尘气流通过这个区域时，尘粒因碰撞俘获气体离子而荷电。

(3) 荷电粉尘粒子的捕集：荷电后的粉尘粒子在电场力的作用下，向电极性相反的电极运动并沉积在电极上，从而达到粉尘和气体分离的目的。

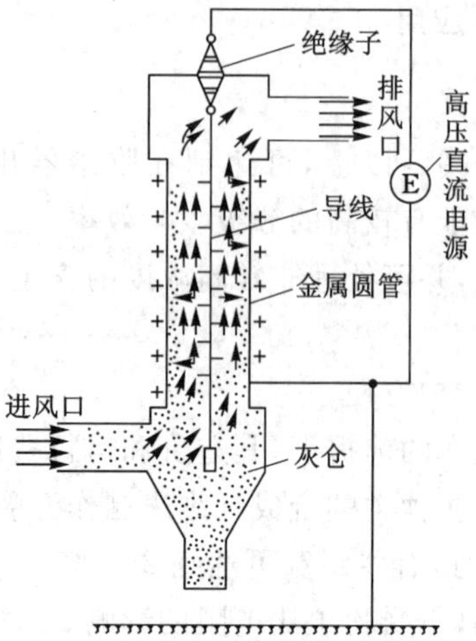

图 10-23　电收尘器的工作原理示意图

(4) 清灰过程：当沉积在电极上的粉尘厚度达到一定时，通过振打使其脱落，被振落的灰尘落入灰斗中，完成清灰过程。

电收尘器的设计和运行管理对保持其高效、稳定运行至关重要，涉及系统组成、电压调节、粉尘浓度的测定等多个方面。静电收尘技术广泛应用于工业烟气净化，特别是在火电厂中，用于捕集烟气中的颗粒物，减少大气污染，其收尘效率高达 99.99%，是一种重要的收尘设备。

10.6.2　电收尘器的工作过程

电收尘器的收尘过程包括：① 收尘器供电，电场产生；② 电子荷电的产生，气体电离；③ 电子电荷传递给粉尘微粒，尘粒荷电；④ 电场中带电粉尘微粒移向收尘电极，尘粒驱进；⑤ 带电粉尘微粒黏附于收尘电极的表面，尘粒黏附；⑥ 从收尘电极清除粉尘层，振打清灰；⑦ 清除的粉尘层降落在灰斗中；⑧ 从灰斗中清除粉尘，用输排装置运出。

当电极之间的电压限制在一定的范围内时，自激电离只能在导线附近产生。离导线稍远，电场强度已经降低到不能使离子做高速运动，当离子撞击到中性原子时，就无法使后者电离。这时，在导线附近产生电离的地方出现了电晕，该区域叫电晕区(图 10-24)。导线电极又称电晕电极(或放电电极)，电晕区的半径通常只有 2～3 mm。电晕的外面叫晕外区，在晕外区并无新的离子产生，只有从电晕电极发出的做单向运动的离子流经过。从进风口进入收尘器的含尘气体自下而上经过电极空间时，所含尘粒就与这股离子接触而带上电荷。由于在电晕电极附近的阳离子走向电晕电极(负极)的路程极短，速度低，碰上粉尘的机会很少，只有极少量粉尘沉积于电晕电极。因此，绝大部分粉尘与运动中的阴离子相撞，带负电后也跟着离子流向圆管电极运动，沉积在圆管电极的表面，所以，圆管电极又称集尘电极(或沉淀电极)。经一定周期，将集尘电极及电晕电极振打，就可使沉积在其上的尘粒振落到灰仓中，向外卸出。清除尘粒以后的净化空气经收尘器顶部的排风口排出。

电收尘器的电极设计应产生非均匀电场，以便将器内分成两个区间。如果电场均匀，一旦发生电离，则整个空间空气都产生电离，绝缘空间被击穿，大量电流通过，将引起电弧放

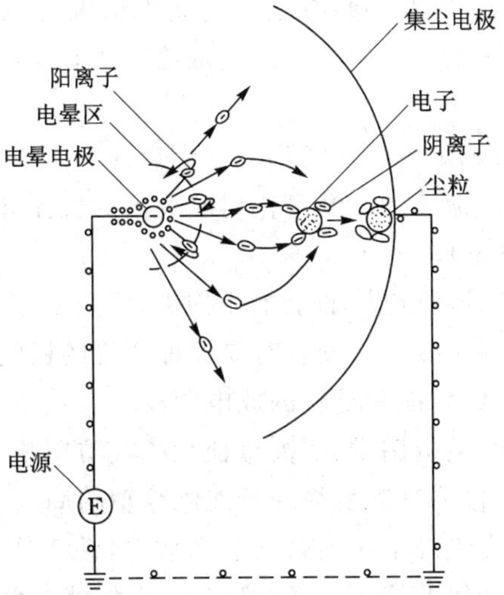

图 10-24 静电收尘过程示意图

电，会把电极烧毁。而非均匀电场只在极小区间内产生电晕放电，从而避免烧毁电极。为了产生非均匀电场，正负极的表面积要相差悬殊。除了上述采用一根导线、一个圆管做电极外，亦可用平板代替圆筒电极（集尘电极），将导线（电晕电极）置于两平板的中央，也可以产生非均匀电场。

通常，电收尘器的集尘电极是正极，并且接地；电晕电极是负极，同地绝缘。经验证明，使用负电晕的收尘效率比使用正电晕的高。这是因为从负电晕发出的负离子流的运动速度比正电晕发出的正离子流大，而且负电晕比较稳定，火花击穿电压较高。

电收尘器两电极之间的电压达到一定值时，才能有电晕产生。当电晕产生后，电极之间出现空间电流。电收尘器的工作电压多在50～70 kV之间，为临界电压的2～3倍。至于两极间的电流强度，若以每米电晕电极长度作为计算单位时，对于管极式电收尘器为0.3～0.4 mA/m，对于板极式电收尘器为0.1～0.35 mA/m。

电收尘器的应用不仅限于火力发电厂，还在其他工业领域中发挥着重要作用。例如，在钢铁冶炼过程中，产生的含尘烟气温度高、湿度大、成分复杂，电收尘器能够适应这种恶劣工况，有效去除烟气中的粉尘和酸性气体，保护后续设备免受腐蚀；在水泥制造行业中，电收尘器凭借其高效的收尘性能，在水泥行业的粉尘治理中发挥着重要作用；在垃圾焚烧过程中，电收尘器不仅能有效去除粉尘，还能通过洗涤作用减少有害物质的排放。

10.6.3 电收尘器的结构

电收尘器本体主要部件包括：烟箱系统、电晕极系统、收尘极系统、灰尘收集输送系统、壳体、保温系统、顶部电磁锤振打系统等。

1. 烟箱系统（进出口烟道）

烟箱系统包括进气烟箱和出气烟箱两部分。进气烟箱是烟道与电场之间的过渡段。烟气经过进气烟箱要完成由进气烟箱的小管道截面到电场大截面的扩散。此时，保持烟气流速、流场分布均匀性的平衡过渡显得尤为重要。因此，为了达到整个电场截面上气流分布的均匀，进气烟箱采用喇叭形，并在其中装有三层气流均布板，其目的是使烟道中的烟气经过时，气流尽可能均匀地进入全电场。同时在进气烟箱上要有对湿度、温度、流速、动静压及含尘浓度等进行监测的监测孔。

出气烟箱是已经净化过的烟气从电场到出气烟道的过渡段。这里对气流分布的要求比较低，只需注意不要因为烟气流速的急剧变化对电场内的气流分布造成大的影响即可。

2. 电晕极系统(阴极系统)

电晕极系统是产生电晕、建立电场的最主要构件，它决定了放电的强弱，影响烟气中粉尘荷电的性能，直接关系着收尘效率。安装时要保证严格的极间距，确保整个电晕极系统与电收尘器其他部件良好的绝缘性能和足够的放电距离。

电晕极系统由阴极框架、阴极砧梁、阴极悬挂系统及防摆装置构成。电晕极系统通过砧梁悬挂在阴极吊梁上。电晕极系统支承绝缘子或绝缘轴的周围，若温度过低，其表面容易结露。当收尘器工作时，可能沿绝缘子或绝缘轴表面放电，使工作电压无法上升，所以支承绝缘子附近装设电加热器，外加保温箱，设恒温控制器，以保持温度。

3. 收尘极系统(阳极系统)

收尘极系统主要由极板排、振打砧和防摆装置等组成。其中，极板排的核心作用是与电晕极线共同形成静电场，用于收集粉尘。极板排由专用轧机轧制，具有良好的收尘性能。

4. 灰尘收集输送系统

电收尘器收集下的粉尘，通过灰斗和排、输灰装置输送，以保证电收尘器的稳定运行。输灰方式分为两类：干输灰和水冲灰，干输灰又分为气力输灰和机械输灰两种。

5. 壳体

壳体可以分为两部分：一部分是承受电收尘器全部结构重量及外部附加荷载(北方地区还须考虑冬季雪载)的框架；另一部分是用以将外部空气与电收尘器内部隔开，独立形成一个电收尘环境的墙板。现代电收尘器几乎都采用钢质壳体，壳体也有用钢筋混凝土或砖砌筑的。当捕集高温及腐蚀性较大的烟气时，则采用瓷砖或铅板作内衬。一般壳体耗钢量占收尘器总钢量的 1/5～1/3，所以它是影响电收尘器经济性的重要因素。壳体不仅要有足够的强度及严密性，而且要考虑工作环境下的耐腐蚀性和稳定性。因为在运行前后，电收尘器各构件受热要发生变形，所以电收尘器壳体下部的支座不能都与基础固定，而是只有一点固定，其余各点采用各种形式的活动支座，使其沿指示方向滑动。

6. 保温系统

保温不良不仅会影响电场内气流分布的均匀性，或由于绝缘子结露导致沿面爬电，从而影响电收尘器的正常工作，而且还会导致电收尘器锈蚀。若保温层敷设质量差，使用寿命短，必将造成人力和物力的浪费，因此壳体保温的设计施工同样也是不可忽视的。保温材料要选热阻大、重量轻、易敷设的材料，如岩棉板、矿渣棉板、玻璃棉毡、微孔硅酸钙、蛭石板、珍珠岩板等。

保温层的护板材料要选耐腐蚀、抗老化、方便施工的板材，并要求断面呈波形，如薄的刷漆钢板、玻璃钢瓦等。对保温层和护板的敷设，要做到敷设连续，搭缝严密，防止漏雨。

7. 顶部电磁锤振打系统

顶部振打作用力的方向与极线的轴线方向一致，极线不会受到剪切力作用，极线的轴向强度大于径向强度，因此不易断线。由于顶部振打，其振打装置设置在电收尘器顶部，隔离于烟尘之外，烟尘中没有运动部件，因此运行安全可靠，便于维护管理。顶部电磁锤振打可实现振打强度、振打频率和振打顺序在一定范围内随意调节，调整灵活、方便。电磁锤振打器的工作原理：当线圈通电时，线圈周围便产生磁场，振打棒在磁场力的作用下被提升。达到一定高度时，线圈断电，磁场消失，振打棒在重力作用下自由下落，撞击振打杆；由振打杆将振打力传递到电收尘器内部的阴、阳极系统或气流分布装置上，达到振打清灰的目的。

10.6.4 电收尘器的分类

电收尘器的形式多种多样，主要包括以下几种类型。

1. 按电极清灰方式不同分类

按电极清灰方式的不同，电收尘器可分为干式电收尘器、湿式电收尘器、雾状粒子电捕集器和半湿式电收尘器等。

(1) 干式电收尘器

在干燥状态下捕集烟气中的粉尘，借助机械振打清除沉积在收尘板上的粉尘的收尘器称为干式电收尘器。这种电收尘器振打时，容易使粉尘产生二次飞扬，所以设计干式电收尘器时，应充分考虑粉尘二次飞扬问题。现大多数电收尘器都采用干式。

(2) 湿式电收尘器

收尘极捕集的粉尘，采用水喷淋或适当的方法在收尘极表面形成一层水膜，使沉积在收尘器上的粉尘和水一起流到收尘器的下部而排出，采用这种清灰方法的电收尘器称为湿式电收尘器。这种电收尘器不存在粉尘二次飞扬的问题，但是极板清灰排出水会造成二次污染。

(3) 雾状粒子电捕集器

这种电收尘器捕集像硫酸雾、焦油雾那样的液滴，然后使其呈液态流下并除去，它也属于湿式电收尘器的范畴。

(4) 半湿式电收尘器

吸取干式和湿式电收尘器的优点，在此基础上研究出了干、湿混合式电收尘器，也称半湿式电收尘器。它使高温烟气先经干式收尘室，再经湿式收尘室后经烟囱排出。湿式收尘室的洗涤水可以循环使用，排出的泥浆经浓缩池用泥浆泵送入干燥机烘干，烘干后的粉尘进入干式收尘室的灰斗排出。

2. 按气体在电收尘器内的运动方向分类

按气体在电收尘器内的运动方向，电收尘器可分为立式电收尘器和卧式电收尘器两类。

(1) 立式电收尘器

气体在电收尘器内自下而上做垂直运动的即为立式电收尘器。这种电收尘器适用于气体流量小、收尘效率要求不高且粉尘易于捕集和安装场地较狭窄的情况。图 10-25 所示为 60 m^2 立式电收尘器，含尘气体经过均匀分布装置后，均匀地进入电场，净化后的气体经收尘器上部，从烟囱排入大气。

立式电收尘器相较于卧式电收尘器，其结构形式有所不同，主要是为了适应气流的竖向流动。这种设计使得立式电收尘器在同样处理能力时，占地面积较少，同时允许较大的气流通过，气流分布也较为均匀。尽管立式电收尘器的电场长度受限制，多数情况下是单电场，但这些特点使其在特定应用场景下具有明显的优势。

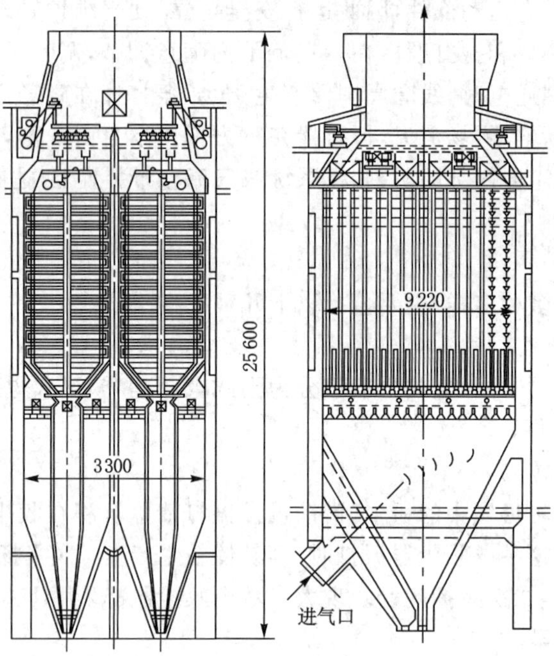

图 10-25　60 m^2 立式电收尘器

(2) 卧式电收尘器

气体在电收尘器内沿水平方向运动的即为卧式电收尘器。这种电收尘器可根据需要任意加长和延伸，分为几个分开的通路（一般为 2 个）和几个供电压不同的区域，前者称为收尘室，后者称为电场。图 10-26 为国产 WB20 型电收尘器，是单室双电场卧式电收尘器。

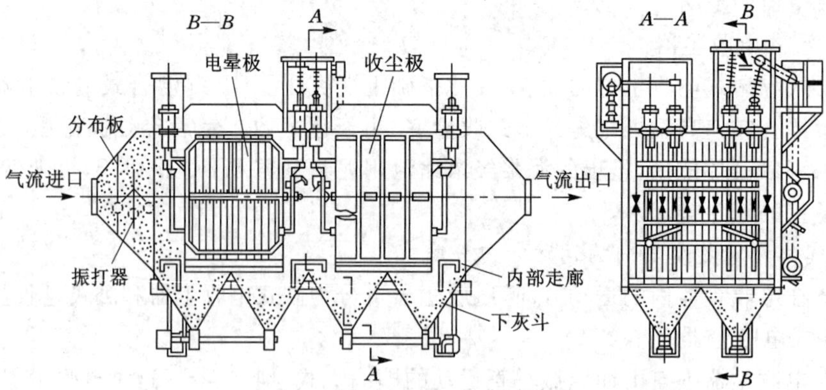

图 10-26　WB20 型电收尘器

卧式电收尘器的特点是沿气流方向可分为若干个电场，从而提高收尘效率。在处理烟气量较大时，容易保证气流沿断面的均匀分布，从而有效去除颗粒烟尘。卧式电收尘器适用于负压操作，可以延长引风机的寿命，减缓或消除反电晕现象。设备的高度较立式电收尘器低，基建投资费用较少，安装检修较方便。但其占地面积较大，设备较重。

3. 按荷电形式不同分类

按荷电形式不同可分为单区式和双区式两种。前面介绍的电收尘器属于单区式，粒子的荷电和集尘是在同一区域中进行的，即电晕系统和沉降系统都在这一个区域里。工业收尘和烟气收尘多用这种电收尘器。

双区式电收尘器是尘粒的荷电和沉降是在结构不同的两个区域中进行的，在第一区域中安装电晕电极；第二区域中安装沉降电极。前者进行尘粒的荷电，又称电离，后者进行集尘，因此又称集尘器。这种电收尘器能捕集 0.25 μm 以上的微细颗粒，收尘效率达 85%～95%，主要用于空气的微细颗粒的净化，处理含尘浓度较低的气体。

4. 按集尘电极形式不同分类

按集尘电极形式，大致可分为平板式、管式、圆筒式和格栅式等。管式又可细分为圆形和多角形横截面管。目前使用较多的是平板式和管式两种。带圆管集尘电极的电收尘器叫管极式电收尘器。工业使用的电收尘器内部并排安装许多圆管与导线构成的电极组。如果用一些平行配置的平板代替上述的圆管，并在每两块平板之间布置一排与平板平行的导线，则这种收尘器被称为板极式电收尘器。管式收尘器多用于较小型的电收尘器，而平板式集尘电极形式较多，常用于大型的电收尘器。

10.6.5 电收尘器的收尘效率

电收尘器的收尘效率与气体性质、粉尘特性、本体结构、操作条件等有关。

1. 气体性质

气体性质包括气体温度、压力、湿度、气流速度和含尘浓度。气体温度的升高和压力的降低，会使气体密度减小，从而降低起晕电压、电晕极表面电场强度和火花放电电压。气体温度的变化会引起粉尘比电阻值的改变。一般来说，气体湿度大(含水多)，收尘效率高，但若气体湿度过大，电收尘器内易结露而腐蚀。电收尘器内的气流速度不宜过大，以免造成集尘极上的粉尘重返气流和电极晃动，降低收尘效率；但也不宜过小，以免设备体积庞大，耗费钢材与投资。一般考虑在满足收尘效率、尽可能降低钢耗条件下，选择合理气流速度。进入电收尘器的气体含尘浓度超过一定值时，会造成空间电荷过多，抑制电晕电流的产生，影响收尘效率，一般要求进入电收尘器的气体含尘浓度在 50 g/m^3 以下。

2. 粉尘特性

粉尘粒径、黏附性和比电阻都会影响收尘效率。粉尘在电场中的驱进速度与粉尘粒径有关，当粒径在 0.3～0.9 μm 范围内时，收尘效率最低，而总收尘效率随中位粒径的增大而提高。粉尘的黏附性可使微细尘粒凝聚增大，有利于收尘；但若黏附性过强，尘粒易黏结在电极上，不易打下，从而降低收尘效率。电收尘器运行最适宜的粉尘比电阻范围为 10^4～10^{11} Ω·cm，比电阻过低，则被捕下的粉尘易脱离极板，重返气流；比电阻过高，集尘极上会产生反电晕。常用增湿或在气体中加入一定量的 SO_3、NH_3 等添加剂，称为调质措施，以降低粉尘的比电阻值。

3. 本体结构

影响收尘效率的关键构件是电极和气流分布装置。集尘极的几何形状、电晕线的半径、极板间距、电晕线间距等对电收尘器的电气性能(如起晕电压、工作电压、电晕电流)都会产生不同程度的影响。电收尘器内气流分布不均匀、流速低的区域，收尘效率高，但补偿不了高流速区域收尘效率的降低值,从而降低收尘器的收尘效率。

4. 操作条件

操作条件包括工作电压和电晕电流、电极振打强度与频率。若使电收尘器获得高收尘效率,要求高压供电电源处于稳定的高工作电压。由于电晕功率由工作电压和电晕电流组成。因此,为了得到尽量高的收尘效率,要确保电源能在最大的电晕功率下运行。若振打强度或频率过高,脱离电极的粉尘分散,容易重返气流;反之,电极上的粉尘不易振下,会使电晕线肥大变粗,降低电晕放电效果,收尘效率下降。

电收尘器是一种高效收尘设备,已广泛应用于各工业生产中。它的优点是:收尘性能好,能捕集 0.1 μm 以下微细尘粒,并可获得较高收尘效率(达 99%);由于电场力直接作用在粉尘上,所以流体阻力小,一般不超过 200 Pa,因而动力消耗少,维修费用低;可以处理不同性质粉尘,如较高压强(达 3 kPa 表压)、较高温度(达 500 ℃)、高湿度(达 100%)以及有化学腐蚀性的气体;处理大量气体时能适应广泛、快速变化着的进气状况,可使电收尘器稳定在最佳状况下运行,操作可自动化。其缺点是:要配置比较复杂的高压直流供电系统;设备笨重,初次投资费用高;对粉尘电阻率有一定要求,一般低于 10^4 Ω · cm 或高于 2×10^{10} Ω · cm 时,收尘效率不高;另外,需要较高的管理技术水平,同时不适用于处理含尘浓度大的气体(一般不超过 40 g/m^3),否则需在电收尘器前添置预处理装置除去粗颗粒。

电收尘作业事故案例分析与防范

练习题

1. 收尘设备的分类有哪些?
2. 旋风收尘器的优点有哪些?
3. 袋式收尘器的过滤机理是什么?
4. 电收尘器的收尘原理是什么?
5. 收尘设备的选型原则是什么?

收尘设备测试题

第 11 章　气力输送设备

◇ 本章教学要点

知识要点	能力培养
1. 掌握气力输送设备的分类及工作原理； 2. 掌握气力输送设备的主要结构构成； 3. 掌握不同类型输送设备之间的差异化。	1. 能够根据需要，选择合适的粉体输送设备； 2. 具备粉体输送设备各方面的相关计算和设计的能力。

11.1　概述

颗粒状物料的输送除了采用各种机械设备输送外，还可以采用气力输送设备。气力输送设备是利用气体的流动来输送颗粒状物料的设备。该设备具有许多优点，包括防尘效果好；便于实现机械化、自动化，可减轻劳动强度，节省人力；在输送过程中，可以同时进行多种工艺操作，如混合、粉碎、分选、干燥及冷却。

与传统机械输送设备比较，气力输送设备的优点主要体现在以下几个方面：

(1) 直接输送散装物料，占地面积小，易于装卸，输送能力大(可达 800 t/h)，效率高，费用低，无回程装置，设备简单，维修费少。

(2) 输送管路能够灵活布置，可用于复杂线路的运输。支持水平、垂直、倾斜或拐弯等多种形式，并适应各种不同的输送距离，便于实现集中、分散、大高度(可达 400 m)、长距离(可达 2 km)的各种地形输送，不受空间条件的限制，生产设备可以选择合理布置形式。

(3) 运送过程中能同时进行对物料的混合、分级、干燥、加热、冷却和分离等过程；在密闭的管道中输送物料，既可保证输送物料的质量(即不受潮、不受污损或混进杂物)，又可减少粉尘飞扬，改善环境卫生。

(4) 输送过程可实现全部自动化和遥控操作，降低劳动强度，提高劳动生产率，减少成本和占地空间。

然而气力输送设备也存在一些缺点：

(1) 动力消耗大，尤其对短距离输送更为显著，设备(主要是分离器入口)和管道(主要是弯头)磨损较快，如果设计、施工或运转不当，则容易造成物料沉积，以致堵塞，使输送中断。

(2) 需要配备一套压气系统，设备投资较大。

(3) 不宜输送湿度大、黏性大或易破碎的物料等。

尽管存在这些缺点，气力输送设备在无机非金属材料工业中的应用仍日益广泛。

气力输送设备一般由受料器(如喉管、吸嘴、发送器等)、输送管、风管、分离器(常用的有容积式和旋风式两种)、锁气器(常用的有翻板式和回转式两种,既可作为喂料器,又可作为卸料器)、收尘器和风机(如离心式风机、罗茨鼓风机、水环真空泵、空压机等)等设备和部件组成。受料器的作用是进入物料,造成合适的料气比,使物料启动、加速。分离器的作用是将物料与空气分离,并对物料进行分选。锁气器的作用是均匀供料或卸料,同时阻止空气漏入。风机的作用是为系统提供动力。真空吸送系统常用高压离心风机或水环真空泵;而压送系统则需用罗茨鼓风机或空压机。

11.2 气力输送设备的工作原理及分类

11.2.1 气力输送设备的工作原理

气力输送设备是依靠空气流动将干燥的散状固体粒子或颗粒物料输送到指定地点的一种输送装置。其原理是利用输送风机在密封管道内产生与外界大气压不同的压力,形成压力差。这个压力差值赋予了空气流动的能量,使得空气能够以气流的形式携带小颗粒固体一起顺着管道向前。

11.2.2 气力输送设备的分类

气力输送设备按空气在管道中的压力状态可分为压送式、吸送式和混合式三种。在无机非金属材料工业中,混合式使用较少。除从车船卸载颗粒状物料采用吸送式外,其他场合普遍采用压送式。压送式又分为高压和低压两类:高压输送设备的空气压强为 203～507 kPa(表压),由空气压缩机供气;低压输送设备的空气压强在 51 kPa(表压)以下,由罗茨鼓风机或透平式鼓风机供气。低压输送设备适用于输送距离小于 300 m 的场合。

1. 压送式气力输送设备

压送式气力输送设备如图 11-1 所示。在系统中,利用输送设备起点处的风机等气源设备,将高于大气压的压缩空气通入输送设备中,同时物料定量送入高速运行的气流中,在气流的带动下,物料到达输送设备终点,经过滤后与空气分离,物料进入料仓,空气排入大气。压送式气力输送设备主要用于将物料输送到一个或几个料仓的工况,具有比较高的容量并且适合于较远距离的输送。

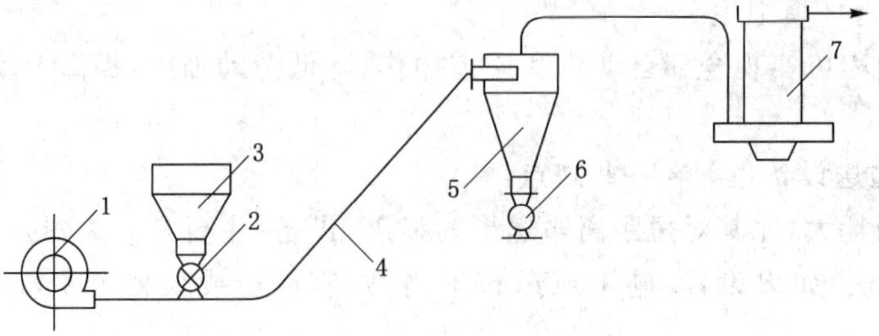

1—风机;2—料斗;3—加料器;4—管道;5—分离器;6—出料器;7—收尘器。

图 11-1 压送式气力输送设备

2. 吸送式气力输送设备

吸送式气力输送设备(图 11-2)利用终点处的风机抽吸系统内空气,形成负压气流,物料与空气从吸嘴进入并随气流到达终点,经分离后空气排入大气。风机装在系统末端,运行时整个系统呈负压。吸送式气力输送设备适合将物料从一个或多个料仓输送到一个储库,能有效收集物料,但输送距离受限。由于管道内压力低于大气压,气体不会外漏,适合输送有毒或有害物料。

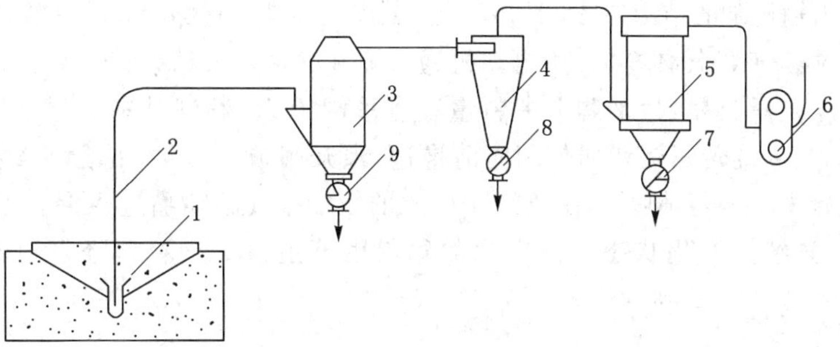

1—吸嘴;2—管道;3、4—分离器;5—收尘器;6—风机;7—出灰器;8、9—出料器。

图 11-2　吸送式气力输送设备

吸送式气力输送设备多用于将各卸料点的物料集中到一个收集点,但压差不超过 101 kPa,输送距离较短。压送式气力输送设备多用于将固定地点的物料送往多个收集点,因采用压缩机可产生较高压强,压差可达实际需求值,适合长距离输送及向高处输送物料。

11.3　管道式气力输送设备

11.3.1　工作原理

管道式气力输送设备是利用气流对固体颗粒的作用,在连续流态化的状态下,在管道中输送物料的设备。它通过建立一个密封的管道系统来进行物料的输送,管道内的气体流动将物料带到目的地。这种设备通常包括一个或多个动力源(如发送罐、罗茨风机等),使用动力(如电力或燃料)将空气压缩到高压。然后,压缩空气通过管道传送到输送物料的地方。在到达目的地时,气体通过控制阀门来控制物料的流量和输送速度。

在选择气力输送设备时,需要考虑一些重要因素,包括物料的性质、输送距离、物料流量以及需要输送的能力等。在合适的情况下,气力输送设备可以提供高效、环保、经济的输送解决方案。

11.3.2　结构

组成气力输送设备的主要装置有:供料装置、输送管道、换向阀门、收尘装置、空气压缩机或真空泵以及自动控制仪表等。供料装置是其中的主要部分,在压送式气力输送设备中使用的供料装置,属于高压输送的有螺旋式气力输送泵、仓式气力输送泵等,属于低压输送的有气力提升泵、栓流气力输送泵等;在抽吸式气力输送设备中使用的供料装置是收嘴。

1. 螺旋式气力输送泵

螺旋式气力输送泵的工作原理主要依赖于螺旋轴旋转和压缩空气压力的共同作用，从而实现物料的连续输送。这种设备通常用于机械式气力输送设备。其工作过程如下：在混合室的下部装有喷嘴，压缩空气通过喷嘴箱喷入混合室，在射流及压差作用下，粉体以悬浮流的方式快速进入输送管道，并被输送至受料仓内。经仓顶料气分离器过滤后，空气被排入大气，而粉体在重力作用下落入受料仓内，完成粉体输送。

螺旋式气力输送泵的结构如图 11-3 所示。工作机构是带有螺旋 8 的悬臂轴 3。螺旋安装在带有可拆换衬套 10 的筒体 9 内，用电动机通过弹性联轴器带动旋转，转速约为 980 r/min。喂料接管 5 用来支承料斗，为了调节喂料量装有平闸板 7。粉料从料仓送入喂料接管 5 加入受料箱 6 后，受到旋转螺旋 8 的作用向前推进，顶开闸板 12 进入混合室 4 内。混合室的底部沿全宽配置上下两行喷嘴 2，由管道 1 引入的压缩空气经喷嘴进入混合室，与粉料充分混合，使粉料呈连续流态化状态。流态化的物料由管道口 15 输出，经管道输送至指定的地点。

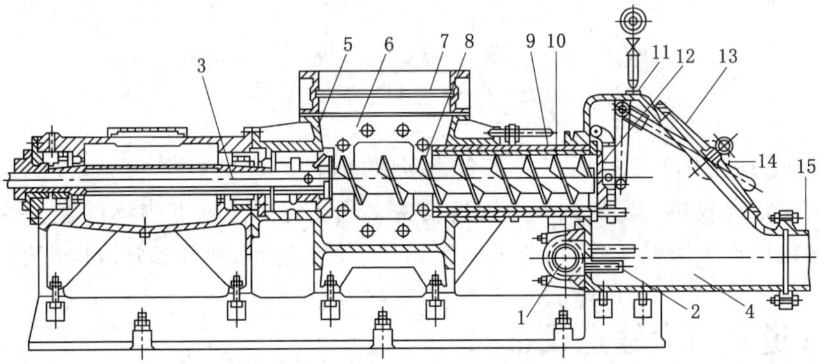

1—管道；2—喷嘴；3—悬臂轴；4—混合室；5—喂料接管；6—受料箱；7—平闸板；8—螺旋；
9—筒体；10—衬套；11—杠杆；12—闸板；13—检修门；14—重锤；15—管道口。

图 11-3　螺旋式气力输送泵

为了防止气料倒流，螺旋采用变螺距设计，螺距向出料方向逐渐减小，出料口螺距比入料口螺距小 30%，使物料在螺旋内被逐渐挤紧，在出料口形成密实的料栓以阻止倒流。为了保证料栓有一定的密实性并防止因供料不足或中断时气料倒流，在出料口装有阀门，阀门铰接在阀臂上，阀臂固定在转轴上，转轴的两端伸出机外，并装有杠杆和重锤，使阀门对出料口保持一定的压力。当料栓被推挤到比较密实时，才能顶开阀门卸出，在供料不足或中断时，阀门则及时关闭。

此外，螺旋式气力输送泵还利用压缩空气通过喷嘴箱由喷嘴喷入混合室，与物料混合并进入输送管道。由于混合室内压缩空气压力较高，容易造成气料沿着螺旋与套筒向入料口倒流。因此，设计上采取了一系列措施来防止这种倒流现象的发生，确保物料能够安全、有效地被输送到目的地。

螺旋式气力输送泵的优点是：输送能力强，可以满足多种物料的输送要求；结构简单，占据空间较小，设备质量较轻，也可装成移动式使用；适用范围广，可以适用于多种物料输送，尤其是黏性和易流动性较好的物料，如颗粒、粉末、液体等。其缺点是：输送磨蚀性较强的物料时螺旋叶片磨损较快，动力消耗大（包括压缩空气和螺旋泵本身的动力消耗）；因泵内气体密封困难，不宜作高压长距离输送。

在无机非金属材料工业中，螺旋式气力输送泵主要用于输送水泥、生料及煤粉等粒度比较均匀的粉状物料。压缩空气的压强为 0.3～0.4 MPa，输送距离一般可达 200 m。

2. 仓式气力输送泵

仓式气力输送泵的气力输送系统是由仓泵、气源、管道和灰库等部分组成，采用正压气力输送方式来输送粉状物料，广泛应用于电厂粉煤灰、水泥、水泥生料、矿粉等物料的输送。利用压缩空气作为气力输送的动力源，由设置在料封泵上的密闭管道将物料输送到接收点，实现无污染传输。

仓式气力输送泵有单仓式和双仓式两种。图 11-4 所示为单仓式气力输送泵。图 11-4(a)为从底部供送物料到管道的单仓式气力输送泵工作示意图。输送泵是一个钢制的圆柱形容器，底部收缩成圆锥形。物料由小仓 6 经容器顶部的加料阀 2 装入仓内。待物料装满后，压缩空气自底部的风管 3 送入，将仓内的物料经仓底的渐缩管吹入管道中。待仓内的物料送完之后，压缩空气即停止送入。加料阀再次打开，容器重新装料，开始进行下一工作循环。

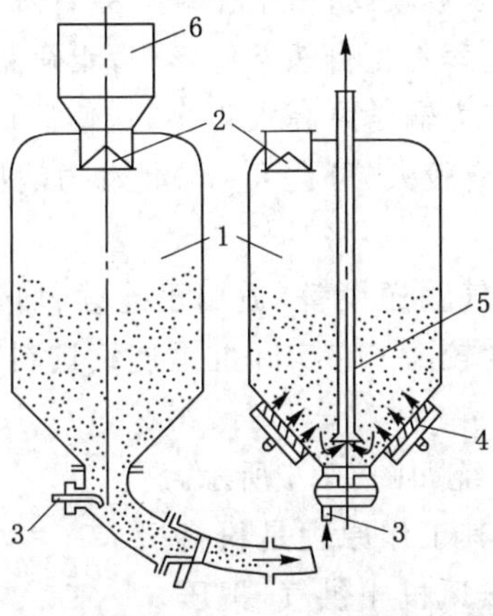

(a) 底部送料　　(b) 顶部送料

1—容器；2—加料阀；3—风管；4—多孔板；5—输送管道；6—小仓。

图 11-4　单仓式气力输送泵

图 11-4(b)是从顶部供送物料到管道的单仓式气力输送泵。输送管道 5 深入容器 1 底部。压缩空气自容器锥底上的风管 3 经喷嘴高速喷入输送管道，由于喷嘴与输送管道之间形成局部负压，喷嘴周围的物料便在泵内料柱压力作用下随气流进入输送管道向上送出。在泵体锥底周壁上装有多孔板 4，送料时，压缩空气通过多孔板送入物料中，使物料充分流态化，以使物料均匀顺畅地进入输送管道。

有的仓式气力输送泵的缸体底部装设有多孔板装置的充气室（图 11-5），压缩空气由播风管 2 进入充气室 1，经多孔板 4 进入容器内，使物料处于良好的流态化状态，以便以较高固气比进行输送。

单仓式气力输送泵在泵体上部设有存料小仓，在泵体进行送料的同时，输送机向小仓内喂料；在泵体内物料卸完后，小仓内物料自动放入泵体内，然后开始第二个吹送过程。进料和送料过程是交替进行的，因此单仓式气力输送泵是间歇式的供料设备。为了提高输送能

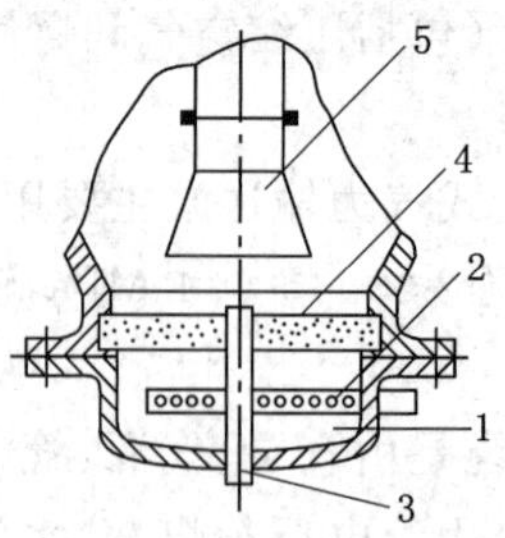

1—充气室；2—播风管；3—压缩空气管；4—多孔板；5—输送管。

图 11-5　底部充气结构图

力，并使输送能连续进行，可在每一输送管道上配用两个单仓式气力输送泵交替加料和送料，使整个输送系统基本上连续送料，这就是双仓式气力输送泵。输送泵的装料、送风及送料等操作，均通过气动阀门、电磁控制阀等装置来自动控制。

仓式气力输送泵的优点是：系统配置简单，设备投资少；物料输送浓度高，能耗少；系统可调节性强，使用寿命长，安全系数较高；可根据地形条件灵活布置输送管道，实现集中、分散、大高度、远距离输送；输送过程不受自然条件影响，能确保物料不受潮，环保无污染。

其缺点是：体型比螺旋式气力输送泵高大得多，这使厂房的建造费用大大增加。通常，仓式气力输送泵适用于输送距离较大(可达 2 km)且动力消耗较高的场合。

3. 气力提升泵

气力提升泵是一种低压空气输送设备，适用于连续、均匀地垂直提升输送干燥粉状物质，其输送能力较大且提升高度较高。它实际上是连续进料和送料的仓式气力输送泵的另一种形式。

气力提升泵的气力输送系统如图 11-6 所示，主要由压缩机和提升泵组成。其工作原理是粉料连续加入提升泵 1 中，用罗茨鼓风机 4 供气，把压缩空气通入提升泵内，压缩空气在提升泵底部生成气泡，此时管底混合流体的密度变小，底部流体与中上部流体压强不同，从而产生了压差，由此产生了向上运动的混合流体。进入膨胀仓中，空气与粉料分离，粉料由下部锥体部分卸出，空气则由顶部排出。气力提升泵风机的风压一般为 35 kPa 左右。

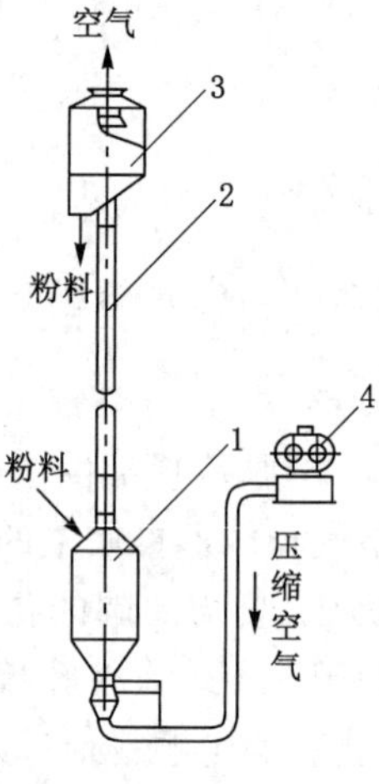

1—提升泵；2—管道；3—膨胀仓；4—罗茨鼓风机。

图 11-6　气力提升泵的气力输送系统

气力提升泵按结构可分为立式和卧式两种。两者的主要差别在于喷嘴的布置方向不同。喷嘴垂直布置的为立式，喷嘴水平布置的为卧式。

立式气力提升泵如图 11-7 所示。物料由泵体顶部进料口 1 喂入，压缩空气则由泵体下部经主风管 10 冲开止逆阀 15 进入气室 14，喷嘴 13 与输送管 3 间保持一定距离(h)，并可调节。当气室的气体由喷嘴 13 高速喷入输送管 3 时，在输送管口处便形成了负压，另一部分辅助空气(3%～10%)由充气管 8 经充气板 6 充入物料中，使物料流态化。流态化物料在泵内料柱的压力和喷嘴处形成的低压下流向喷射区进入输送管内，并沿输送管被提升到一定高度，送到终点的膨胀仓内分离而落下。

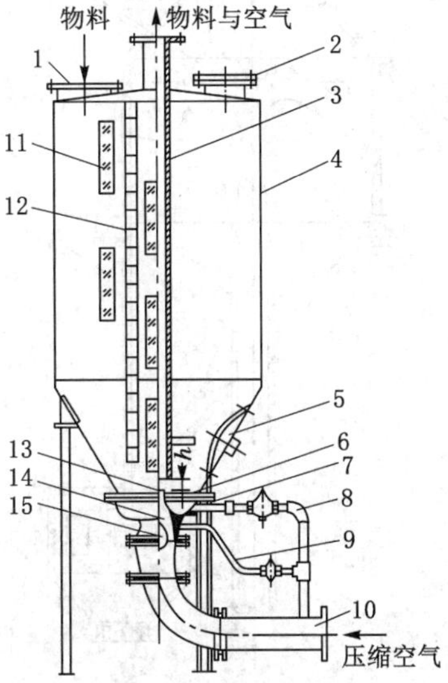

1—进料口；2—安全阀；3—输送管；4—提升泵体；5—人孔；6—充气板；7—充气室；8—充气管；9—清洗风管；10—主风管；11—观察镜；12—料面标尺；13—喷嘴；14—气室；15—止逆阀。

图 11-7　立式气力提升泵

卧式气力提升泵如图 11-8 所示。其出口管为水平方向，需经过一段水平距离然后通过弯管转向垂直方向。其结构较立式简单，外形高度也较矮，一般装设在地面上。

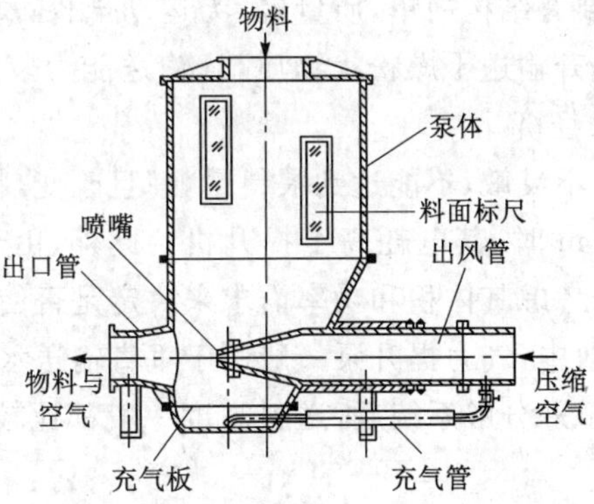

图 11-8　卧式气力提升泵

膨胀仓的构造如图 11-9 所示。在垂直输送管 3 的末端连接一个膨胀仓，它的作用是将物料从气流中分离出来。当物料与气体混合流沿输送管 3 进入膨胀仓体 1 时，由于体积突然扩大而引起气流速度突然降低，并受到冲击板 2 的阻挡，物料便在重力和惯性力作用下分离出来，经闪动阀 4 卸出；分离出物料后的气体经排气管进入收尘系统，进一步将物料收集下来。

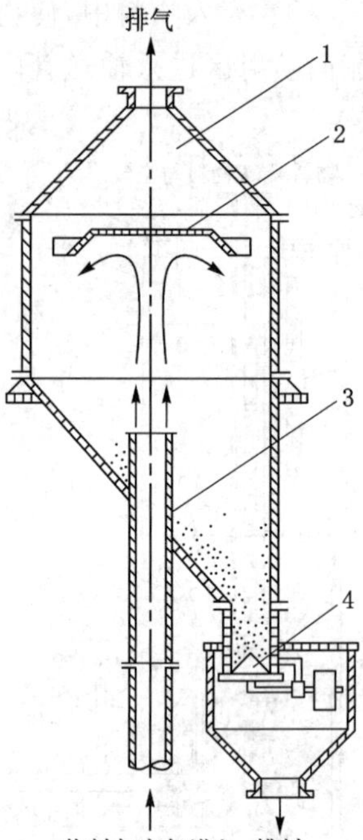

1—膨胀仓体;2—冲击板;3—输送管;4—闪动阀。

图 11-9　膨胀仓

气力提升泵的提升高度可达 80 m,输送能力可达 200 t/h。气力提升泵的输送风速根据物料细度、密度、流动性及输送高度而定。

气力提升泵的优点主要有结构简单,质量轻,无运动部件,磨损小,操作维护方便可靠,适用于连续、均匀地垂直提升输送干燥粉状物质,且输送能力较大,提升高度较高。在提升高度超过 30 m 时使用较为经济。

其缺点是:调节输送量不灵敏,不能达到喂料量,一旦改变,料柱高度就立即变到应有的高度。在提升高度低于 20 m 时,其电耗高于提升机。此外,由于泵体高大,可能在某些应用场景不太适合,需要综合考虑其体积和功率需求来决定是否使用气力提升泵。

在无机非金属材料工业中,气力提升泵一般用于垂直输送水泥、生料粉及煤粉等。水泥回转窑采用悬浮预热器和窑外分解系统后,送料高度一般都比较高(达 40 m 以上),可采用气力提升泵输送生料。

4. 栓流气力输送泵

原有气送(吸送与压送)存在动力消耗大、管壁磨损严重、不能适应黏性物料以及尾气分离负荷大等缺点,限制了其应用。为此发展出了栓流气力输送技术,又称料栓输送、密相气力输送。与普通气力输送有所不同的是,栓流输送时管内会形成一段密集料与一段气体相间隔开的形态,主要借气体的静压差来推送料栓,并可辅以机械振动。栓流气力输送的输送速度低、料气比高,具有消耗动力小、对管壁磨损小、能适应黏性物料等优势,还能输送浆状物料。栓流气力输送过程中,物料在输送管道内堆积成料栓,料栓之间充满空气,物料在输送管中不再散开,形成“一段物料,一段空气”的形式,依靠料栓两端的静压差向前移动。因为把物料分隔成短的料栓，物料和管壁间的摩擦阻力减小。因此，所需的气流压强低，料、气的流速慢，气流速度在 8 m/s 以下，输送压力一般为 0.2～0.4 MPa，固气比在 20～25 之间，输送距离在 300 m 以下。

栓流气力输送的成栓主要有气刀式、旁通管式和膜片式三种，如图 11-10 所示。目前使用较多的是气刀式。

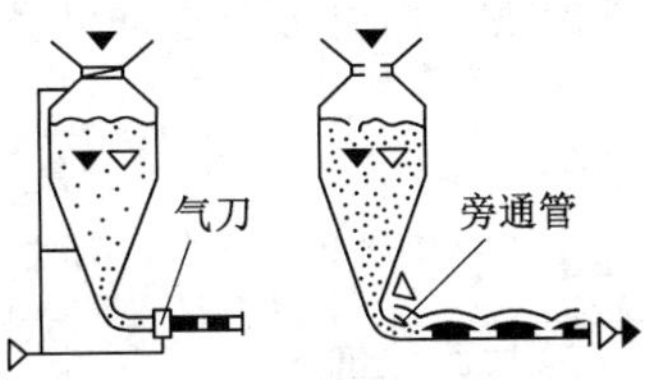

(a) 气刀式　(b) 旁通管式　(c) 膜片式

图 11-10　栓流气力输送类型

5. 输送管道

气力输送系统的输送管道是气力运输的重要组成部分，其设计和选择对输送性能有着显著的影响。气力输送用的管子、弯管及阀件一般都有耐压、耐磨等特殊要求。在选择输送管道时，应根据输送物料的种类、物理和化学性质来决定。例如，对于一般物料的输送，可选用无缝钢管、镀锌钢管。而对于食品、药品和化工原料的输送，可以选用不锈钢管、铝管及硬质塑料管等。较大直径的管道可采用厚的钢板卷制，接缝处可采用焊接或咬合。安装时，通常采用法兰连接，但当管道很长时，为了减少法兰数目，可将管道焊接，适当使用法兰，以便拆卸。在弯管前、后两端必须采用法兰连接，以便在弯管发生堵塞时可以拆卸。此外，在管道连接处，应特别注意管端错位的问题，以避免影响输送效率。气力输送系统的输送管道在设计和选择时还需考虑物料的特性，如是否易于附着、是否需要加热或冷却等工艺要求。对于易附着的物料，如炭黑、氧化钛、烟灰等，可以采取缩小弯管截面、提高气流速度或加工光滑内壁等措施来减少附着和堵塞；而对于需要多处卸料的场合，可能需要使用分支管和换向阀来实现多路输送。

11.4　空气输送斜槽

11.4.1　工作原理及结构

空气输送斜槽是一种利用空气流化原理的物料输送设备，广泛应用于输送干燥易流动粉状物料。其工作原理是利用气流的动能使散粒物料呈悬浮状态随气流沿管道输送。

斜槽由若干个普通薄钢板制成，槽体与其他附件用螺栓铆接而成。槽体上下壳体之间设有透气层，斜槽整体与水平倾斜一定角度。

透气层上面为料室，下面为气室，当具有一定压力的气体吹入气室后经透气层使物料流态化，因而物料在重力作用下像流体一样在槽体内流动，通常用通风机作为风源。料室内多余的空气经斜槽的排气口由收尘器抽走。

空气输送斜槽(图 11-11)用钢板制造。斜槽由上下两槽构成，中间用特制的耐磨化纤物作为透气层将上下两槽隔开。此透气层比老式斜槽透气布寿命成倍提高。当高压空气进入下槽并穿过透气层进入时,使上槽的物料呈流态状,在重力作用下流动而达到输送的目的。整个斜槽沿输送方向按一定斜度布置,槽的截面用透气层 3 分隔为顶槽 1 及底槽 2 两部分。用通风机 4 经调节阀 6 及软管 7 把空气送到底槽中。空气穿过多孔的透气层,使经加料斗 8 喂入到顶槽上的物料充气而流态化。流态化的物料在重力作用下沿斜槽向下滑动,由卸料端 9 卸出。工作后的空气经过槽盖上面的绒布过滤装置 5 排到大气中。

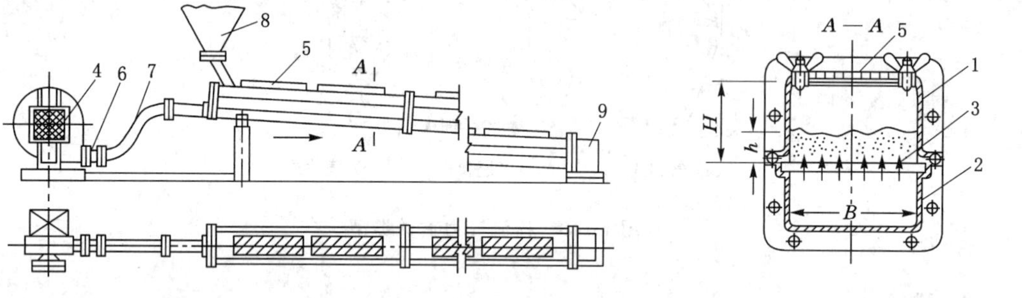

1—顶槽;2—底槽;3—透气层;4—通风机;5—过滤装置;6—调节阀;7—软管;8—加料斗;9—卸料端。

图 11-11　空气输送斜槽

透气层用来承托输送物料,使空气均匀透过将物料流态化。透气层将上下槽体分隔,上槽体为料室,下槽体为气室。具有一定压力的气体从透气层(流化床)微孔中穿过,使被流化的物料改变安息角,粉料呈"悬浮"状态。透气层的孔隙应密布、均匀、连续,确保物料流化均匀,避免发生涡流现象,且气孔板的孔径比输送的物料粒径要小。如果空气通过气孔板的压强稍大于空气流经气孔板上物料层的压强,则物料不能完全流态化,这就大大降低了空气输送斜槽的输送能力。透气层表面应平整,具有一定抗湿性、耐热性和机械强度。目前常用的透气层材料有多孔板及纤维织物两种。多孔板有陶瓷多孔板及水泥多孔板两种。多孔板的结构应均匀,孔的大小应符合要求(输送水泥时孔的大小以 40～60 μm 较佳);通过空气的阻力要小且透气率要高;要有相当的机械强度;具有抗湿性;机械加工容易,且能容易恢复其过滤性。多孔板表面平整,耐热性好,但是机械强度低,性脆,怕冲击,易碎裂,制造中难以保证透气性一致,多孔板与斜槽的装配如图 11-11 所示。

透气层一旦被水或油污浸润会增加透气阻力,特别是水泥遇水会水化硬化,这些都会影响空气输送斜槽的正常运转。有时因切换斜槽流向或安装转接头等,斜槽上部分区域会滞留有物料。滞留物料逐渐压实并缓慢扩大,正常输送一段时间后会侵占过料区引起堵塞。这就要求斜槽制作、安装等过程中尽量避免出现引起物料滞留的条件,或者尽量减少滞留区的大小,以减小滞留物料的侵占。

空气输送斜槽具有一定斜度,当粉料在透气层上被流化悬浮后,其安息角减小,当小于斜槽的倾斜角时,靠自身重力和分力作用,粉料向前流动,达到输送目的。一般直线输送安装进出料向下倾斜 6°～10°,上下槽体及各槽衔接处做到切实可靠的密封(可加垫)。一般来说,在透气层磨损情况允许时,采用大的斜度是有利的。当空气输送斜槽实际安装的倾角小于最佳倾角时,空气输送斜槽上部槽体的物料层会逐渐增高,最终导致上部槽体充满物料,斜槽堵塞;当空气输送斜槽实际安装的倾角大于最佳倾角时,有利于斜槽的输送,但是不能很好地利用斜槽的输送性能及有限的空间布置。

槽体用厚 2～4 mm 的钢板制造。槽体的主要尺寸是槽宽(B)、上槽高度(H)、下槽高度(a)、单节槽体长度(L)。空气输送斜槽的规格是以槽宽(B)毫米数表示，主要规格有 250 mm、400 mm、500 mm、600 mm 几种。因上槽是物料和空气通路，而下槽只通空气，所以上槽较高，下槽较矮，上槽一般 $H=0.5\sim0.8B$，$a=50\sim100$ mm。每段槽体标准长度为 2 000 mm，此外，还可按 250 mm 倍数制造非标准长槽体。各段槽体用法兰连接。为了满足输送路线和卸料点的要求，使斜槽进行改向输送和分支输送，在改向处可装弯槽，在分支处可装高三通槽或四通槽。为了便于观察物料流动情况，在上槽上开有窥视窗。有时只需斜槽一段输送物料，为了节省空气量，可在下槽内装设截风挡板，用于截止通往不输送物料部分槽体的空气。

11.4.2　性能及应用

空气输送斜槽具有无运动部件、无维修、输送量大、输送距离长、改变输送方向方便、并能多点喂料和多点卸料等特点，因此得到广泛的应用。

空气输送斜槽特别适用于粉煤灰等易流态化的粉状物料的输送。因其无传动部分，密封性好，操作安全可靠，可以多点喂料和卸料，空气输送斜槽广泛应用于水泥工业中输送水泥和生料粉。此外，它还被广泛应用于粮食行业输送淀粉、面粉等物料以及化工行业输送二氧化硅、氧化铝粉、纯碱等物料。

空气输送斜槽的设计充分考虑了经济性和实用性，与机械输送方式相比，它具有结构简单、输送能力大、能耗少的优点，尽管有其局限性，但仍是一种非常经济的粉状或颗粒状物料的输送设备。在使用与维修方面，需要注意开机和关机的顺序，保持设备的密封性，以及透气层的正确安装和维护，以确保设备的有效运行和延长使用寿命。

练习题

1. 气力输送设备的优缺点有哪些？
2. 空气输送斜槽的工作原理是什么？
3. 通过实际生产，简单概述空气输送斜槽的适用范围。

气力输送设备测试题

第12章 起重机械

◇ 本章教学要点

知识要点	能力培养
掌握起重机械的分类、结构、工作原理、性能及应用。	能分析、评价起重机械对生产潜在影响,并分析其局限性。

起重机械是以间歇、周期的工作方式,通过吊钩或其他取物装置的起升或降落来移运物料的。在工作中,经历上料、运送、卸料及返回原处的过程。起重机械的主要参数有起重量、起升高度、工作速度、跨度、机械质量及外形尺寸等。

在无机非金属材料工业中,使用的起重机械种类很多,按结构特征可分为简单起重机械、升降机和起重机三种。简单起重机械的特点是动作简单,多数只有一种上下方向的运动,结构简单,携带方便,因此起重量及工作范围都不大。它可以独立作为起重设备,也可作为较复杂起重机械的一个组成部分。升降机是一种只有上下一个方向运动的提升机械,在构造上比简单起重机械复杂些。起重机的构造较为复杂,一般具有两种以上的机构,可用于一定空间的起重。

在无机非金属材料工业中,常用的起重机械有桥式起重机和电动葫芦。

12.1 桥式起重机

12.1.1 工作原理及结构

桥式起重机是水平放置在厂房、库房上方用于吊运物料的起重设备。由于桥式起重机的两端安放在高的混凝土柱子或金属支架上,外形似桥,故俗称“吊车”或者“行车”。其结构如图12-1所示,它主要由桥架及运行机构(或称大车)、卷扬小车、攫物装置以及安装在桥架下面的驾驶室组成。卷扬小车沿着铺设于桥架上的轨道运行;桥架则沿着架设于构筑物墙壁或支架上的轨道运行;小车上有提升机构及运行机构,以使物料垂直提升及沿车间横向运行;桥架上则装有使起重机沿车间纵向运行的机构。这三种运动的配合,即可实现物料在移动空间任意点之间的转移。桥式起重机本身则几乎不占据地面的有效使用面积,使仓库获得充分利用。

桥架是桥式起重机的承载机构,起吊载荷及运行小车的质量由桥架通过装在横梁两端的车轮支承在厂房轨道梁上。大车运行机构设置在桥架上,由电动机通过传动机构和装在横梁上的车轮来驱动运行。小车安放在桥架导轨上,可顺着车间的宽度方向移动。小车主

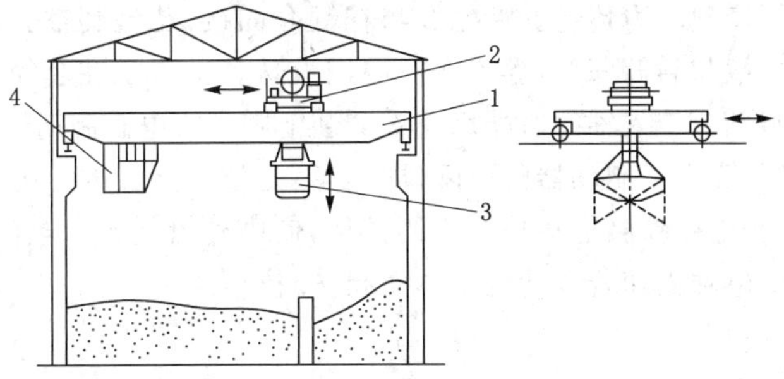

1—桥架及运行机构；2—卷扬小车；3—攫物装置；4—驾驶室。

图 12-1　桥式起重机

要由钢板焊接而成，由小车架以及其上的小车移行机构和提升机构等组成。小车移行机构由小车电动机、制动器、联轴节、减速器及车轮等组成。小车电动机经减速器驱动小车主动轮，拖动小车沿导轨移动，由于小车主动轮相距较近，故由一台电动机驱动。

制动装置是桥式起重机的一种重要机构。在运行机构上采用制动装置，能保证它在指定位置平稳而准确地停住；在提升机构上采用制动装置，能保证物料静止地悬于空中。桥式起重机各机构上采用的制动装置，其动作都是常闭式的，即电动机不通电（机构不工作）时，借助于弹簧并通过制动杠杆的作用，使闸瓦抱住转动轴（通常是电动机轴）上的制动轮；机构工作时则松开闸瓦。松开闸瓦的方法，目前采用电磁铁和液压推杆两种。通电时推杆向上，通过杠杆系统的作用克服弹簧力，即可将制动器打开。

攫物装置形式很多，按所取物料类型主要可分为两类：用于成件物品的攫物装置，如吊钩和电磁铁盘等；用于散料的攫物装置，如料斗和抓斗等。根据攫物装置的构造，桥式起重机有吊钩桥式起重机、抓斗桥式起重机和电磁盘桥式起重机等。它们的结构大致相同，只是根据需要安设不同的攫物装置。

12.1.2　性能及应用

桥式起重机的特点是：提升物料高度一般不受机械本身的限制，而取决于建筑物的高度；可以在移动空间任意点上装卸物料，具有很大的灵活性；起重机本身不占地面，使车间或仓库能得到充分利用。桥式起重机是无机非金属材料工厂的堆场和车间内广泛使用的起重运输设备。一般用途的起重机在起重绳缆上配有吊钩攫物装置，可以直接将成件物品或使用载物容器将松散物料及液体悬挂在吊钩上，进行起重运输作业。特种用途的起重机在起重绳缆上配有抓斗等攫物装置，可以直接载运松散物料。

12.2　电动葫芦

电动葫芦，简称电葫芦，是一种由电力驱动的轻小型起重设备，可以单独使用，也可以安装在直线或曲线工字形轨道上运行或悬挂在梁式起重机上配合使用。它具有体积小、自重轻、操作简单、使用方便等优点，用于工矿企业、仓储码头等场所。

电动葫芦结构如图 12-2 所示。它主要由起升机构和小车运行机构两部分组成。其传动原理如图 12-3 所示，起升机构由电动机通过联轴器带动齿轮减速器的传入轴转动，经由齿轮的四级减速后，实现动力传递。齿轮 8 与花键套固接，花键套空套在减速器传入轴上，由壳体支承，它的左端与卷筒固接，卷筒在左端用滚珠轴承支承在套筒上。这样，当齿轮转动时，卷筒也跟着转动。传入轴的右端用花键套装上圆盘式电磁制动器的内盘，制动器的外盘固定在减速器的外壳上。制动器的上闸（即刹车）是依靠弹簧的压力把内外盘压紧；制动器的松闸则依靠三个电磁铁吸住在外盘上的铁块，使内外盘松开。电磁铁的电路是与电动机的电路并联，因此电磁铁随着电动机工作而起作用。

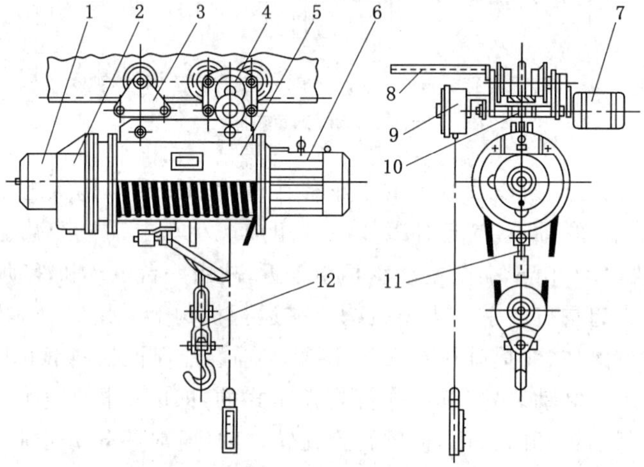

1—盘式制动器；2—齿轮减速器；3—双轮小车；4—运行机构；5—卷扬装置；6—起升电动机；7—运行电动机；8—软缆引入器；9—操纵装置；10—连接架装置；11—上升限位装置；12—吊钩装置。

图 12-2　电动葫芦

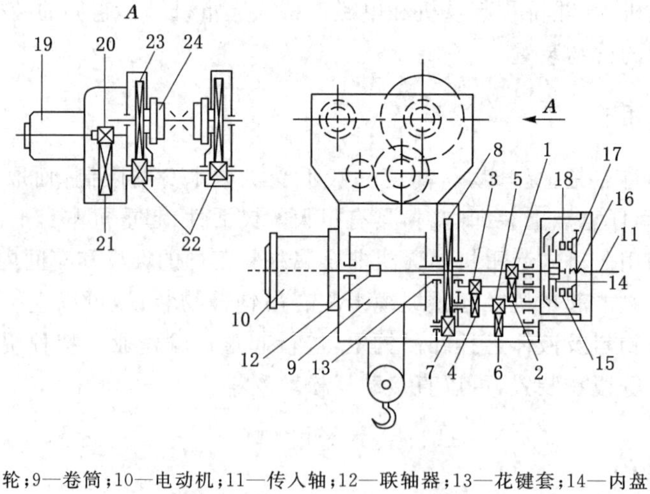

1～8—齿轮；9—卷筒；10—电动机；11—传入轴；12—联轴器；13—花键套；14—内盘；15—外盘；16—弹簧；17—电磁器；18—铁块；19—电动机；20～23—齿轮；24—车轮。

图 12-3　电动葫芦的传动原理简图

小车运行机构由电动机通过齿轮驱动车轮，使整个电动葫芦运行。小车一般有四个车轮，沿着单工字钢梁的下缘运行。电动葫芦多数是采用由一个电动机驱动两边的车轮。由于行走速度小，为了简化构造，小车行走机构一般可不装制动器。

电动葫芦的供电方式有滑线式和软缆式两种。前者一般在运输距离较长和需要环行运行时采用;后者一般在悬垂电缆下部挂着一个按钮开关盒,由地面控制。如果电动葫芦轨道用在电动单梁起重机上,也可采用在司机室里操纵。

为了防止吊钩超出上升极限位置造成钢丝绳拉断的事故,在卷筒的下部设有上升限位器。当载荷起升至极限高度时,压板与按钮接触,切断主电源线路。

电动葫芦有钢丝绳式、环链式和板链式结构,还有液压传动和气动葫芦等形式。钢丝绳式电动葫芦是以钢丝绳作为承载的电动葫芦,具有结构紧凑、自身轻、效率高、操作简便的特点。环链式电动葫芦是以焊接圆环链作为承载的电动葫芦,相比钢丝绳式电动葫芦,结构更加轻巧,价格更便宜。

电动葫芦的起重量一般为0.1～80 t,起升高度为3～30 m。近年来,大起重量的电动葫芦得到迅速的发展,已可替代使用频率较低的桥式和门式起重机运行小车,从而简化大型起重机的结构。

练习题

1. 简述桥式起重机的工作原理。
2. 桥式起重机与电动葫芦之间的区别有哪些?

起重机械测试题

第13章 输送机械

◇ 本章教学要点

知识要点	能力培养
1. 掌握输送机械的分类、结构、工作原理； 2. 掌握输送机械的主要参数及应用情况。	能合理分析复杂工程问题的影响因素，并获得有效结论。

输送机械是用于搬运物料或物品的机械。它不一定有起升物料的机构，但有时也可作起升物料之用。输送机械的主要参数是：生产能力、输送速度、输送高度或输送机倾斜角度、机械质量及外形尺寸等。

输送机械按安装方式可分为固定式输送机（输送量大，效率高）和移动式输送机（机动性强）两类；按结构特点可分为具有挠性构件的输送机（牵引构件是一个往复循环的封闭系统，如带式、链式等）和无挠性构件的输送机（利用工作构件的旋转运动或振动，使物料向一定方向输送，构件不具有往复循环形式，如螺旋输送机、振动输送机等）；按被运输物料种类分为只用于输送粉粒状物料的输送机、只用于输送成件物品的输送机和两者兼可的输送机。

无机非金属材料工业常用的输送机械有：带式输送机、板式输送机、刮板输送机、螺旋输送机（以上为水平或倾斜输送）、埋刮板输送机（水平、倾斜、垂直输送）、斗式提升机（垂直或倾斜提升）及振动输送机（水平或倾斜输送）等。

13.1 带式输送机

13.1.1 工作原理及分类

带式输送机俗称皮带输送机，是一种有牵引构件的典型连续输送机械。带式输送机主要由两个端点滚筒和紧套其上的闭合输送带组成，如图 13-1 所示。带动输送带转动的滚筒称为驱动滚筒（卸料端）；另一个仅用于改变输送带运动方向的滚筒称为改向滚筒（受料端）。驱动滚筒由电动机通过减速器驱动，输送带依靠驱动滚筒与输送带之间的摩擦力拖动。为了避免输送带在驱动滚筒上打滑，用拉紧装置将输送带拉紧。物料由喂料端喂入，落在输送带上，依靠输送带摩擦带动到卸料端卸出。为了防止输送带负重下垂，输送带支在托辊上。输送带分为上下两支，上支为载重边，托辊要装置密些；下支为回程边，托辊可装置少些。

带式输送机可分为通用带式输送机、钢绳芯带式输送机、双向带式输送机和垂直带式输送机等。通用带式输送机又分为固定式（图 13-1）和移动式（图 13-2）两种。按输送带形状

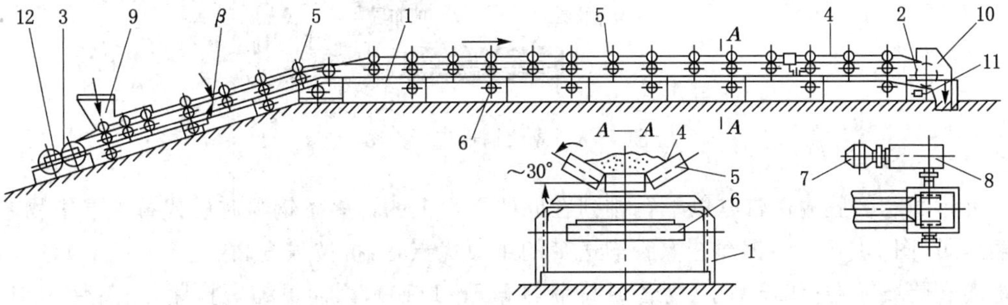

1—机架；2—驱动滚筒；3—改向滚筒；4—输送带；5—上托辊；6—下托辊；7—电动机；
8—减速器；9—装料装置；10—卸料装置；11—清扫器；12—拉紧装置。

图 13-1 带式输送机

分为槽形带式输送机和平形带式输送机两种。前者输送带的上支由于支承托辊的形状而弯曲成槽形。槽形带的载运能力较大，但支承滚筒的结构却较复杂。输送带的下支则一律采用平直的托辊做支承。

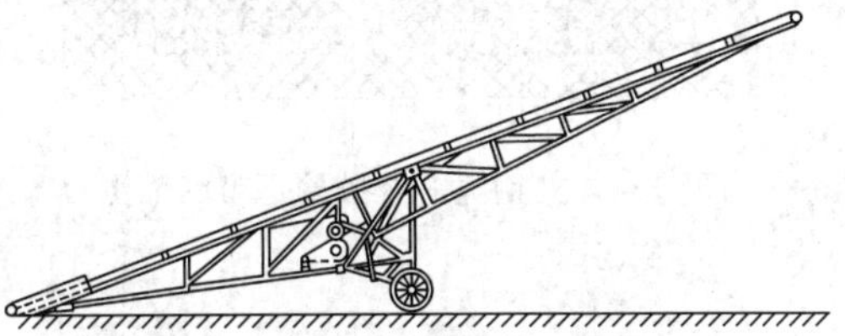

图 13-2　移动式带式输送机

13.1.2　主要工作部件

带式输送机主要由输送带、托辊、驱动装置、改向装置、拉紧装置、装料装置、卸料装置、清扫装置、制动装置等组成。

1. 输送带

输送带既是承载构件又是牵引构件。对输送带的要求是：具有足够的强度，能承受大的牵引力；具有较好的纵向挠性，便于通过滚筒；横向挠性要适当，通过槽形托辊时易成槽，离开托辊后又不致塌边撒料；相对伸长小，弹性高，对于多次重复弯折产生的变化负载的抵抗力良好，吸水性小；带面应具有一定的厚度和耐冲击、耐磨损、防腐蚀等性能。

输送带主要有织物芯胶带和钢绳芯胶带两大类。织物芯胶带有橡胶输送带和聚氯乙烯塑料输送带两种。塑料带除了具有橡胶带的耐磨、弹性等特点外，尚具有优良的化学稳定性、耐酸碱性及一定的耐油性。

橡胶输送带如图 13-3 所示。它由若干层帆布组成，帆布层之间用硫化方法浇上一层薄的橡胶，带的上下以及左右两侧都覆以橡胶保护层。橡胶层的作用是保护帆布不致受潮腐蚀、防止物料对帆布的磨损。帆布层是承受拉力的主要部分，胶带越宽，则帆布层越宽，承受的总拉力也越大。帆布的层数越多，可承受的总拉力亦越大；但帆布层越多，胶带的横向柔韧性越小，胶带就不能与支承它的托辊贴附地接触，容易造成胶带跑偏。

图 13-3　橡胶输送带断面图

夹钢绳芯橡胶输送带是以平行排列在同一平面上的许多条钢绳芯层代替多层织物芯层的输送带(图 13-4)。夹钢绳芯橡胶输送带的主要优点是:抗拉强度高(达 5 MN/m),适用于长距离和陡坡输送;伸长率小(为普通胶带的 1/5～1/10),因而可缩短拉紧行程;带芯较薄,纵向挠曲性能好,易于成槽(槽角可达 35°),这不仅可增大输送量,也可防止胶带跑偏;横向挠曲性能好,故滚筒直径可以较小;动态性能好,耐冲击、耐弯曲疲劳,破损后修补易,因而可提高作业速度;接头强度高,安全性较高,使用寿命长(可达 6～10 年,比普通胶带寿命长 2～3 倍)。其缺点是:当覆盖胶损坏后,钢丝易腐蚀,使用时要防止物料卡入滚筒与胶带之间,因其延伸率小而容易使钢绳芯拉断。带式输送机已向长距离、大输送量、高速度方向发展。目前各国使用的长距离、大容量输送机上多数采用夹钢绳芯橡胶输送带。

图 13-4　夹钢绳芯橡胶输送带断面图

2. 托辊

托辊是输送带和物料的支承与约束装置,对输送带的运行情况和使用寿命有很大影响。对托辊的基本要求是:工作可靠,回转阻力小;表面光滑,径向跳动小;制造成本低,便于安装与维修。

根据托辊装设部位和作用的不同,托辊可分为:平行托辊(支承输送带的承载段和空载段)、槽形托辊(用于支承承载边的输送带和物料,角度 30°～45°)、调心托辊(除支承输送带和物料外,还能调整跑偏的输送带,使之复位)和缓冲托辊(在装载处减小物料对输送带的冲击作用),如图 13-5 所示。

(1) 平行托辊

平行托辊见图 13-5(a),用于输送带物料和胶带的支承,也可用于成件物品的输送。

(2) 槽形托辊

槽形托辊的构造形式如图 13-5(b)所示,由三节辊子组成,用于支承承载段的输送带和物料,使输送带的横断面成为槽形,这样增大承载物料的横断面积,提高输送能力,适用于输送散粒物料。槽形托辊的槽角一般为 30°～45°。

(3) 调心托辊

输送带的不均质性,导致带的延伸率不同,而托辊安装不准确和载荷在带的宽度上分布不均等原因,都会使运动着的输送带产生跑偏现象。这时需要调心托辊使之复位,此外调心托辊也承载输送带和物料重量,在承载边每隔若干组托辊处安装一对调心托辊,图 13-5(c)是平行调心托辊,图 13-5(d)是槽形调心托辊。在托辊支架上装有可自由转动的两个立辊,托辊支架由立轴支持,可自由转动。

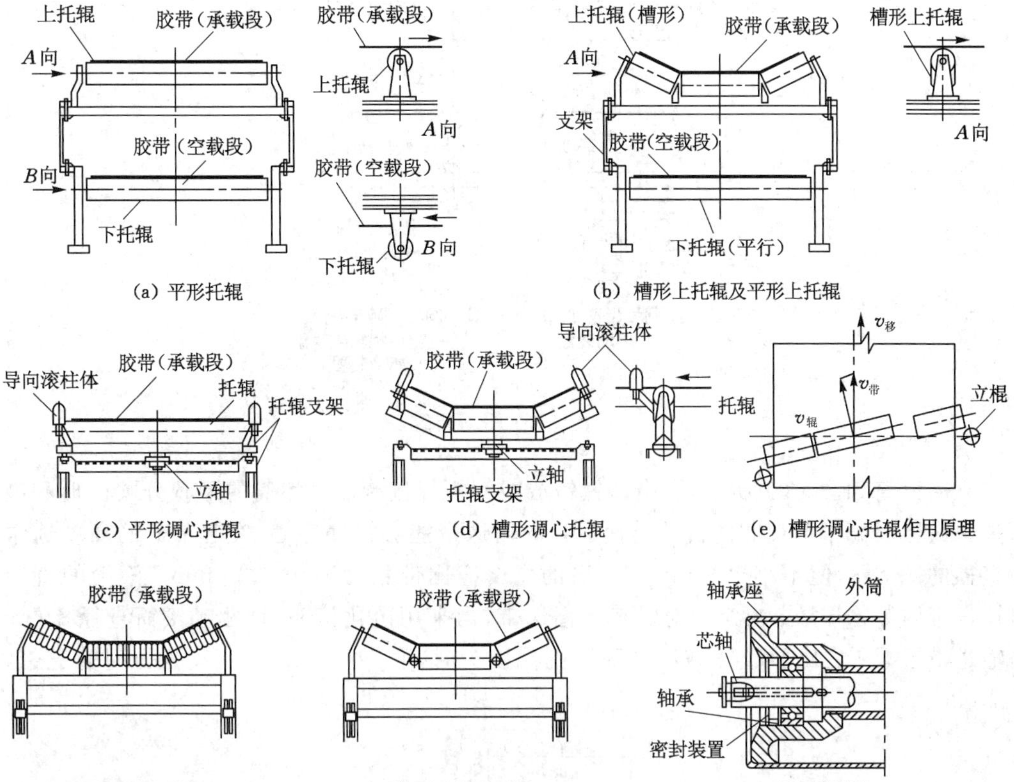

(a) 平形托辊　(b) 槽形上托辊及平形上托辊

(c) 平形调心托辊　(d) 槽形调心托辊　(e) 槽形调心托辊作用原理

(f) 弹簧板式缓冲托辊　(g) 橡胶圈式缓冲托辊　(h) 辊子的构造

图 13-5　托辊

调心托辊的调心作用原理如图 13-5(e)所示。当输送带出现如图所示的跑偏现象时，带边触及立辊时，支架和托辊便按图示的方向转动一定的角度，使托辊的轴线与带的纵向中心线不相垂直，造成带速与托辊圆周速度方向不一致。由于输送带与托辊之间的摩擦作用，托辊便牵制输送带向正常位置移动，使其复位。与此同时，输送带又带动托辊支架转回原来的正常位置。

(4) 缓冲托辊

在受料处，为了减小物料对输送带的冲击作用，装有数道间距较小的缓冲托辊。图 13-5(f)为弹簧板式缓冲托辊，图 13-5(g)为橡胶圈式缓冲托辊。

托辊的辊子由外筒、轴承座、轴承、芯轴和密封装置构成，如图 13-5(h)所示，辊子轴承的润滑和密封效果对减小回转阻力、延长轴承使用寿命等有重要作用。

3. 驱动装置

驱动装置是传递动力的主要部件，通过驱动滚筒和输送带之间的摩擦作用牵引输送带运动。带式输送机的驱动装置如图 13-6 所示。它由电动机、减速器、驱动滚筒和联轴器等组成。电动机与减速器的连接通常采用弹性联轴器，减速器与滚筒的连接采用十字滑块联轴器。驱动滚筒由电动机经减速器驱动。对于倾斜布置的输送机，驱动装置中还设有制动装置，以防止突然停机时由于物料重量的作用而产生输送带下滑运动。

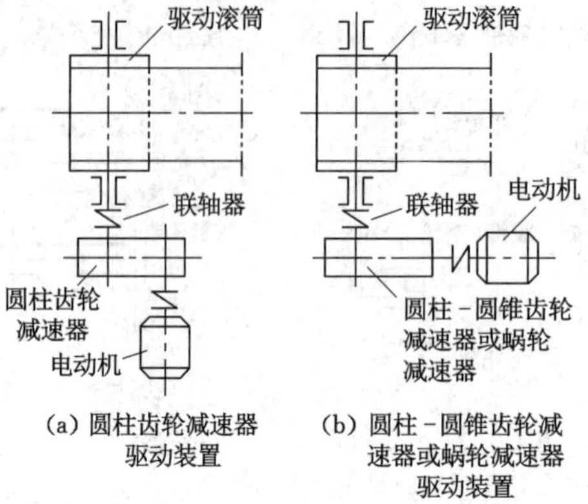

图 13-6　驱动装置

驱动滚筒如图 13-7 所示，它由铸铁铸成或钢板焊接制成。滚筒的形状分圆柱形和鼓形两种。鼓形滚筒中部突起的目的是使运行的输送带能够自动定心，突起部分的高度通常取为直径的 0.5%，但不小于 4 mm。滚筒的宽度应比带宽大 100～200 mm。滚筒的直径 D 由输送带内织物层数 i 决定。对于普通输送带，当采用硫化接头时，驱动滚筒直径 D(mm) 与输送带层数 i 之比 $D/i \geqslant 125$；当采用机械接头时，取 $D/i \geqslant 100$；对于强力型输送带，取 $D/i \geqslant 200$。

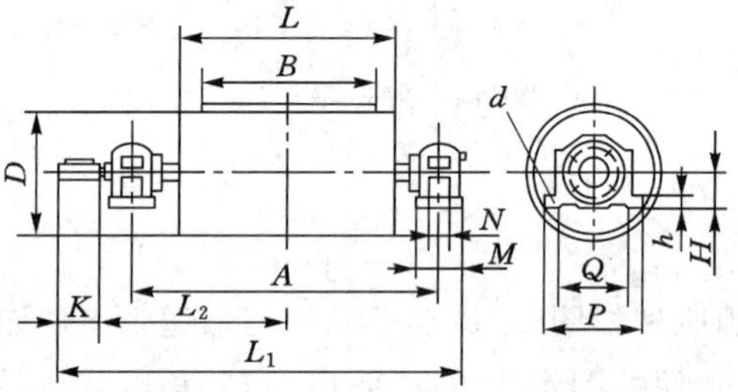

图 13-7　驱动滚筒

驱动滚筒有光面和胶面两种。光面滚筒与输送带的摩擦因数一般为 0.20～0.25，适用于功率不大、环境湿度小的场合。在环境潮湿、功率大且容易打滑的情况下，应采用胶面滚筒，其中铸胶滚筒质量较好，胶层厚且耐磨；包胶滚筒也可达到同样的使用性能，但使用寿命较短。

图 13-8 所示为电动滚筒的构造，它把电动机和减速装置都装在驱动滚筒内。它的优点是：结构紧凑，占用空间位置小，操作安全，整机装拆方便，减少停机时间，质量轻，节约金属材料。与同规格的外部驱动装置相比，质量减轻 60%～70%，节约金属材料 58%。它的缺点是：结构较复杂，制造精度要求高；在连续工作情况下，由于冷却不良会使电动机的工作比较沉重，因此不宜用于环境温度大于 40 ℃和物料温度高于 50 ℃的场合。

4. 改向装置

为了改变输送带运动的方向，设置改向装置。改向装置有改向滚筒[图 13-9(a)及(b)]和改向托辊组[图 13-9(c)及(d)]两种。

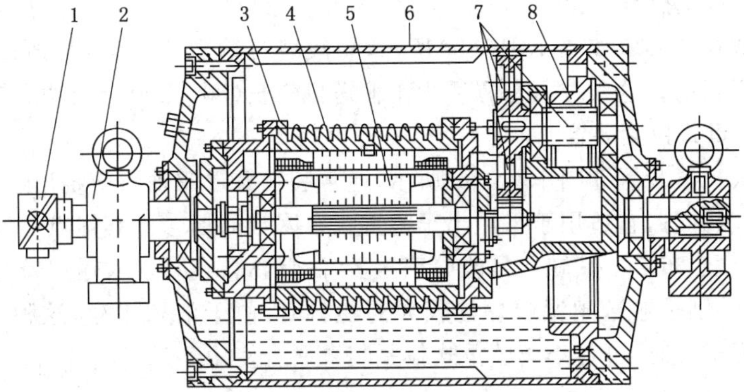

1—接线盒；2—轴承座；3—电机外壳；4—电机定子；5—电机转子；6—滚筒外壳；7—齿轮；8—内齿圈。

图 13-8　油冷式电动滚筒

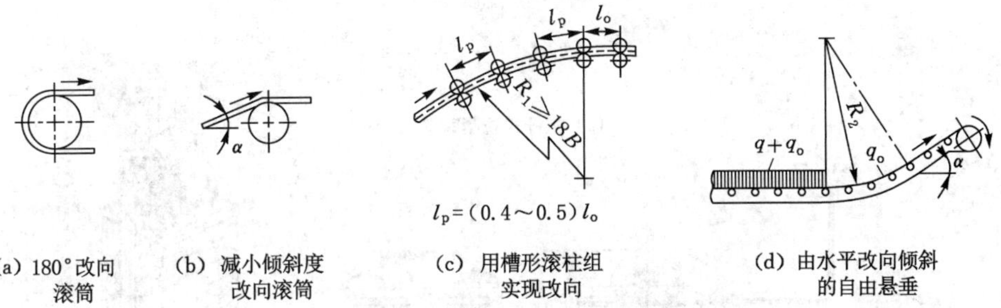

图 13-9　改向装置简图

带式输送机在垂直平面内的改向一般采用改向滚筒。改向滚筒的结构与驱动滚筒基本相同，但其直径比驱动滚筒略小一些。改向滚筒直径 D(mm)与胶带帆布层数 i 之比一般取 $D/i \geq 80\sim100$。用于 180°改向者一般用作尾部滚筒或垂直拉紧滚筒；用于 90°改向者一般用作垂直拉紧装置上方的改向轮；用在小于 45°改向者一般用作增面轮。

输送带由倾斜方向转为水平(或减小倾斜角)，可用一系列的托辊改向，其支承间距取上托辊间距的一半，此时输送机的曲线部分是向上凸起的。

5. 拉紧装置

拉紧装置的作用是张紧带式输送机的输送带，限制带在各支承托辊间的垂度和保证带中有必要的张力，使带与驱动滚筒之间产生足够的摩擦牵引力，以保证正常工作。拉紧装置有螺杆式、小车坠重式和垂直坠重式三种(图 13-10)。其位置最好安装在包角等于 180°、张力较小的改向滚筒处。

(1) 螺杆式拉紧装置

螺杆式拉紧装置如图 13-10(a)所示，由螺杆和导向架等组成。旋转螺杆即可移动轴承座沿导向架滑动，以调节带的张力。螺杆应能自锁，以防松动。这种装置的行程一般按输送机长度的 1%选取，有 500 mm 和 800 mm 两种。这种装置紧凑轻巧，但不能自动调节，须经常由人工调节。它适用于长度较短(<80 m)、功率较小的输送机。

(2) 小车坠重式拉紧装置

小车坠重式拉紧装置如图 13-10(b)所示，一般装在输送机的尾部，通过坠重曳引拖动滚筒来达到拉紧目的。这种拉紧装置适用于输送机较长(50～100 m)、功率较大的情况。

(3) 垂直坠重式拉紧装置

垂直坠重式拉紧装置如图 13-10(c)所示，通常装在靠近驱动滚筒绕出边处，其拉紧的原理与小车坠重式相同。它适用于采用小车坠重式有困难的场合。其优点是利用了输送机走廊的空间位置，便于布置。其缺点是改向滚筒多，而且物料容易掉入输送带与拉紧滚筒之间而损坏输送带，特别是输送潮湿或黏性较大的物料时，由于清扫不净，这种现象更为严重。当需要张紧行程很长时，可与小车坠重式拉紧装置联合使用。

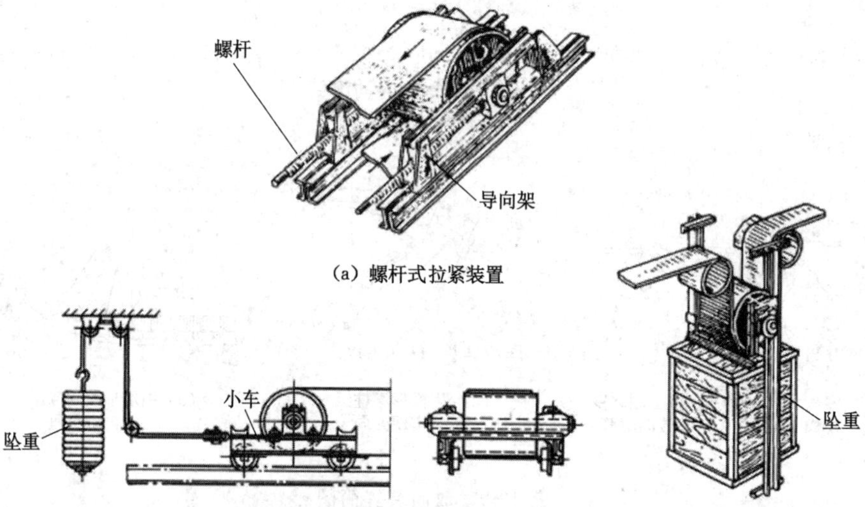

(a) 螺杆式拉紧装置

(b) 小车坠重式拉紧装置

(c) 垂直坠重式拉紧装置

图 13-10　带式输送机的拉紧装置

6. 装料装置

装料装置的作用是将物料装到输送带上。它的形式取决于运输物料的性质和装载的方式。成件物品通常用斜槽、滑板[图 13-11(a)]或直接装在输送带上；散粒物料则用装料漏斗[图 13-11(b)]；如果装料位置需要沿输送机纵向移动时，则应采用装料小车[图 13-11(c)]，它可沿输送机机架上的轨道移动。

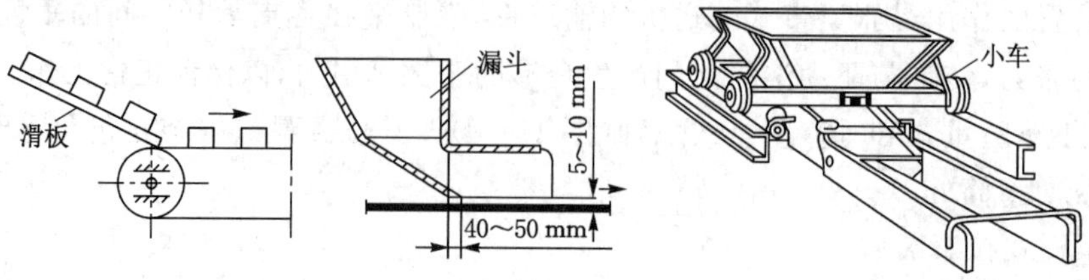

(a) 倾斜滑板　(b) 装料漏斗　(c) 装料小车

图 13-11　装料装置

装料装置要保证加料均匀，可对准输送带中心加料。装料时利用缓冲板、溜槽等装置，使物料加到输送带上时的料流方向和速度尽量与输送带运行的方向和速度一致。因此，斜面的倾角比物料对斜面的摩擦角大10°～15°，而且斜面做成可调整的。在装料点不允许有物料撒漏和堆积现象。加料落差要小，若为冲击式加料(如电铲、抓斗等加料)，应先经漏斗或料仓的缓冲，然后使物料能均匀地流到输送带上。当输送物料或使用条件改变时，要能够调节料流速度，结构要紧凑并且具有防尘和防风功能。

7. 卸料装置

卸料装置用来将输送带上的物料卸下，有端部卸料和中途卸料两种形式。

采用端部滚筒卸料不会产生附加阻力，适用于卸料点固定的场合。在卸料滚筒处装卸料罩和卸料漏斗来收拢物料。

中途卸料常用的有卸料车和犁式卸料器两种。卸料车如图13-12(a)所示，为一装在四轮框架上的双滚筒卸料器。输送带以S形绕在两滚筒上，当物料经上部滚筒时，在惯性作用下抛离滚筒，经护罩和引送槽卸出。电动卸料车能带负荷往返行走，以适应沿输送机长度的任意地点卸出物料。其带速一般不宜超过2.5 m/s；输送细碎后的细粒或小块状物料时，允许带速达3.15 m/s。

犁式卸料器如图13-12(b)及(c)所示，是一种与输送带运动方向成一定角度安装的卸料挡板。当运行的物料碰到挡板时，就被挡板推向输送带的边侧卸下。犁式卸料器有电磁气动和手动两种形式，可以从两侧卸料[图13-12(b)]，也可以从一侧卸料[图13-12(c)]。这种卸料装置的优点是：高度小、结构简单、质量小、成本低。其缺点是对输送带摩擦较严重。因此，对于较长的输送机，输送块度大、磨蚀性大的物料不宜采用。犁式卸料器仅适用于平形输送带处卸料。若为槽形输送带，在卸料处应装设平形托辊或卸料板。犁式卸料器可用来卸成件物品和散粒物料。

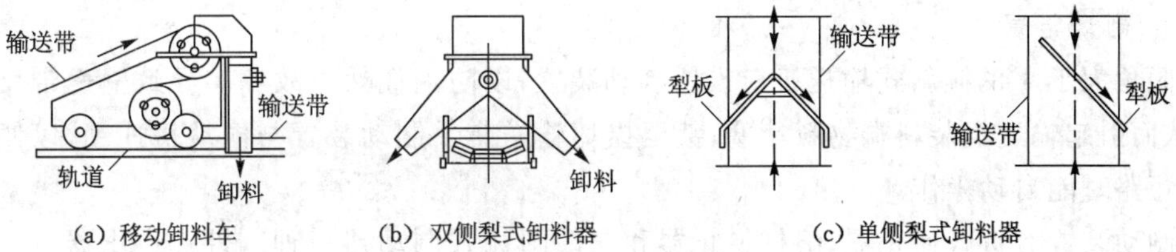

图13-12　卸料装置

8. 清扫装置

清扫装置的作用是清除输送机在卸载后仍黏附在带面上的物料以及掉在非工作面上的物料。若物料附在带面上，当带面通过改向滚筒和无载区段的托辊时将受到剧烈的磨损，同时也增加输送机的运送阻力，降低输送能力。常用的清扫装置有以下几种。

(1) 清扫刮板

清扫刮板的构造如图13-13(a)所示，由橡胶刮板、弹簧(重锤)压紧装置等部分构成，利用坠重或弹簧的力将刮板紧贴在输送带表面上，把黏结在上面的物料刮下来。这种清扫装置多用于消除黏附在输送带工作面上的物料，适用于清扫干燥的物料，一般装设在卸料滚筒的下部。

(2) V形清扫器

V形清扫器的构造如图13-13(b)所示，橡胶刮板装在V形架上，V形架活动铰接在机架上,使橡胶刮板与带面紧密接触。这种清扫器适用于清除洒落在输送带空载边上的物料,使物料不致被带入滚筒。

(3) 清扫刷

清扫刷的构造如图 13-13(c)所示,由滚筒或单设的电动机带动尼龙刷旋转,清除带面上的物料。这种清扫装置适用于清除潮湿或有黏性的物料。为了提高清刷效果,尼龙刷的转向应与带的运动方向相反。

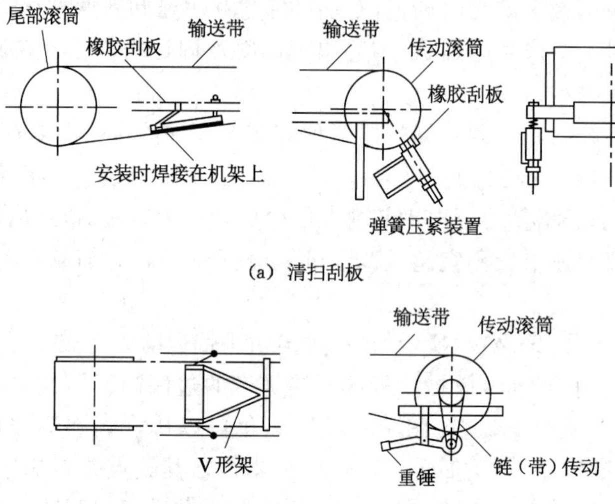

(a) 清扫刮板

(b) V 形清扫器　　(c) 清扫刷

图 13-13　清扫装置

9. 制动装置

倾角大于 4°的倾斜式输送机应设置制动装置,以防因偶然事故停车导致输送带反向滑行,从而引起输送机装料端物料堵塞,甚至损坏输送带。制动装置与电动机连锁,以便当电动机短路时能自动操作。

制动装置有带式逆止器、滚柱逆止器和电磁闸瓦式制动器三种。带式逆止器由一条制动带组成,一端固定在机架上,另一端自由地放在靠近驱动滚筒的回程边内部,如图 13-14 所示。输送带做正向运行时,制动带被卷缩,无法起作用;而在输送带逆行时,制动带的自由端被卷夹在驱动滚筒与输送带之间,从而阻止输送带反向运动。这种装置的缺点是,在制动时,制动带由松到紧,输送带必须先倒行一段才能被制住,这会导致尾部装料处的堵塞和溢料。

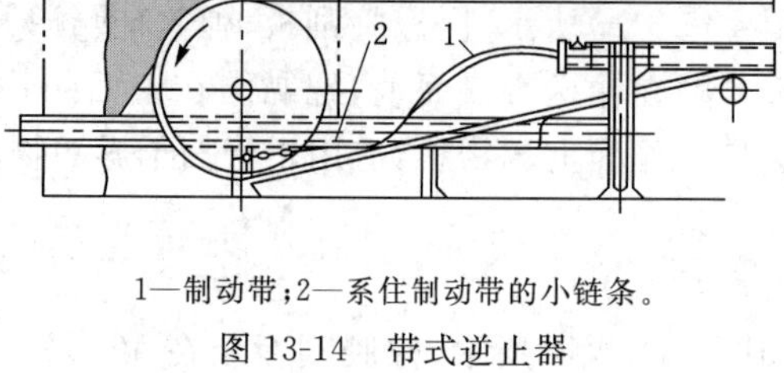

1—制动带;2—系住制动带的小链条。

图 13-14　带式逆止器

目前，带式输送机很多采用滚柱逆止器。如图 13-15 所示，它由星轮、滚柱和底座组成。星轮装在减速器输出轴与驱动滚筒相反的一端，底座固定在机架上。当星轮顺时针转动时，滚柱处于较大的间隙内不起制动作用。当星轮逆时针旋转(即输送带反向运动)时，滚柱被楔入星轮与底座的狭小间隙内，阻止星轮反转。这种制动装置工作平稳，灵敏度高，具有较大的制动力矩。

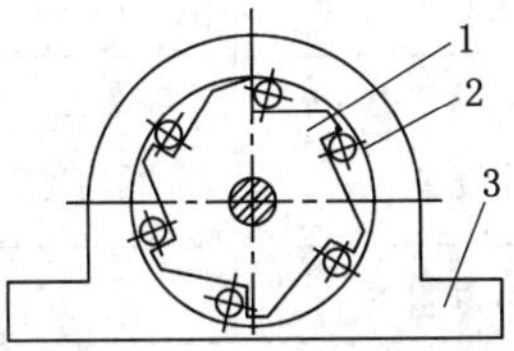

1—星轮；2—滚柱；3—底座。

图 13-15　滚柱逆止器

以上两种逆止器不能用于需要做正反方向运转的输送机中。在这种场合，应选用电磁闸瓦式制动器，它安装在减速器和电动机之间的联轴器上。

13.1.3　性能及应用

带式输送机的主要特点是：输送带既是载物构件又是牵引构件，结构简单，安装维修方便；连续输送操作，运转平稳可靠，噪声较小；各部件摩擦阻力小，动力消耗低(为链板式输送机的 1/3～1/5)；输送量大且输送距离长，单机长度可达 8～10 km，可在机体全长的任何地方装卸料。其缺点是：投资费用较高，故短距离输送或运输量较少时，不宜采用；一般做水平输送、倾斜输送时，坡度仅达 17°～18°。如兼作提升运输，要将输送机延长或改用垂直带式输送机；只能作直线输送，如需改变方向必须用数台相连布置。

带式输送机在无机非金属材料工业中广泛应用，主要用于运送粉粒状物料或成件物品(如袋装水泥等)。根据输送线路不同，带式输送机的工艺布置有图 13-16 所示的 5 种基本布置形式，对于长距离的复杂线路输送，可由这 5 种基本形式组合而成。

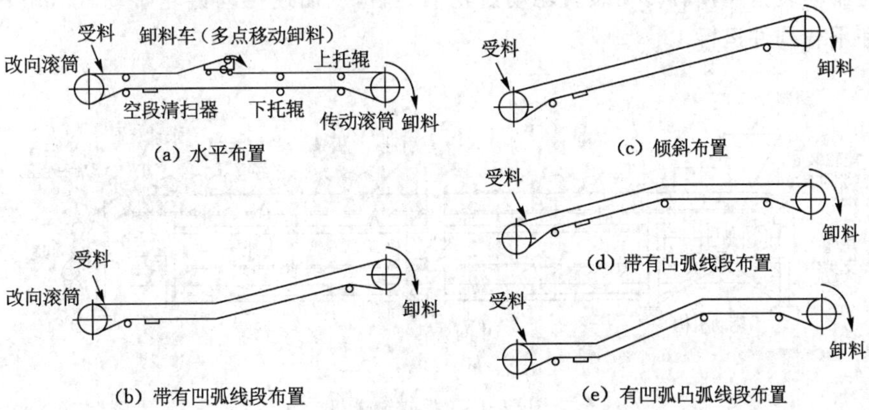

图 13-16　带式输送机的基本布置形式

对于倾斜向上输送物料的带式输送机，为了防止物料下滑，不同物料所允许的最大倾角值见表 13-1。当倾斜向下输送物料时，允许的最大倾角是表 13-1 中的 80%。

表 13-1　向上输送不同物料所允许的最大倾角值

物料名称	最大倾角值/(°)	物料名称	最大倾角值/(°)	物料名称	最大倾角值/(°)
0～350 mm 矿石	16	块状干黏土	15～18	原煤	20
0～120 mm 矿石	18	粉状干黏土	22	块煤	18
0～60 mm 矿石	20	粉砂岩	15	水泥熟料	14
筛分后的石灰石	12	湿粉煤	21	袋装水泥	20

13.2　链式输送机

链式输送机是指用绕过若干链轮的无端链条作牵引构件，由驱动链轮通过轮齿与链节的啮合将圆周牵引力传递给链条，在链条上或固接着一定的工作构件上输送货物的机械设备，主要由牵引件、刮板或链斗或链板、轨道、驱动轮、改向轮、张紧装置、壳体及电机和传动链组成。

根据输送物料种类大小和承载构件形状的不同，链式输送机主要有板式输送机、刮板输送机、埋刮板输送机和链斗式输送机等。

13.2.1　板式输送机

板式输送机利用固接在牵引链上的一系列板条在水平或倾斜方向输送物料，由驱动机构、张紧装置、牵引链、板条、驱动及改向链轮、机架等部分组成(图 13-17)。牵引构件与承载构件组成链板组合装置，牵引链条可以通过链条附件与承载构件相连，也可以与承载构件直接相连。承载构件自身承载，并通过滚轮或固定在支架上的托辊来支承。传动链轮通过联轴器与驱动装置连接。传动装置驱动链轮轴旋转，从而使传动链轮带动板式输送机的牵引链条和承载构件运行。

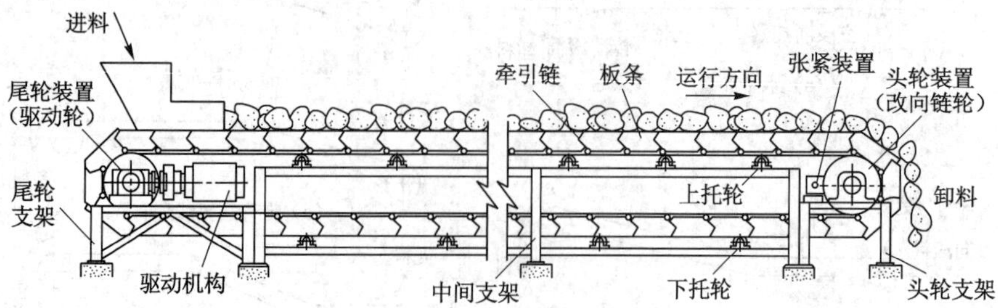

图 13-17　板式输送机

根据输送物料的粒度和密度不同，板式输送机分轻型、中型和重型三类。轻型板式输送机适用于粒径尺寸小于 160 mm、密度较小物料的输送。中型板式输送机适用于粒径尺寸在300～400 mm物料的输送。重型板式输送机用来输送大块且密度较大的物料，不过最大粒度也不允许超过输送机宽度的1/2。

板条是板式输送机的承载构件。输送成件物品时采用平板条，如图13-18(a)所示；输送粒度较大的散状物料时采用带挡边的搭接板条，如图13-18(b)所示；输送粒度较小的物料时采用带挡边的槽形板条，如图13-18(c)所示。

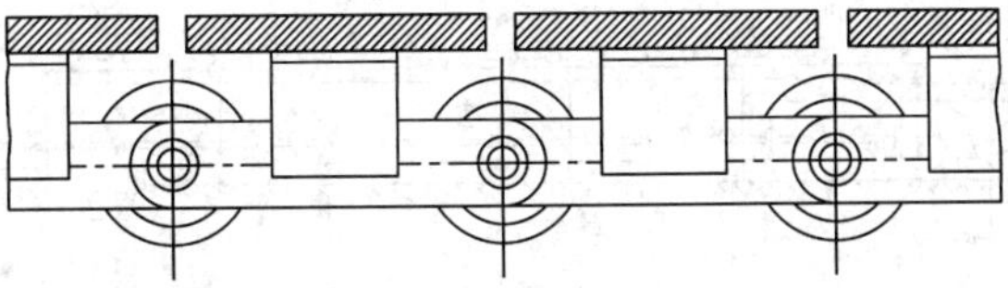

(a) 平板条

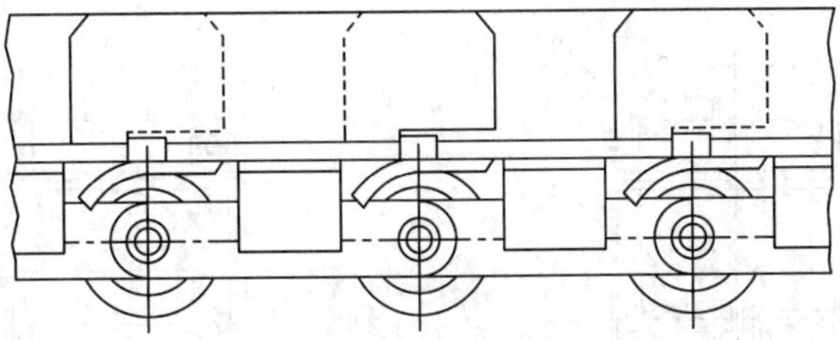

(b) 带挡边的搭接板条

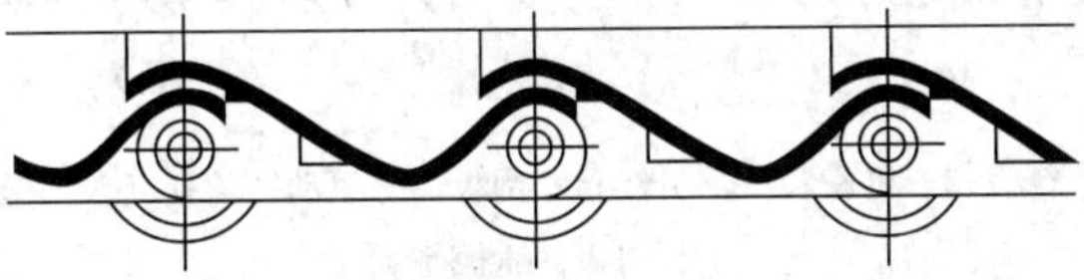

(c) 带挡边的槽形板条

图13-18　板条的种类

板式输送机的输送能力大，可达1 000 t/h；能水平输送物料，也能倾斜输送物料；由于它的牵引件和承载件强度高，输送距离可以较长，特别适宜输送沉重、大块、易磨损和炽热的物料。这种输送机的缺点是结构笨重，制造复杂，成本高，维护工作繁重，通常只在载运灼热的物料、沉重的物料或物件时使用；有时也用作喂料机，将石块喂入破碎机中。

13.2.2　刮板输送机

刮板输送机是借助链条牵引刮板在料槽内运动来输送散粒物料的连续输送机。如图13-19所示，料槽固定在机座中，牵引链上安装刮板，绕过两端的驱动链轮和改向链轮，由驱动链轮驱动沿着料槽运动，把槽中的物料往前刮运。改向链轮由拉紧装置进行张紧。

链条带上的刮板可以高出物料也可沉埋在物料之中。前一种刮板输送机的料槽中，物料不连续地堆积在刮板的前面，物料的截面呈梯形(图13-20)，这种输送机为间歇拖动式刮板输送机。如果刮板沉埋在物料当中，当刮板运动时，就有从下面将物料剪切的趋势。但由于松散物料抵抗刮板剪切的阻力大于物料沿料槽运动的阻力，故物料能成为一条连续料带向前运动。因为在输送过程中，刮板链条埋于被输送的物料之中，故称为埋刮板输送机(图13-21)。

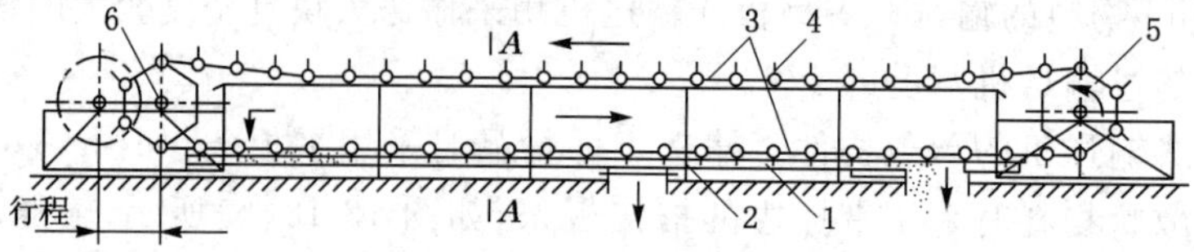

(a) 具有一个工作分支

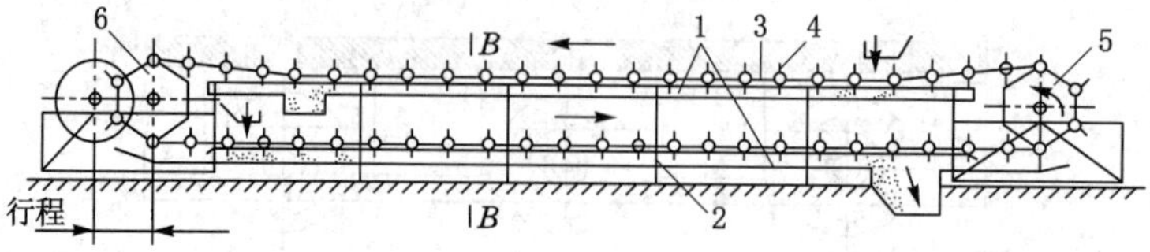

(b) 具有两个工作分支

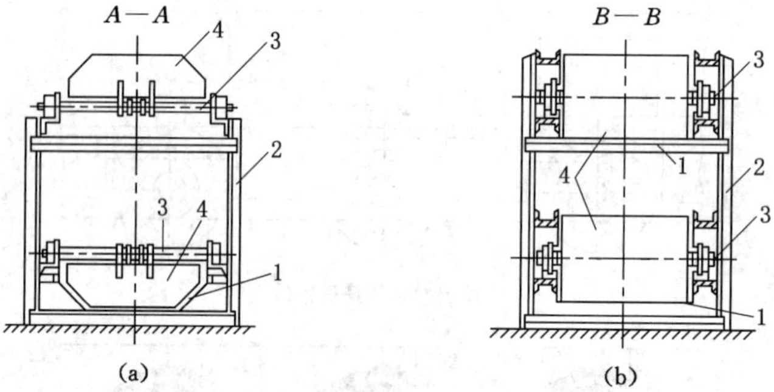

1—料槽；2—机座；3—牵引链；4—刮板；5—驱动链轮；6—改向链轮。

图 13-19 刮板输送机

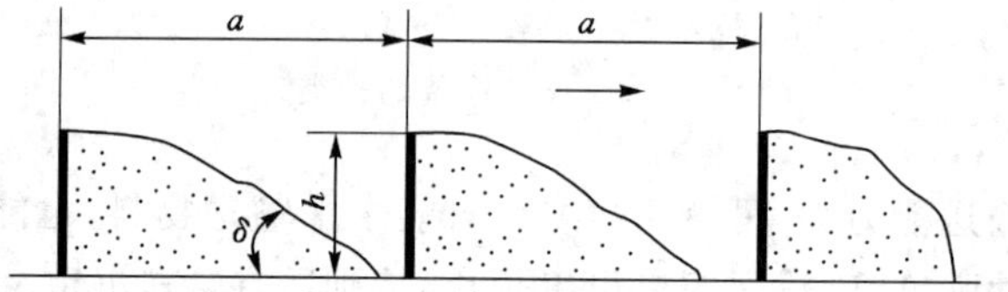

图 13-20 刮板前的物料堆积

间歇拖动式刮板输送机利用相隔一定间距固装在牵引链条上的刮板，沿着敞开的料槽刮运物料。闭合的链条刮板带分为上下两支，可在上分支或下分支输送物料[图 13-19(a)]，也可在上、下两分支同时输送物料[图 13-19(b)]。牵引链条最常用圆环链，可以采用一根链条与刮板中部连接，也可用两根链条与刮板两端相连。刮板形状有梯形和矩形等，料槽断面与刮板轮廓相适应。物料由上面或侧面装载，由末端自由卸载；也可以通过槽底部的孔口进行中途卸载，卸载工作能同时在几处进行。它适用于在水平方向或小倾角(30°～40°)方向上输送散粒物料，如碎石、煤和熟料等，但不适宜运送易碎、有黏性和会挤压成块的物料。

间歇拖动式刮板输送机的主要优点是结构简单，可以在任意位置装载和卸载；缺点是料槽和刮板磨损较快，功率消耗大。因此，其输送长度一般不宜超过 60 m，输送能力不大于 200 t/h，输送速度一般为 0.25～0.75 m/s。

埋刮板输送机借助刮板链条在封闭的矩形料槽内运动，由喂料口喂入槽内的物料被刮

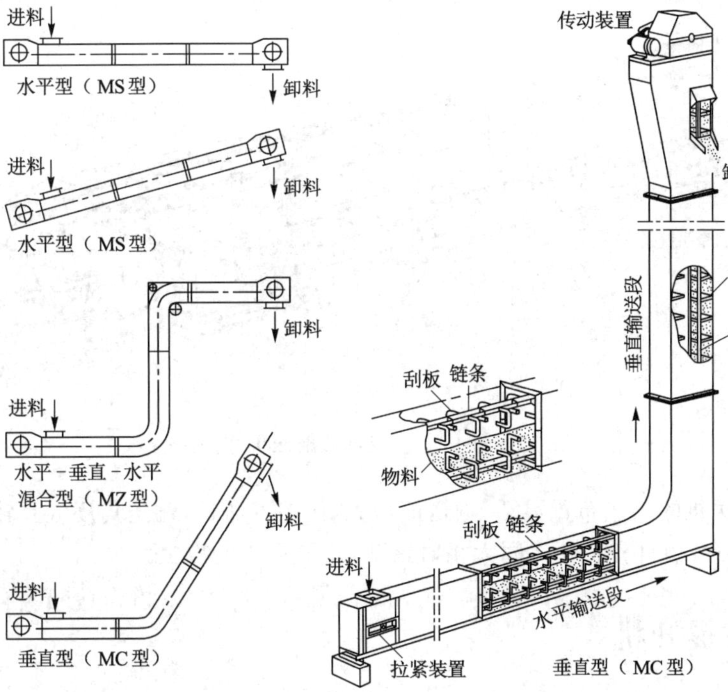

图 13-21 埋刮板输送机的几种类型和布置形式

板带动，可在水平、倾斜、弯曲或垂直方向上输送粉粒状物料。它是由间歇拖动式刮板输送机发展而来的，基本结构一样，所不同的是料槽全封闭。

常用的埋刮板输送机主要有3种，即MS型、MC型、MZ型，其中MS型是水平输送型，最大倾斜角可达30°；MC型为垂直输送型，进料端仍为水平段；MZ型是"水平-垂直-水平"的混合型，形状似"Z"字，有Z型埋刮板之称。过去设计制造的埋刮板输送机型号：水平型埋刮板输送机的型号为SMS，垂直型为CMS，Z型为ZMS。

埋刮板输送机的优点是：结构简单，质量小，占地少；能做水平、倾斜或垂直输送，可多点喂料和卸料，工艺布置比较灵活，安装维修比较方便；物料在封闭料槽内进行缓慢输送，扬尘少，有利于输送易飞扬、有毒、易爆、高温物料。它的主要缺点是：链条和料槽容易磨损；输送速度低，所以输送能力低，功率消耗也较大；不适用于输送磨蚀性大、黏结性大以及流动性特强的物料。它主要用于粉粒状物料的输送，要求最大粒度不大于50 mm，对于硬质物料要求不大于15 mm。

13.2.3 链斗式输送机

链斗式输送机又称槽式输送机，是一种以沿轨道运行的料斗水平或倾斜输送物料的设备，由传动装置、头部罩壳、头部装置、运行部分、尾部装置和进料装置等部分组成。由传动装置驱动头部装置中的链轮，牵引装有物料的输送斗沿轨道运行，物料从头部罩壳卸出，从而达到输送物料的目的。在运行中，被输送物料由进料口引入并盛放在料斗内，由板链（或链条）拖动料斗进行输送，到达头轮时改变方向物料从出料口卸出，如图13-22所示。

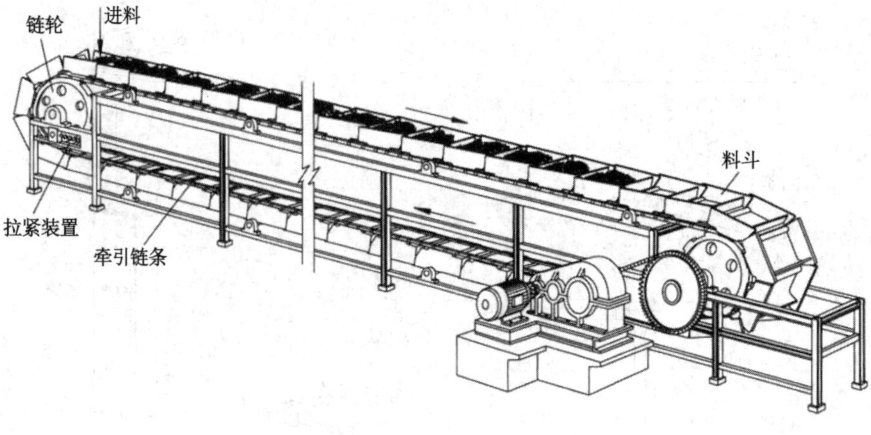

图 13-22　链斗式输送机

链斗式输送机的工艺布置灵活，输送能力大，使用寿命长，输送角度大且输送速度慢，仅为 0.2～0.3 m/s，物料和料斗之间无相对错动，几乎不产生粉尘。

13.3　斗式提升机

13.3.1　工作原理

斗式提升机是在垂直或接近垂直(大于 70°)方向上连续提升物料的输送机械。其工作原理如图 13-23 所示，在挠性牵引构件(链条或胶带等)上，每隔一定间距安装若干个钢质料斗。闭合的牵引构件卷绕过上部和下部的滚轮(链轮或滚筒)，由底座上的拉紧装置通过改向轮进行拉紧，由上部驱动轮驱动。物料从尾部入料口进入，一部分物料直接装入料斗而被提升，另一部分物料落到底部堆积，后面料斗随之而来将堆积物料挖取提升。当料斗绕过上部滚轮时，物料就在重力和离心力的作用下向外抛出，所有物料基本上都落入卸料区，经过卸料斜槽送到料仓或其他设备中。提升机形成具有上升的有载分支和下降的无载回程分支的无端闭合环路。

13.3.2　结构

斗式提升机的构造如图 13-24 所示。它主要由牵引构件、固装在牵引构件上的料斗、驱动轮、改向轮链、机壳、驱动装置、拉紧装置、中部导向装置、加料口和卸料口等组成。

1. 牵引构件

斗式提升机牵引构件对提升机的工作性能和运行情况等具有决定性作用。对它的要求是质量轻、成本低、承载能力大、运行平稳、挠性好、寿命长、与料斗连接牢固。常用的牵引构件有以下几种。

(1) 橡胶带牵引构件(D 型斗式提升机)

采用橡胶带作牵引构件的提升机称为带式提升机，适用于输送粉状、粒状小块且磨损性小的物料，如煤、砂、水泥、碎石等。普通橡胶带对物料温度不得超过 60 ℃；耐热胶带对物料温度可达 120 ℃，料斗运行速度一般为 1～1.26 m/s。常用带式提升机型号有 D160、D250、

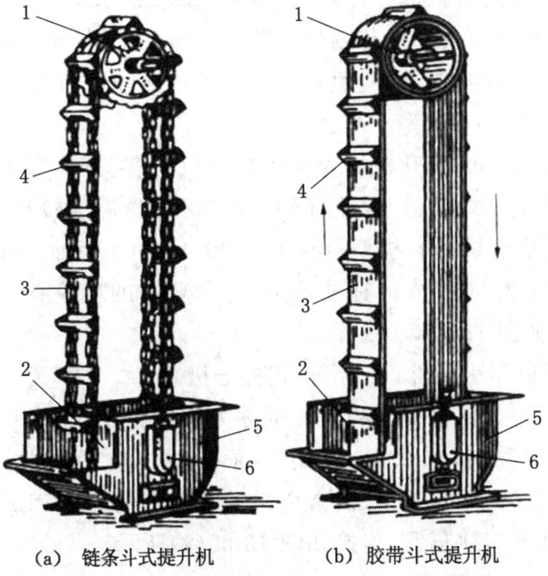

1—驱动轮；2—改向轮；3—挠性牵引构件；4—料斗；5—底座；6—拉紧装置。

图 13-23　斗式提升机工作原理简图

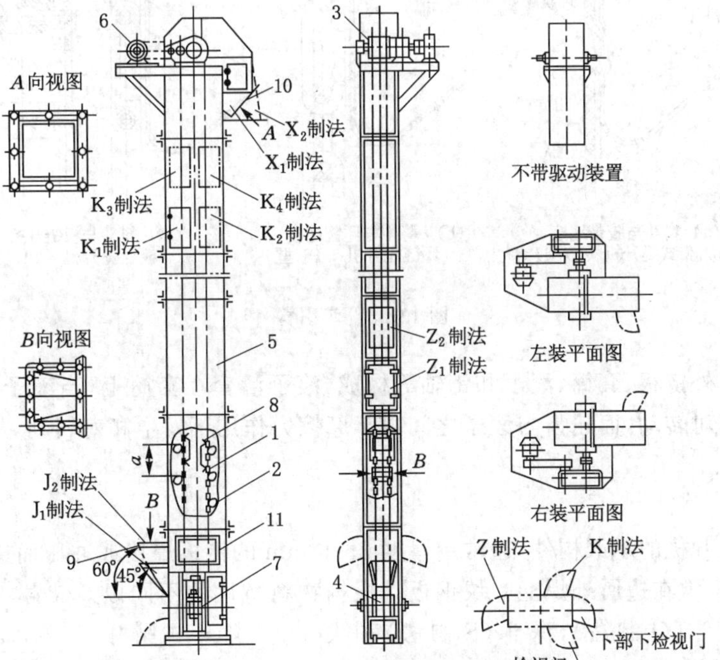

1—牵引构件；2—料斗；3—驱动轮；4—改向链轮；5—机壳；6—驱动装置；

7—拉紧装置；8—中部导向装置；9—加料口；10—卸料口；11—检视门。

图 13-24　HL 型斗式提升机

D350、D450。料斗在胶带上间断布置，连接如图 13-25(a)所示，从图中可以看到在料斗后壁压出一定的凹坑，用特殊的埋头螺栓与胶带连接更加牢固，并使胶带能平滑通过滚筒。在料斗与胶带之间可垫上一层软衬垫，以避免料斗对胶带的磨损和减小冲击。

(2) 锻造环链牵引构件(HL 型斗式提升机)

用锻造环链作牵引构件的提升机称为环链提升机，适用于输送粉状、粒状、小块且磨损性较小的物料，如煤、水泥、砂、矿渣、黏土、碎石等。可输送温度较高的物料，料斗运行速度为 1.25～1.4 m/s。常用环链提升机型号有 HL300、HL400 两种。环链提升机的料斗在环链上间断布置，环链节距为 50 mm 的标准环链，每段环链的环数有 9 环和 11 环两种，用链环钩与料斗后壁连接，如图 13-25(b)所示。

(3) 板式套筒磙子链牵引构件(PL 型斗式提升机)

采用板式套筒磙子链作牵引构件的提升机称为板链提升机，适用于输送粉状、粒状和容重大、磨损性较强的块状物料，如水泥、硬煤、碎石和易碎物料、木炭等。物料温度不超过 250 ℃，料斗运行速度为 0.4～0.5 m/s。常用板链提升机型号有 PL250、PL350、PL450。板链提升机的料斗在板链上连续布置，连接如图 13-25(c)所示。

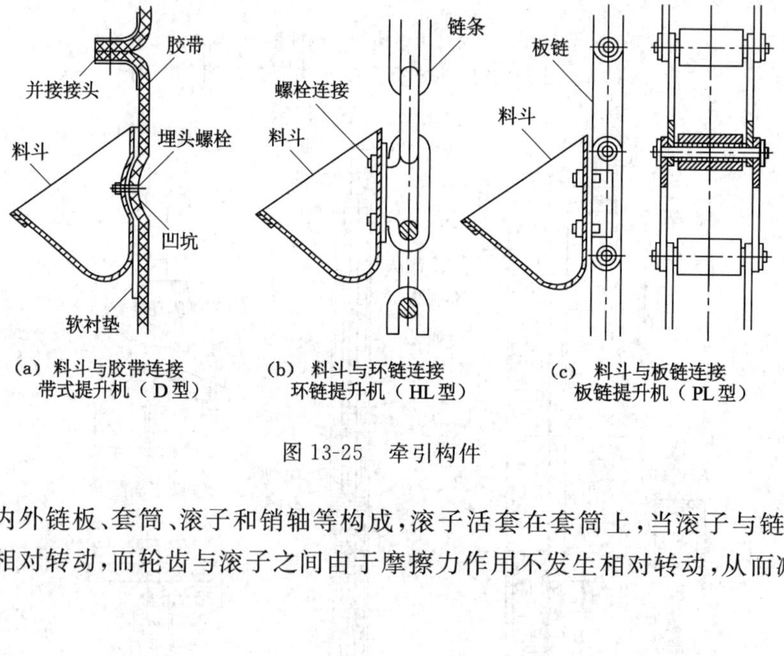

图 13-25 牵引构件

板链由内外链板、套筒、滚子和销轴等构成，滚子活套在套筒上，当滚子与链轮啮合时，滚子与套筒相对转动，而轮齿与滚子之间由于摩擦力作用不发生相对转动，从而减小了相互的磨损。

2. 料斗

料斗是提升机的承载构件，通常用厚度 2～6 mm 的钢板焊接或冲压而成。为了减小料斗边唇的磨损，常在边唇外焊上一块钢板。根据物料特性的不同以及装载、卸载方式不同，料斗常制成浅斗(Q 制法)，深斗(S 制法)和尖斗(三角斗或鳞斗)三种形式，如图 13-26 所示。

(1) 浅斗(D 型和 HL 型提升机用)

斗口下倾角度较大(斗口与后壁一般呈 45°角)而深度小，适用于输送潮湿且易结块的难以卸出的物料，如湿砂、型砂、石膏粉和黏土等。

(2) 深斗(D 型和 HL 型提升机用)

斗口下倾角度较小(斗口与后壁一般呈 65°角)而深度大，适用于输送干燥、松散、易于卸出的物料，如水泥、碎煤块、干砂、石灰和碎石等。

(3) 尖斗(PL型提升机用)

具有导向的侧边，料斗在牵引件上连续布置，以便卸料时后面料斗的物料在重力作用下倾倒于前面料斗的导槽中，沿斗背溜下卸出。这种料斗适用于输送较重、半磨琢性及磨琢性较大的块状物料，适用于低速运行的提升机。

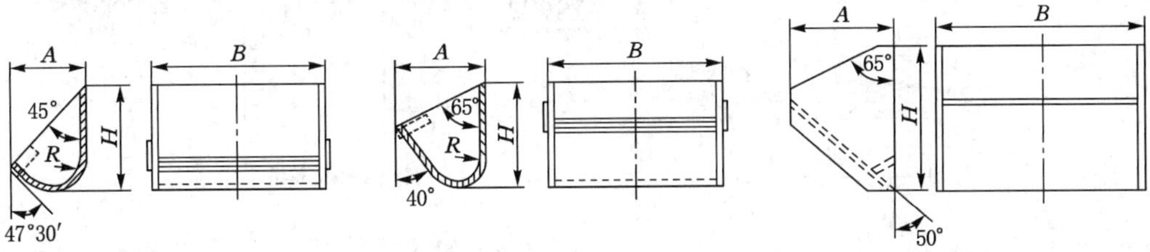

(a) 浅斗　(b) 深斗　(c) 尖斗

图 13-26　料斗的几何形状

浅斗和深斗的底部都制成圆角，便于物料卸尽。为了不妨碍抛卸，料斗在牵引构件上按一定间隔布置。圆斗的安装间距为

$$a=(2\sim3.5)H \quad (\mathrm{mm}) \tag{13-1}$$

尖斗的安装间距为

$$a=H+(5\sim10) \quad (\mathrm{mm}) \tag{13-2}$$

式中　H——料斗的高度，mm。

3. 驱动装置

驱动装置由电动机、减速器、联轴器、胶带或链传动和逆止器等五部分组成(图13-27)，整套驱动装置安装在机壳上部区段的平台上。根据布置要求，可配置成左装或右装两种形式。由于驱动装置的体积和质量较大，机壳因此产生一定的弯曲和振动，对机壳和整机的稳定性有一定的影响。因此，大型斗式提升机的驱动装置多采用机外安置，即将驱动装置安装在机壳外的土建基础上。为了防止提升机因临时停电或偶然事故等迫使有载停机，引起牵引构件和载料料斗逆行，造成下部区段内积料和堵塞，在驱动装置中要装设逆止器，常用的有棘轮逆止器、滚柱逆止器和凸轮逆止器等。

4. 拉紧装置

拉紧装置装设在机罩下部，结构与带式输送机相同，有螺旋式、弹簧式和重锤式三种，其中以螺旋式最常采用。

改向链轮与驱动链轮基本相同，改向滚筒则通常制成围栅形周边，以防夹黏物料。拉紧装置安装在改向轮轴的轴承上，并连接在罩壳下部两侧壁的导槽内，可以上下移动。拉紧装置的行程一般在200～500 mm范围。

5. 机壳

提升机的运行部分和滚轮封闭在机壳内。机壳由上部、中间段节和下部构成，一般用2～4 mm的钢板制造。中间段节根据提升高度由一定数目节段组成，用法兰盘互相连接，对口处要装密封垫。底座罩壳形式应与底部物料装载情况相适应。上部罩壳的形状应与卸载曲线相适应，以使物料能完全卸入导出槽中。机壳的适当位置上设有检视门，便于检查和

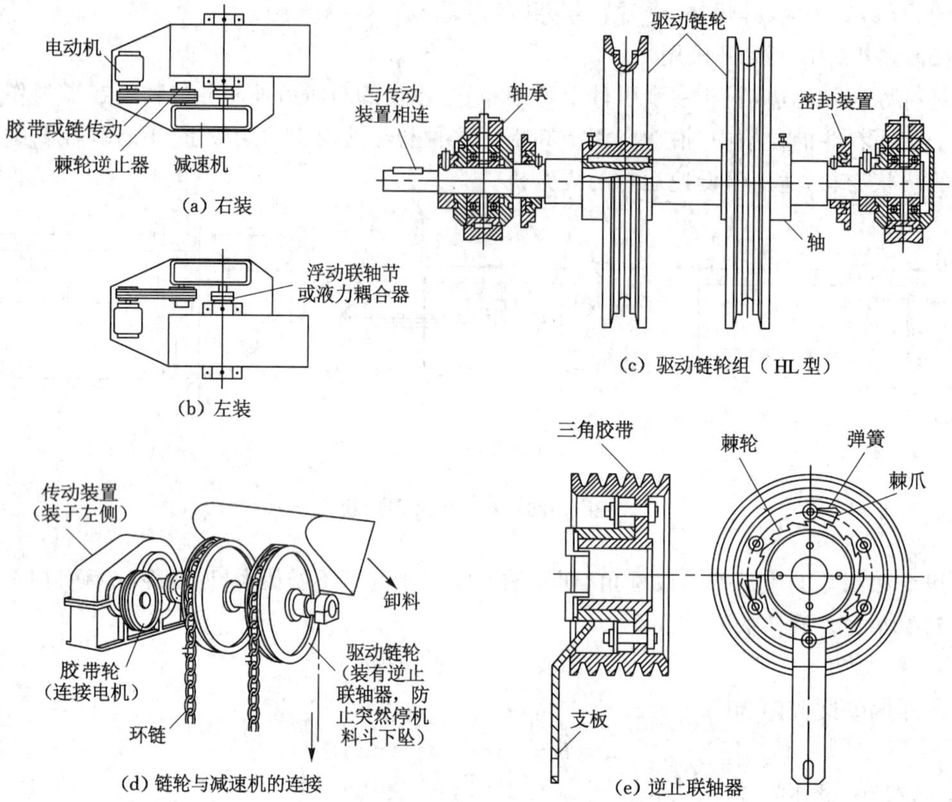

图 13-27　驱动装置

维修。机壳内设有中部导向装置，以防牵引料斗时产生过大的横向摆动。机壳必须密封，以防操作时扬尘。

13.3.3　性能及应用

斗式提升机的优点是结构简单紧凑，横断面外形尺寸小，可节省占地面积；输送能力大，提升高度较高；有良好的密封性，可避免污染环境。其缺点是对过载敏感，料斗和牵引构件易磨损；不适应输送大块物料。

斗式提升机在建材行业广泛应用于块状、粒状物料以及熟料等的输送，一般情况下大多采用垂直式斗式提升机，在不满足工艺要求时才会选择倾斜式。倾斜式的牵引构件在垂直度过大时需增设支承牵引构件装置，结构复杂，一般很少采用。

13.4　螺旋输送机

13.4.1　工作原理及结构

螺旋输送机是一种无挠性牵引构件的连续输送设备。它的总体构造如图 13-28 所示。其内部结构如图 13-29 所示，主要由螺旋轴、料槽和驱动装置组成。螺旋叶片固装在轴上，螺旋轴则纵向安装在料槽内。每节轴有一定长度，节与节之间连接处装有悬挂轴承。一般头节的螺旋轴与驱动装置连接，出料口设在头节的槽底，进料口设在尾节的盖上。物料由进料口装入，当电动机驱动螺旋轴转动时，物料在重力及其与槽壁间产生的摩擦力作用下，只能在叶片的推送下沿着输送机的槽底向前移动，这种情况就像无法旋转的螺母沿着螺杆做平移运动一样。物料的主要前进动力来自螺旋叶片在轴向旋转时将物料沿叶片切线方向向上和向前的作用力。

为了使螺旋轴处于较为有利的受拉状态，一般都将驱动装置和卸料口安放在输送机的同一端，而把进料口尽量放在另一端的尾部附近。

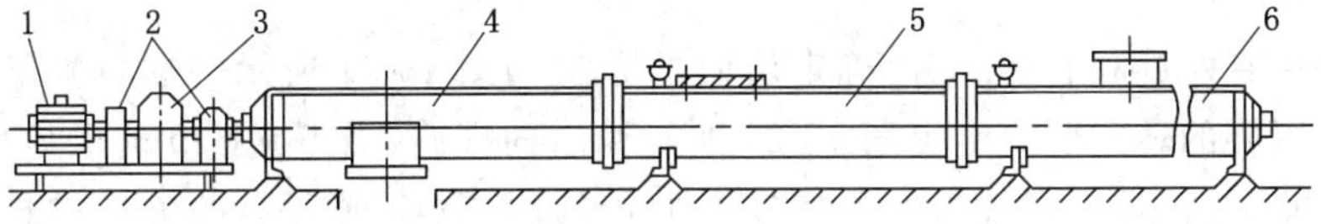

1—电动机；2—联轴器；3—减速器；4—头节；5—中间节；6—尾节。

图 13-28 螺旋输送机

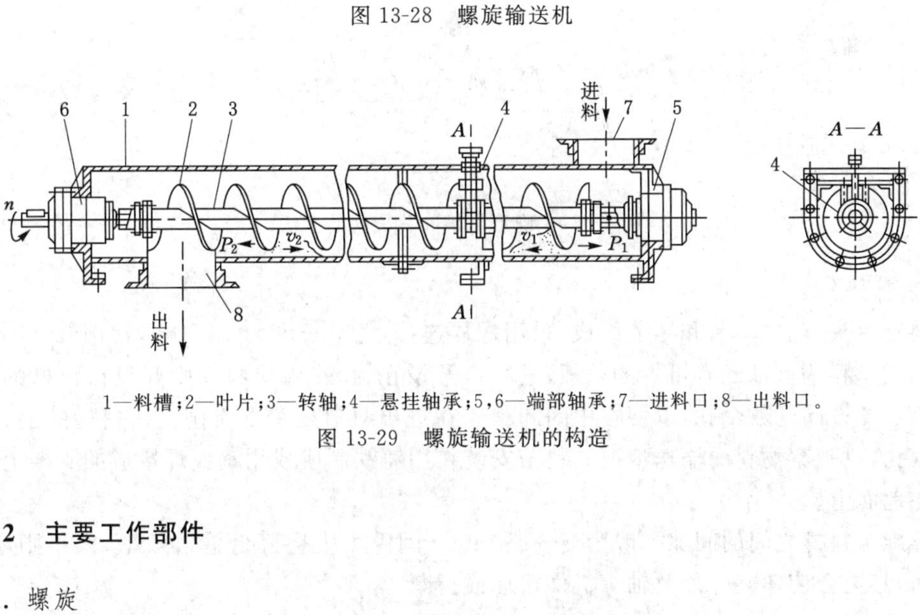

1—料槽；2—叶片；3—转轴；4—悬挂轴承；5，6—端部轴承；7—进料口；8—出料口。

图 13-29 螺旋输送机的构造

13.4.2 主要工作部件

1. 螺旋

螺旋是螺旋输送机的基本构件，由转轴和焊接在轴上的叶片组成。转轴有实心轴和空心管轴两种。在强度相同的情况下，管轴质量小，并且轴与轴间可以采用法兰连接，更加方便且节省材料，减少运输机质量，故普遍采用。管轴用厚的无缝钢管制造，轴径一般在 50～100 mm 之间，每根轴的长度一般在 3 m 以下，以便逐段安装。

叶片一般采用 3～8 mm 厚的钢板冲压制成，焊接在转轴上。对于输送磨蚀性大和黏性大的物料，叶片用扁钢轧成或用铸铁铸成。

根据被输送物料种类及性质的不同，螺旋叶片有各种形状(图 13-30)。当输送无随动性的干燥小颗粒物料或粉状物料时，宜采用全叶式螺旋[图 13-30(a)]；当输送块状或黏滞物料时，宜采用带式螺旋[图 13-30(b)]；当输送随动性和可压缩的物料时，宜采用桨式[图 13-30(c)]或型叶式[图 13-30(d)]螺旋。采用桨式或型叶式螺旋除了输送物料外，还兼有搅拌、混炼及松散物料等作用。

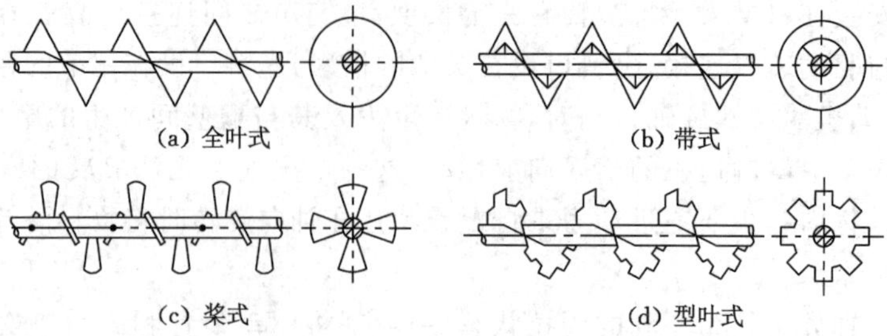

图 13-30　螺旋叶片的形式

螺旋叶片有左旋和右旋之分，确定旋向的方法如图 13-31 所示。物料被推送方向由叶片的方向和螺旋的转向所决定。图 13-29 所示为右向螺旋，当螺旋按 n 转向旋转时，物料沿 v_1 的方向被推送到卸料口处；当螺旋按反方向旋转时，物料则沿 v_2 的方向被推送。若采用左向螺旋，物料被推送的方向则相反。

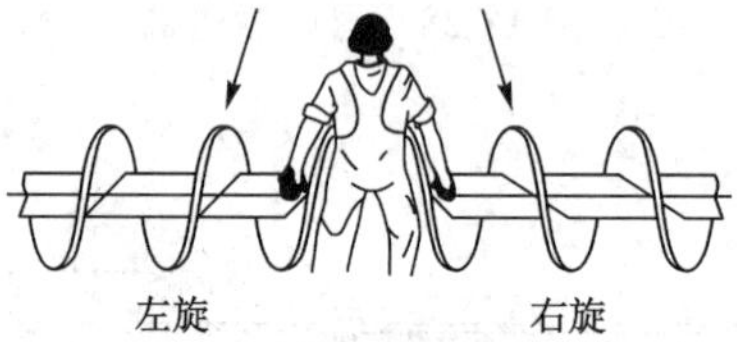

图 13-31　确定螺旋叶片旋向的方法

2. 料槽

料槽由头节、中间节和尾节组成，采用螺栓连接，每节长度为 1～3 m，常用 3～6 mm 的钢板制成。料槽上部配有可拆的盖板，进料口开设在盖板上，出料口则开设在料槽的底部，有时沿长度方向开数个孔，以便在中间卸料。在进出料口处均配有闸门。料槽的上盖还设有观察孔，以观察物料的输送情况。料槽安装在用铸铁制成或用钢板焊接成的支架上，然后紧固在地面上。

螺旋与料槽之间的间隙一般为 5～15 mm。间隙太大会降低输送效率，太小则增加运行阻力，甚至会使螺旋叶片及轴等机件扭坏或折断。

3. 轴承装置

螺旋通过头、尾端轴承和中间轴承安装在料槽上。螺旋轴的头、尾端分别由止推轴承和径向轴承支承。止推轴承一般采用圆锥滚子轴承(图 13-32)，用以承受螺旋轴输送物料时的轴向力；设于头节端可使螺旋轴仅受拉力，这种受力状态比较有利。头节装置螺旋轴通过联轴器与止推轴承连接，止推轴承安装在槽端板上，它又是螺旋轴的支承架。尾节装置与头节装置的主要区别在于尾节槽端板上安装双列向心球面轴承(图 13-33)或滑动轴承。轴承应有良好的防尘密封装置。

当螺旋输送机的长度超过 3～4 m 时，除在槽端设轴承外，还要安装中间轴承，以承受螺旋轴的一部分质量和运转时所产生的力。中间轴承悬置在上部横向板条上，板条则固定在料槽的凸缘或它的加固角钢上，因此称为悬挂轴承。悬挂轴承的结构形式很多，图 13-34 所示为 GX 型螺旋输送机的悬挂轴承。

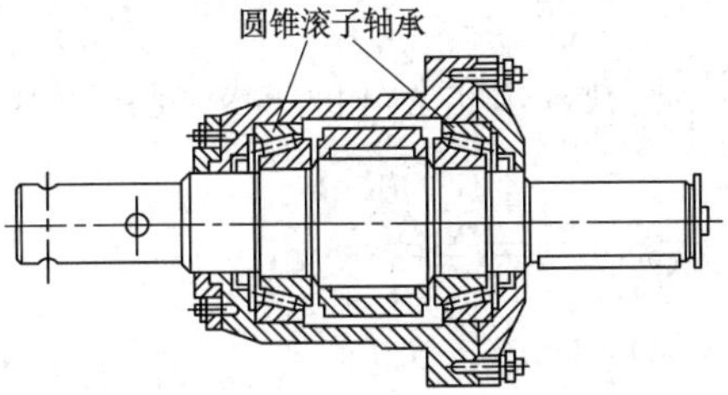

图 13-32 止推轴承装置

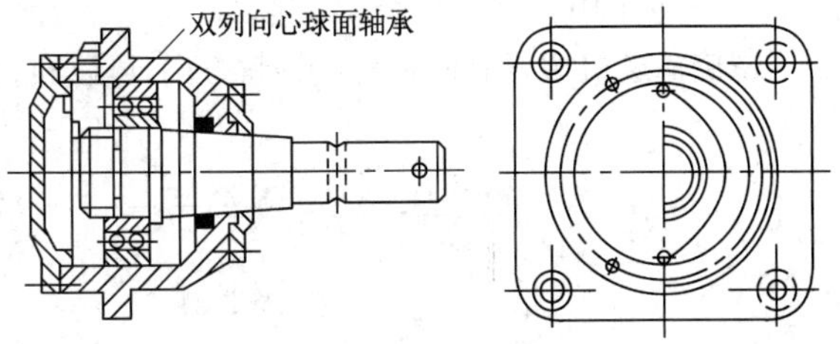

图 13-33 平轴承装置

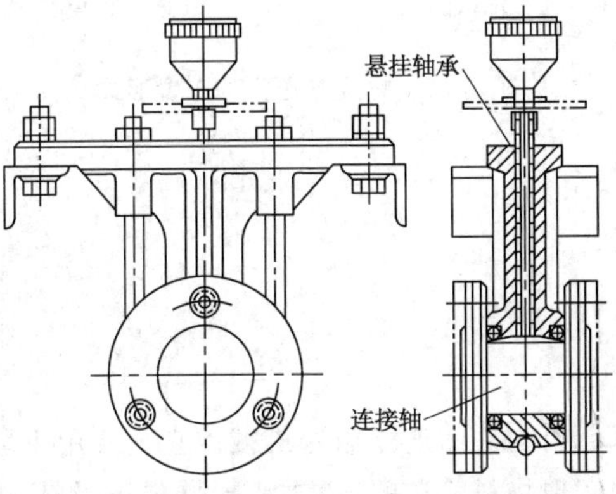

图 13-34 GX 型螺旋输送机的悬挂轴承

由于悬挂轴承处螺旋叶片的中断，容易导致物料堆积和阻力增大，因此悬挂轴承的尺寸应尽量紧凑，但不能安装得太密，一般每隔 2～3 m 安装一个悬挂轴承。悬挂轴承是易损件，为了防止物料进入轴承并减轻轴承磨损，悬挂轴承的轴衬通常采用铁或轴承合金材料等。轴承用铸铁铸造或钢板焊接，中部有加油孔。悬挂轴承采用钢板焊接，体积较小，便于制造。轴承上装有润滑和密封装置，轴承的润滑一般通过油杯挤入润滑脂，并在轴承内设有毡圈做密封。

4. 驱动装置

驱动装置由电动机及减速器、弹性联轴器和浮动联轴器组成。电动机和减速器之间用弹性联轴器连接，而减速器与螺旋轴之间常用浮动联轴器连接。在布置螺旋输送机时，最好将驱动装置及出料口同时装在头节，这样较为合理。

13.4.3 性能及应用

螺旋输送机的优点是：构造简单，结构紧凑，占地面积少；工作可靠，管理和操作比较简单；物料在封闭的壳体内输送，对环境污染较小。其缺点是：运行阻力大，动力消耗大，零件磨损快，易产生堵塞，维修工作量大。因此，螺旋输送机将逐步被其他输送机械设备代替。

螺旋输送机常用于水平或小于 20°倾斜方向输送粉粒状物料（如水泥生料、煤粉、灰渣、砂子等），不宜用于输送块状、粒状、磨蚀性大和易结块的物料。物料的温度要低于 200 ℃。由于功率消耗大，因此多用于中、小输送量（一般小于 100 m/h）及输送距离小（不大于 70 m）的场合。可以多点装料及多点卸料，也可用作加料机械，或在输送的同时完成搅拌、混合和冷却作用。

螺旋输送机主要有四种输送物料方向,可以布置成四种不同进出料部位的形式(图 13-35)。

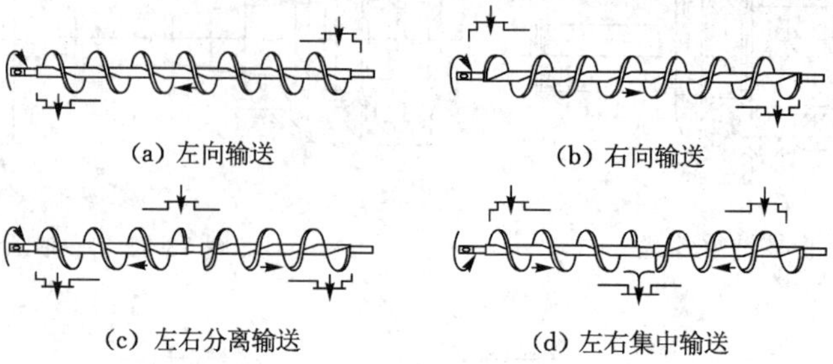

图 13-35　螺旋输送机的布置形式

13.5　振动输送机

13.5.1　工作原理

振动输送机是一种无牵引构件的连续输送机械。它主要用于散粒物料的输送。振动输送机是利用机械共振原理实现物料输送的,通过激振器强迫承载构件(槽体或管道)按一定方向做周期性的简谐振动或近似于简谐运动。承载体的运动轨迹可以呈圆形、椭圆形或往复直线形,但大多数输送机做定向的直线往复运动。在向前运动时,物料由足够的摩擦力带动而伴随料槽一起运动;当变为向后运动时,由于摩擦力变小,物料在惯性力作用下,在料槽中进行微小的滑动或跳动(图 13-36),以一定的节奏断续向前运送。

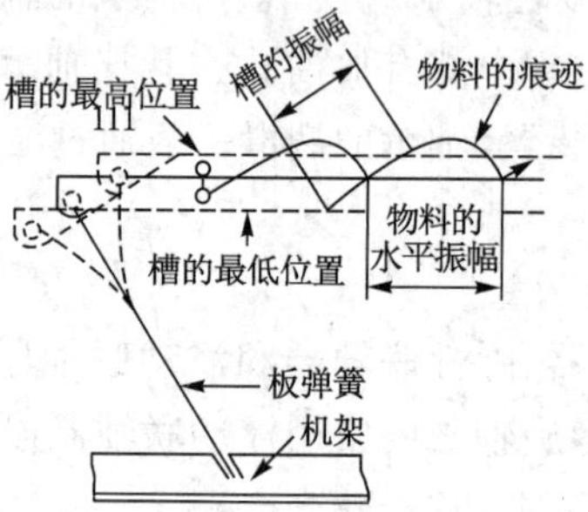

图 13-36　振动输送机的物料运动轨迹图

13.5.2　结构及分类

1. 结构

振动输送机主要由激振器、输送槽、平衡底架、主振弹簧、隔振弹簧、导向杆、进料装置和卸料装置组成(图 13-37)。

(1) 激振器

激振器用以产生周期性变化的激振力,是维持振动输送机往复运动的动力源,其激振力

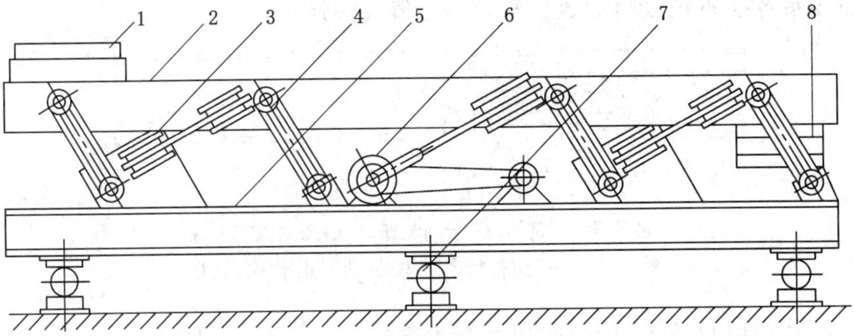

1—进料装置;2—槽体;3—主振弹簧;4—导向杆;5—平衡底架;6—驱动装置;7—隔振弹簧;8—卸料装置。

图 13-37 振动输送机的主要组成部分

的大小,直接影响输送槽的振幅。按照原理不同,激振器可分为机械式、电磁式、液压式和气压式。

(2) 输送槽(输料管、承载体、槽体)与平衡底架(底架)

它们是振动系统中的两个振动体,输送槽承载物料,做往复运动以输送物料,平衡底架用以平衡槽体的惯性力,减少基础所受动载荷等。

(3) 主振弹簧与隔振弹簧

主振弹簧和隔振弹簧是振动系统的弹性元件。弹性元件有时还包括传送激振力的连杆弹簧。主振弹簧(共振弹簧或蓄能弹簧)的作用是使振动输送机有适宜的近共振的工作点(即频率比),使系统振动的动能和位能互相转化;隔振弹簧的作用是支承振动机构,减小系统传给基础的动载荷等。

(4) 导向杆

导向杆的作用是使输送槽与平衡底架沿垂直于导向杆中心线做相对振动,并通过平衡底架支承槽体的重量。导向杆常通过橡胶铰链与槽体和底架相连。

(5) 进料装置和卸料装置

进料装置和卸料装置的作用是用来控制振动输送机的进料和出料,一般借助于软连接方式将其与设备固定部分相连接。

2. 分类

根据驱动方式不同,常用的振动输送机有偏心连杆式振动输送机、惯性力振动输送机和电磁振动输送机三种。其中,偏心连杆式振动输送机又可分为弹性连杆式和刚性连杆式。

(1) 弹性连杆式振动输送机

连杆驱动的振动输送机具有低频率、大振幅的特点。常用单振幅为 3~15 mm,频率为 400~1 200 r/min,机械指数为 2.5~6。大输送量和长距离输送的振动输送机,应优先考虑采用这种驱动形式。

由于弹性连杆传动机构受力小,所需启动力矩远较刚性连杆小得多,所以,弹性连杆驱动的振动输送机获得广泛应用。图 13-38 所示为单质体弹性连杆驱动式振动输送机。它由驱动装置、槽体、导向支杆、主振弹簧、底架等组成。槽体由倾斜放置的导向杆支承,导向杆的作用是限制槽体的运动方向。槽体下方装有主振弹簧,其作用是使振动系统处在近共振状态下工作,图中所示的弹簧为金属螺旋弹簧。

装于固定底架上的电动机通过三角胶带与偏心轴连接。

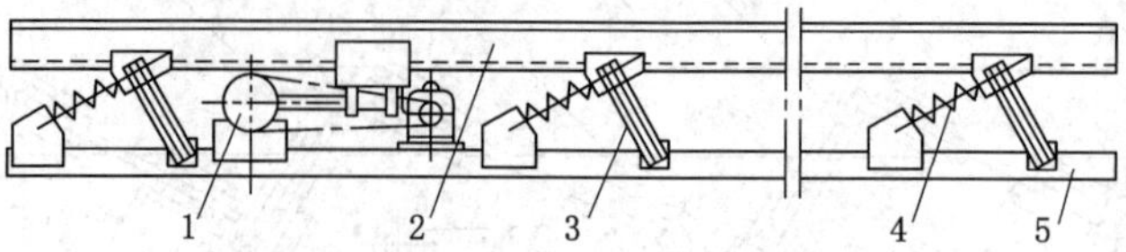

1—驱动装置；2—槽体；3—导向支杆；4—主振弹簧；5—底架。

图 13-38　单质体弹性连杆驱动式振动输送机

连杆一端装于偏心轴上，另一端通过动力弹簧与槽体相连(图 13-39)。连杆上的动力弹簧可采用螺旋弹簧或橡胶弹簧，它的作用是使输送机在接近共振状态时，振幅的大小不仅取决于偏心距，还有共振扩大的效应，从而使槽体的实际振幅可大于或小于偏心距。

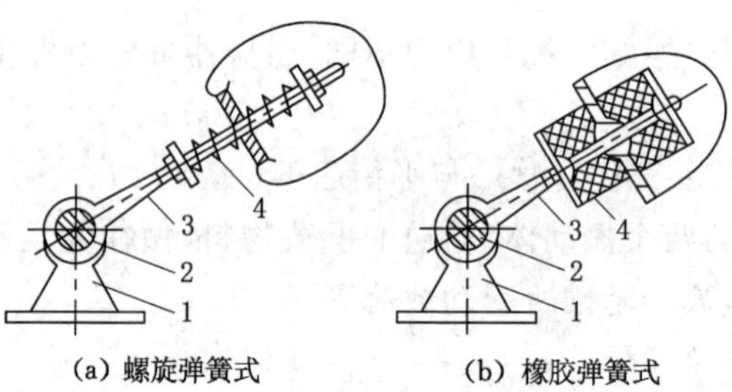

1—支承座；2—偏心轴；3—连杆；4—动力弹簧。

图 13-39　弹性连杆结构简图

当振动输送机启动后，偏心轴的连续回转使连杆端部做往复运动。连杆再通过其端部的弹簧使槽体沿导向杆所规定的运动方向做近似于直线的振动。槽体沿倾斜方向的振动促使其中的物料不断向前移动。

单质体振动输送机结构简单、制造容易，但是它工作时槽体产生的惯性力不能获得平衡，这会引起地基或建筑物的振动。因此，这种形式的振动机构一般应用于重量较小或频率较低的输送机中，而且在安装这种振动输送机时常常采用重量较大的基础。

为了减小传给地基的振动，可采用弹簧隔振双质体振动输送机，如图 13-40 所示。这种输送机与单质体输送机的区别是底架装于隔振弹簧上。因此，底架也将出现振动。为了减小底架振动时的振幅，进而减小由弹簧传给地基的动载荷，常常将底架的重量增加到槽体重量的 3～5 倍。这种输送机的传动装置、槽体、导向杆和主振弹簧与前一种单质体振动输送机没有本质的区别。

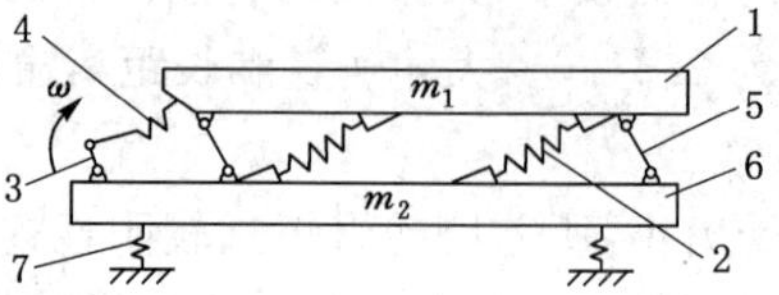

1—槽体；2—主振弹簧；3—偏心轴；4—弹性连杆；5—导向杆；6—底架；7—减振弹簧。

图 13-40　弹簧隔振双质体振动输送机

(2) 惯性力振动输送机

惯性力振动输送机采用惯性激振器或振动电机驱动，利用偏心块旋转时所产生的惯性力作为激振源。惯性激振器的结构简单，能产生较大的激振力而自身尺寸又很紧凑，所以应用广泛。其缺点是偏心块转轴和轴承受到较大的动力载荷，机件寿命较短。

其工作原理如图13-41所示，电动机驱动轴旋转，互相平行的两根轴分别固装有相同的一个或两个质量不均衡的飞轮，两轴用一对相同的圆柱齿轮连接，做等速反向回转。两轴的中心连线与支杆平行，这样可使不均衡质量引起的惯性离心力 $m\omega^2 r$ 沿支杆方向的两分力 $m\omega^2 r\sin\varphi$ 相互抵消，使支杆不受纵向载荷；而与支杆成法线方向的两惯性离心力分力 $m\omega^2 r\cos\varphi$ 叠加成为激振力，激振力的大小和正负是随飞轮的角位移 φ 变化的，从而产生沿直线方向变化的力，使料槽产生间歇振动。这种输送机的驱动装置结构简单紧凑，能产生较大的激振力，但是偏心块转轴和轴承受到较大的动力载荷，机件容易损坏。这种输送机一般采用中幅中频，输送距离和输送量都不大。

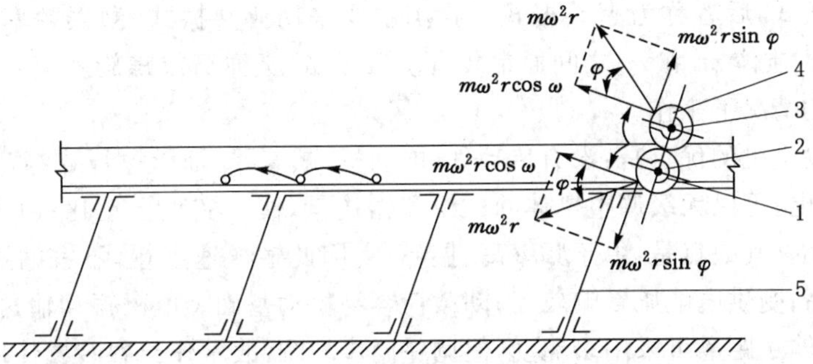

1，3—转轴；2，4—偏心轮；5—弹性支杆。

图13-41 惯性力振动输送机工作原理

(3) 电磁振动输送机

电磁振动输送机是利用电磁激振器所产生的电磁激振力使输料槽做受迫振动。如图13-42所示，它由槽体、支承弹簧和电磁激振器组成。电磁激振器如图13-43所示，它由铁芯、线圈、主振板弹簧及衔铁组成。电磁线圈通常采用半波整流后的电流，从而在铁芯(固定于质体 m_2 上)与衔铁(固定于槽体 m_1 上)之间产生周期变化的电磁吸力，形成一个双质体定向振动的弹性系统。

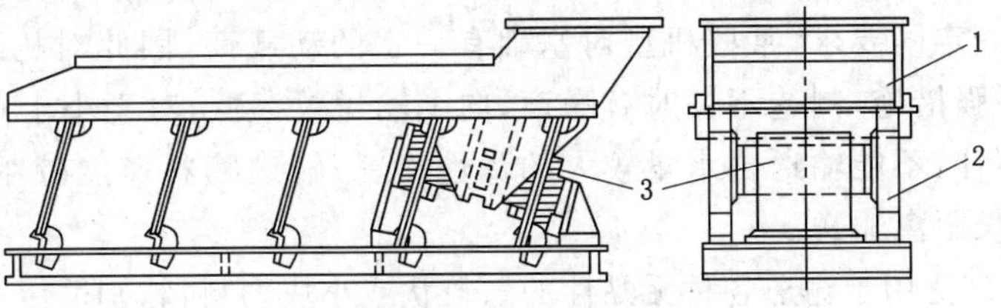

1—槽体；2—支承弹簧；3—电磁激振器。

图13-42 电磁振动输送机

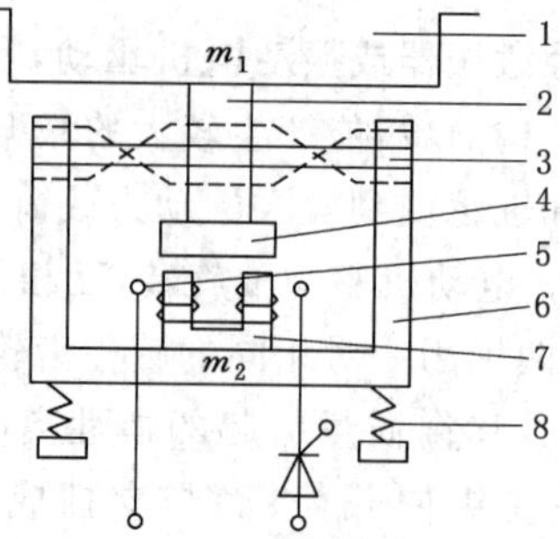

1—槽体;2—连接叉;3—板弹簧;4—衔铁;5—线圈;6—壳体;7—铁芯;8—减振器。

图 13-43　电磁激振器

目前,采用的振动输送机多为共振式,激振力的频率略低于或略高于系统的自振频率,前者称为亚共振式,后者称为超共振式。我国主要采用亚共振式,激振频率为自振频率的0.85～0.90倍。质体 m_1 和 m_2 之间通常装有主振弹簧(板弹簧或螺旋弹簧),以使振动系统处在接近共振的情况下工作。

电磁振动输送机的优点是:没有传动件(电动机、减速器、轴承等),结构简单,维修简便;驱动功率小,省电;可以无级调整槽体的振幅和输送量,便于实现自动化;由于振幅小,物料破碎和扬尘较小。其缺点是:由于频率高、振幅小,因此输送速度慢,不宜输送黏性物料;对槽体刚度要求高;受供电电压影响较大;动载荷容易松动基础。电磁振动输送机一般输送距离短,为了加长输送距离可采用多驱动,但调整同步较难,故常作给料装置使用。

13.5.3　性能及应用

振动输送机与其他机械输送设备比较,具有以下优点:结构简单,质量小,钢材用量少,造价较低;输送机润滑点少,便于安装和维护保养;由于物料做连续抛掷输送,料槽磨损小,适于输送磨蚀性物料;动力消耗小,设备运行费用低,做水平输送时,其金属消耗量及能耗均比螺旋输送机及刮板输送机少;由于承载物件大多用金属材料制成及润滑点远离物料,因此适于输送灼热物料;密封性能好,可以制成封闭的槽体,用以输送易扬尘、有毒、有腐蚀性或易爆等物料,防止环境污染,改善劳动条件;用途广,可用作输送、喂料或卸料作业,可实现多点喂料多点卸料,在输送物料的同时可以完成诸如筛分、脱水、加热、干燥、冷却(例如水泥厂使用的槽式振动冷却机)、混合等工艺过程。振动输送机的缺点是:安装调试有一定的要求,某些机型对基础有一定的动载荷,因此对机体的刚性及基础均须考虑相应加强措施;制造不良时有噪声;向上输送效率低,对于小于0.06 mm的细粉物料输送效果不佳,不能输送含水量较大的黏性物料;输送物料速度较小,输送能力受到一定限制,不宜长距离输送。

振动输送机广泛用于输送各种无黏性的散粒状或小块物料,特别适用于输送粉尘大、磨琢性大及灼热物料。在无机非金属材料工业中,广泛用于输送碎石、煤、焦炭、炉渣、砂及熟料等。

13.6　滚柱输送机

滚柱输送机是非挠性牵引构件输送机的一种，可以沿水平或倾斜方向输送成件物品，是生产流水线上常用的一种输送设备，主要由滚柱组、固定滚柱轴的支架和机架组成(图 13-44)。滚柱按等距离安装在机架上，利用滚柱组作为承载件，水平或倾斜输送成件物品。运送的物品需有刚性的支承面。对于软的或粒状物料，则需盛装在托盘或箱子内运送。

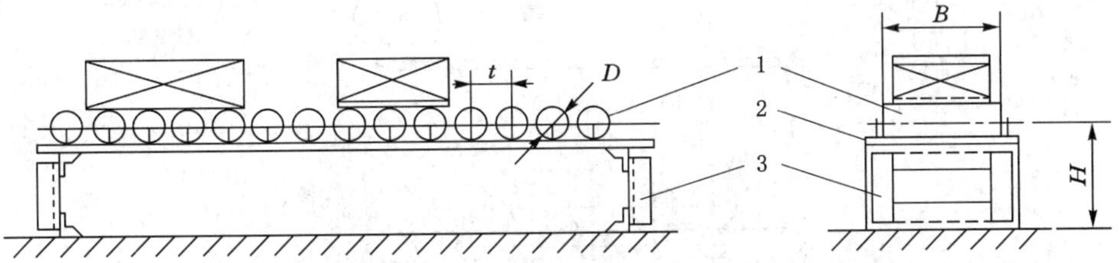

1—滚柱组；2—滚柱轴支架；3—机架。

图 13-44　滚柱输送机

滚柱是主要工作构件，由钢管制成，有时也采用塑料制造。滚柱形状有多种(图 13-45)。最常采用的是圆柱形结构，在被运物品的支承表面许可条件下，有时也采用圆盘形和双圆锥形结构。圆盘形滚柱质量小，便于构成岔道、转辙器及曲线区段。

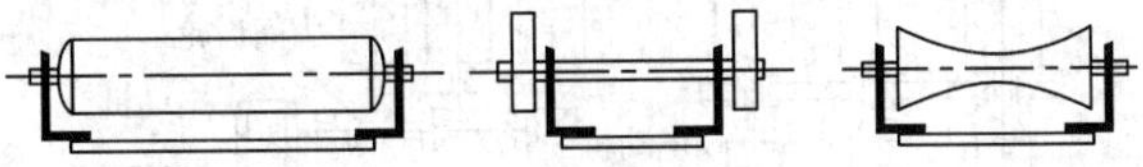

(a) 圆柱形　(b) 圆盘形　(c) 双圆锥形

图 13-45　滚柱形状

滚柱输送机按工作方式可分为无驱动的和有驱动的两种。无驱动的滚柱输送机为了实现水平或微斜向上输送，对于较轻的物品可用人力推移，而对于重的物品可用机械或气力推杆推移；为了实现微斜向下输送，输送机在 1.5%～3%倾斜度条件下，物品可直接借助于自身的重力沿斜坡自行移动。物品在输送过程中，摩擦力使滚柱旋转，因此物品都是沿滚柱滚动的。

有驱动的滚柱输送机的滚柱由电动机直接驱动或通过中间齿轮、链轮或胶带传动，依靠转动滚柱作用在物品上的摩擦力推动物品移动。所以，它不仅可以实现物品的水平输送，而且在一定条件下还可实现物品的微斜向上输送。驱动装置可以是牵引式的或是机械传动式的。牵引式驱动装置一般适用于轻型的工作条件，而对于繁重的工作条件，则可采用刚性的机械传动式驱动装置。

牵引式驱动装置如图 13-46 所示，其牵引构件可采用链条、胶带或绳索。机械传动式驱动装置有单独驱动和分组驱动两种(图 13-47)。单独驱动装置可使输送机的机械部分造价降低，易启动，工作可靠且便于装拆和维修。

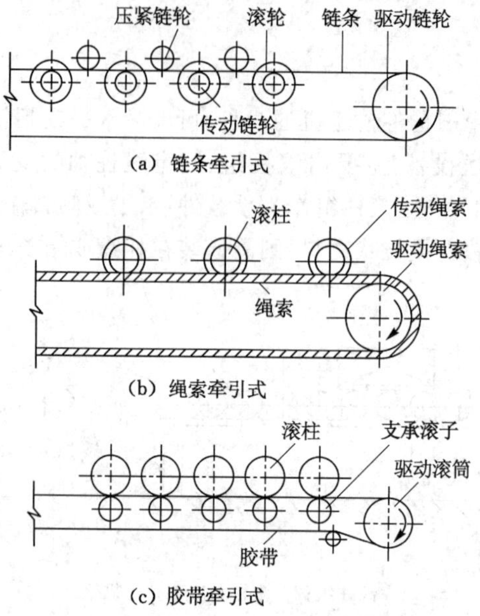

图 13-46　牵引式驱动装置

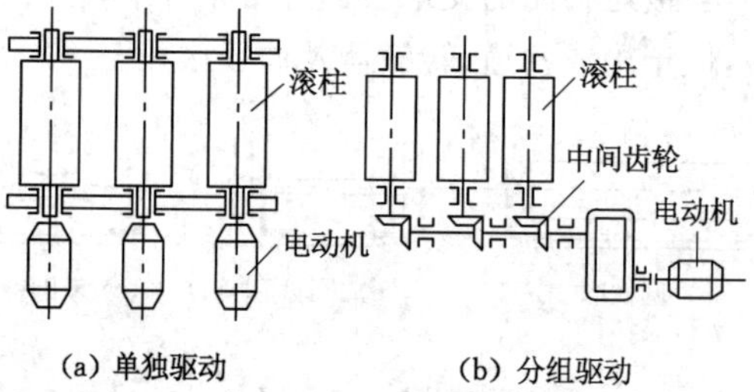

图 13-47　机械传动式驱动装置

按照输送方向及生产工艺要求，输送机可以布置成各种线路，如直线的、转弯的和具有各种过渡装置的交叉线路等，如图 13-48 所示。

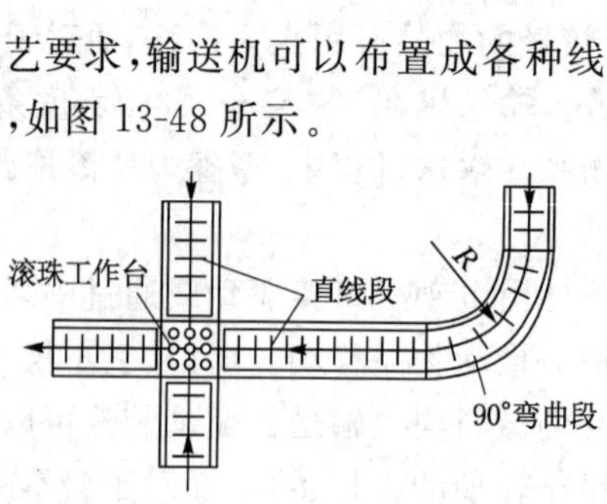

图 13-48　滚柱输送机线路布置

为了组成输送机的曲线区段，可把若干个滚柱按辐射状排列[图 13-49(a)]。为了把物品从一个输送线路转移到另一方向的线路上，可在输送机交叉处装设滚柱托盘结构[图 13-49(b)]。

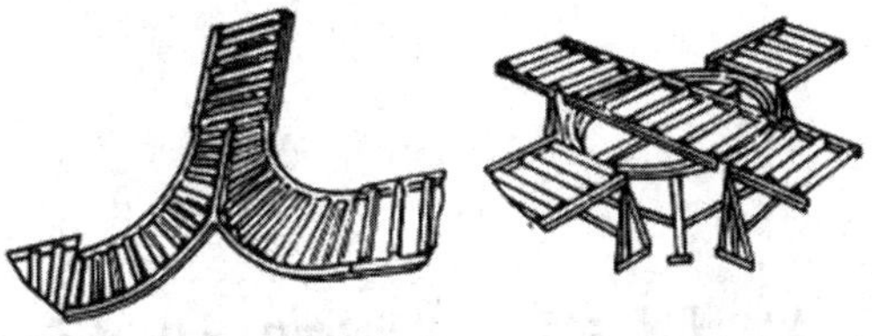

(a) 滚柱输送机的曲线区段　　(b) 滚柱托盘结构

图 13-49　滚柱输送机的曲线区段和滚柱托盘结构

表征滚柱输送机的基本参数有滚柱平台的宽度 B 和高度 h、滚柱直径 D、滚柱间的距离(滚柱的节距)t 及输送机的转弯半径 R。滚柱的直径及节距的选择取决于被运物品的质量及宽度尺寸。输送机的高度通常根据被运物品的高度,并考虑移动物品的方便条件来决定,其总高度一般不超过 1～1.2 m。

滚柱输送机结构简单,外形尺寸小,安装及使用方便,工作可靠,易于实现自动化和集中化控制。它用于无机非金属材料工厂的流水作业线,以及仓储与装卸运输场所,成为装卸运输机械化与自动化系统的一个重要组成部分。

练习题

1. 在无机材料生产中,输送机械都有哪些?
2. 在输送过程中,我们该如何选择合适的输送机?选择依据是什么?
3. 螺旋输送机的输送原理是什么?
4. 斗式提升机的结构和工作原理是什么?

输送机械测试题

第14章 装卸机械

◇ 本章教学要点

知识要点	能力培养
1. 了解装卸机械的分类及应用； 2. 掌握无机非金属材料工厂采用的装卸机械； 3. 熟悉装卸机械工作原理。	能够识别复杂工程问题中的各种制约条件。

装卸机械是指用于装车、卸车和搬运的机械。装卸机械种类繁多，无机非金属材料工厂用于装卸的机械有装载机、起重机和卸车机等。下面介绍无机非金属材料工厂一般采用的装卸机械。

14.1 斗式装载机

斗式装载机或称斗式铲车，是用一个装在专用底盘上或拖拉机底盘前端的铲斗铲装、运输和倾卸物料的装卸机械。如图 14-1 所示。其工作过程由铲装、转运、卸料和返回四个环节组成一个工作循环。装载机驶向料堆，放下动臂，铲斗插入料堆，操纵工作液压缸装满铲斗后倒车退出，举升动臂至运输高度，前进驶向卸料点卸料，随后倒车退出，动臂放至运输位置，准备进行下一作业循环。斗式装载机的铲斗和动臂还可以水平回转 90°或 360°，在半圆或全圆范围内卸料。

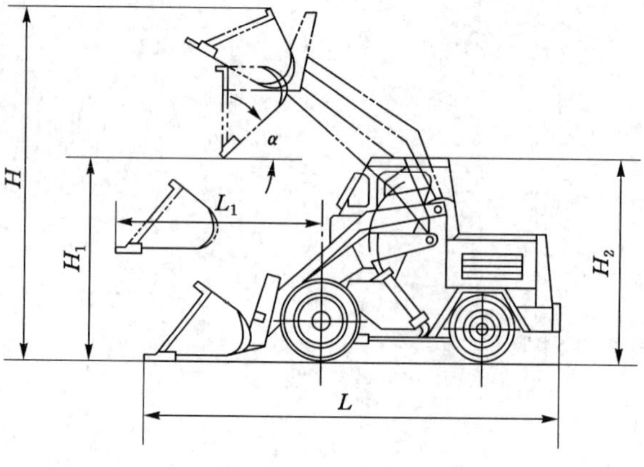

图 14-1　斗式装载机

斗式装载机有履带式和轮胎式两种类型。轮胎式装载机行走速度快，机动灵活，使用方便，应用较广；履带式装载机接地比压低，牵引力大，适用于不经常转移工地的松软地带，主要用于黏土质矿床或剥离的覆盖土的装车。

斗式装载机不需严格对车，便于在狭窄场地作业，备有货叉，可兼作叉车使用。它适用于露天堆场内短距离搬运散状物料，或用于向汽车装料。

14.2　叉式装卸车

叉式装卸车，简称叉车、铲车，又称万能装卸机，是装卸搬运机械中最常见的具有装卸、搬运双重功能的机械（图 14-2）。它以货叉作为主要的取货装置，依靠液压起升机构升降货物，由轮胎式行驶系统实现货物的水平搬运。叉车除了使用货叉以外，还可以更换各类装置以适应多种货物的装卸、搬运作业。

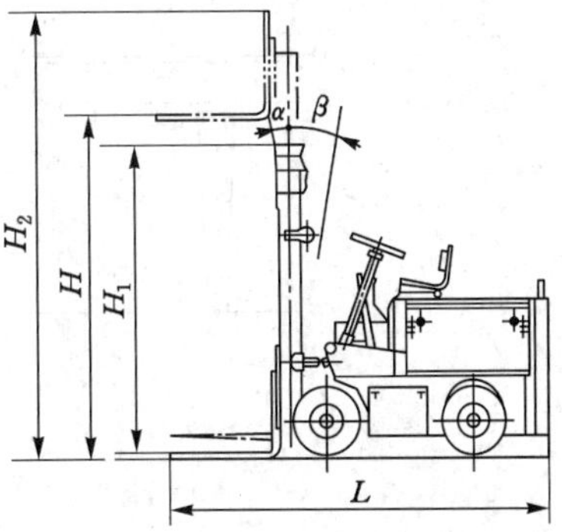

图 14-2　叉车装卸机

根据其动力装置的不同，叉车分为内燃叉车和电瓶叉车两种。内燃叉车以内燃机为动力，主要包括汽油机式叉车、柴油机式叉车和液化石油气叉车。其特点是机动性好、功率大、独立性强、应用范围广，通常用于重大吨位的作业。相对而言，电瓶叉车则以蓄电池为动力。与内燃叉车相比，电瓶叉车具有结构简单、操作简单、动作灵活、噪声低、燃费低、维修费少等优点。然而，它的动力持久性差，需要专门充电设备，行驶速度慢，并且对路面要求较高，应用受到限制，主要适合室内作业。

叉车装卸车不仅可作为成件货物的搬运、装卸工具，还能进行起重、堆垛及短途运输。此外，叉车装卸车可配以各种专用附属工具，以满足散状、盘状和条状等货物的装卸需求。这些专用附属工具包括铲斗、加长叉、横移叉、倾翻叉、悬臂吊、串杆、吊钩，推出器等（图 14-3）。

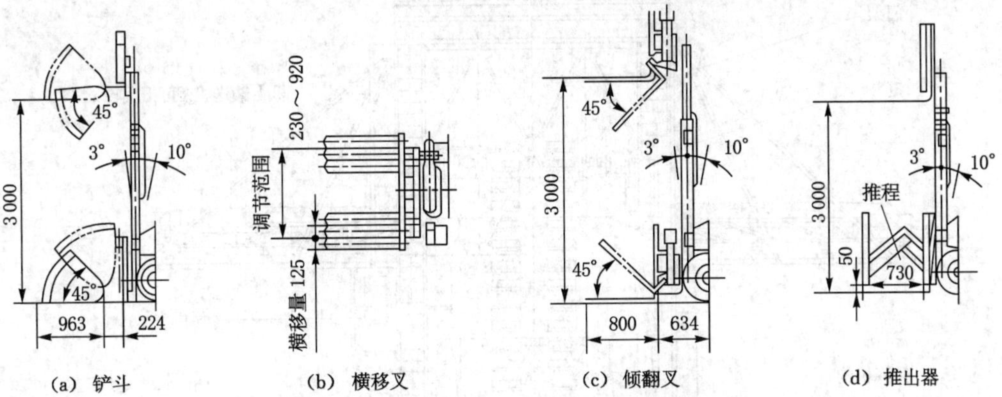

图 14-3　叉车专用附属工具

14.3 抓斗门式起重机

抓斗门式起重机如图14-4所示，它由龙门架及其运行机构、卷扬小车及抓斗等组成。与桥式起重机不同之处在于用龙门架代替桥架，因而它的运行轨道一般均可敷设于地面。抓斗门式起重机具有场地利用率高、作业范围大、适用面广、通用性强等特点，主要用于矿石、煤、炉渣等松散物的装车、卸车、轻堆、加料等作业。

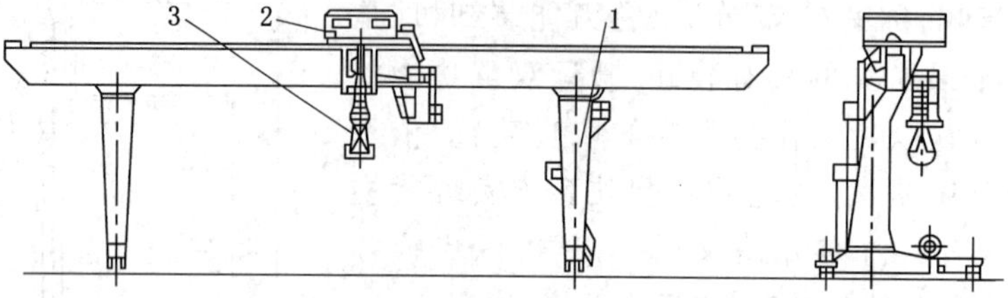

1—运行机构；2—卷扬小车；3—抓斗。

图14-4　抓斗门式起重机

14.4 卸车机

常用的卸车机有链斗式和螺旋式两种。

链斗卸车机是一种以链斗为取料和承载件，通过机上输送机输送并卸料的铁路敞车连续卸车机械。由于它在铁路敞车两侧的轨道上作业，因此也被称为“门式链斗卸车机”。其结构如图14-5所示，主要由链斗机构、升降机构、行走机构、机上输送机、门架机构、电气系统及操作室等组成。

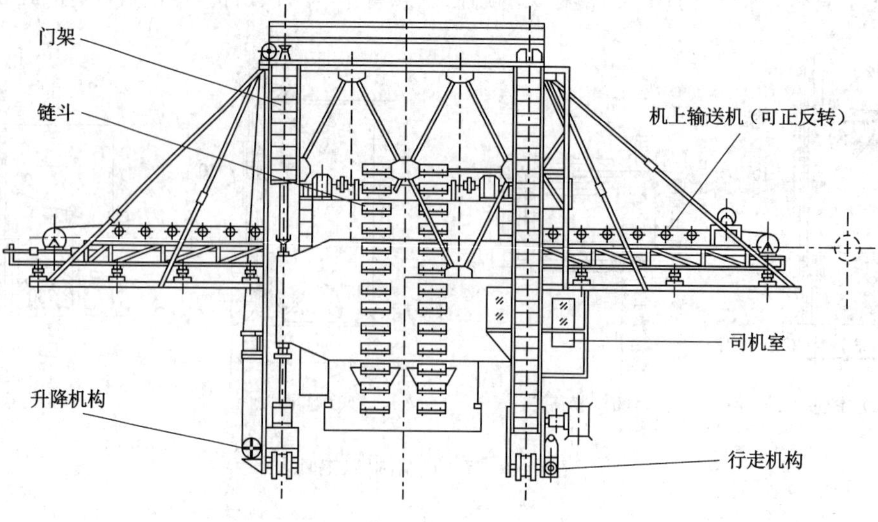

图14-5　链斗卸车机

链斗卸车机的工作原理是：链斗卸车机大车行走机构沿轨道行走至待卸车厢的一端，链斗升降机构将链斗下降到车厢内的物料面，链斗将物料挖取并提升到一定高度，链斗翻转并将物料卸入机上输送机，机上输送机将物料输送到车厢侧旁堆料。链斗和机上输送机可一起沿着机架上下升降，以适应卸货高度的变化。机上输送机不但可以正反方向运行，以便两侧堆料，而且可以沿水平方向左右移动，以扩大堆料范围。整个卸车机则可沿卸车线的轨道运行，因此具有很大的灵活性，广泛用于露天堆场卸煤、矿渣、铁粉及碎石等。这种卸车机不需要卸车坑，对一般敞车均可适应。

螺旋卸车机结构如图 14-6 所示，其工作机构是一台螺旋输送机，配有升降机构，整个门架可沿轨道运行。螺旋叶片由两段左、右螺旋叶片连接而成。当螺旋放入车厢料堆中，螺旋轴正向回转时，就可向两侧推料卸出车外；反之，则将物料集中到中部。

螺旋卸车机只适用于一般多门敞车，且需要有专用的卸车坑或卸车栈桥。因此，它不及链斗卸车机使用普遍，但链斗卸车机卸车时扬尘较大。两种卸车机卸车后均需人工清理车厢内的剩料。

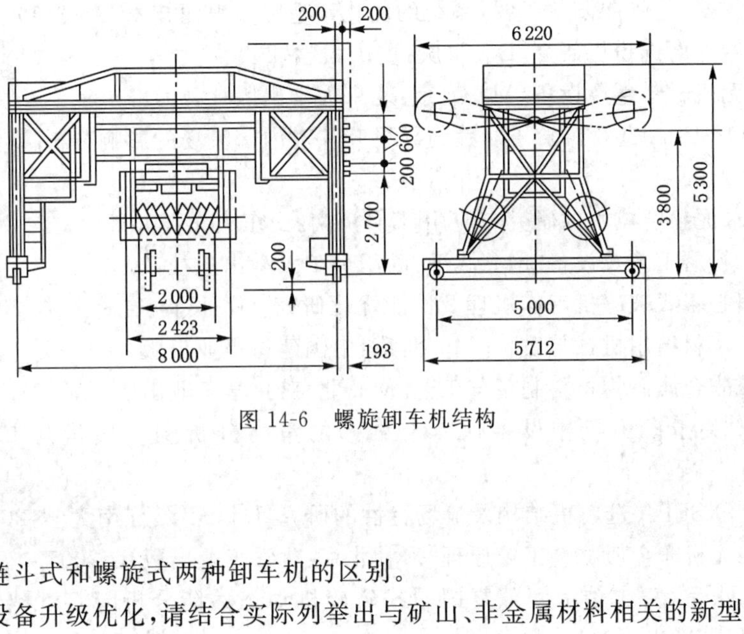

图 14-6　螺旋卸车机结构

练习题

1. 简述链斗式和螺旋式两种卸车机的区别。
2. 随着设备升级优化，请结合实际列举出与矿山、非金属材料相关的新型装卸机械。

参考文献

[1] 白礼懋.水泥厂工艺设计实用手册[M].北京:中国建筑工业出版社,1997.
[2] 蔡灏兢.电收尘器的烟尘预荷电离子输运特性实验研究[D].镇江:江苏大学,2007.
[3] 陈全德.新型干法水泥技术原理与应用[M].北京:中国建材工业出版社,2004.
[4] 陈绍龙,张朝发,李福州.水泥生产破碎与粉磨工艺技术及设备[M].北京:化学工业出版社,2007.
[5] 陈艺芳,谷德明,张向阳.球磨机系统的优化改造[J].水泥技术,2023(1):35-42.
[6] 陈远.大型立磨选粉机研究[D].重庆:重庆大学,2008.
[7] 单连伟.无机材料生产设备[M].北京:北京大学出版社,2013.
[8] 董汉政.O-SEPA 选粉机转子叶片与导风叶片对内部流场的影响分析[D].青岛:山东科技大学,2019.
[9] 范文礼.水泥粉磨技术的研究与应用[D].济南:山东大学,2008.
[10] 方景光.粉磨工艺及设备[M].武汉:武汉理工大学出版社,2002.
[11] 方毅.偏心辊式破碎机工作机理及性能优化研究[D].长春:吉林大学,2023.
[12] 房德鸿.建材通用机械与设备[M].北京:中国建材工业出版社,1995.
[13] 韩敏芳.非金属矿物材料制备与工艺[M].北京:化学工业出版社,2004.
[14] 华来健.关于矿山机械设备保养与维修的策略分析[J].质量与市场,2021(8):169-170.
[15] 黄亿辉.O-SEPA 选粉机结构及流场特性的研究[D].无锡:江南大学,2011.
[16] 姜建华.无机非金属材料工艺原理[M].北京:化学工业出版社,2005.
[17] 姜志宏,张呈堃.含轴承间隙复摆颚式破碎机动态性能分析[J].机械传动,2024,48(8):134-140.
[18] 李海涛.新型干法水泥生产技术与设备[M].北京:化学工业出版社,2006.
[19] 李世普.特种陶瓷工艺学[M].武汉:武汉工业大学出版社,1990.
[20] 栗思伟.锤式破碎机关键技术研究与应用[D].济南:济南大学,2021.
[21] 栗思伟,黄宇邦,乔阳,等.锤式破碎机的研究进展[J].工程机械,2020,51(11):67-70.
[22] 连学通.气力输送系统及其设备的研究[D].合肥:合肥工业大学,2009.
[23] 刘建寿,赵红霞.水泥生产粉碎过程设备[M].武汉:武汉理工大学出版社,2005.
[24] 刘维良.先进陶瓷工艺学[M].武汉:武汉理工大学出版社,2004.
[25] 刘晓存.无机非金属材料工厂工艺设计概论[M].北京:中国建材工业出版社,2008.
[26] 刘宇.球磨机介质运动的实验与仿真研究[D].武汉:武汉大学,2011.
[27] 吕瑞芳.辊压机工作装置的优化设计[D].洛阳:河南科技大学,2014.
[28] 芮君渭,彭宝利.水泥粉磨工艺及设备[M].北京:化学工业出版社,2006.

[29] 沈磊.煤矿皮带机机尾自清理螺旋输送机设计[D].淮南:安徽理工大学,2016.
[30] 唐国山,唐复磊.水泥厂电除尘器应用技术[M].北京:化学工业出版社,2005.
[31] 陶振东,郑少华.粉体设备与工程[M].3版.北京:化学工业出版社,2015.
[32] 涂亚东.螺旋输送机输送性能及螺旋体磨损研究[D].荆州:长江大学,2018.
[33] 汪建新,黄璇,杜志强.新型双腔颚式破碎机的原理及破碎力的计算[J].有色金属(选矿部分),2022(3):113-117.
[34] 王迪.普通球磨机工作参数对被研磨物料细度的影响[D].济南:济南大学,2021.
[35] 王法艇.中材重器系列之一:立磨篇 四十余载 稳当行业"排头兵"[J].中国水泥,2023,248(1):28-31.
[36] 王利辉,张路明,高勋.立磨系统选粉优化研究[J].矿山机械,2023,51(1):36-39.
[37] 王树海,李安明,乐红志,等.先进陶瓷的现代制备技术[M].北京:化学工业出版社,2007.
[38] 王双志,张伯超,康春生.影响生料立磨选粉机选粉效率的因素分析[J].水泥,2022,550(12):49-51.
[39] 王文博.球磨机筒体仿真与磨矿参数优化[D].长春:吉林大学,2017.
[40] 王志发.无机材料机械基础[M].北京:化学工业出版社,2006.
[41] 王仲春,曾荣.水泥粉磨工艺技术及进展[M].北京:中国建材工业出版社,2008.
[42] 严生,常捷,程麟.新型干法水泥厂工艺设计手册[M].北京:中国建材工业出版社,2007.
[43] 姚夏莉.矿石码头装卸工艺系统设备配置仿真优化[D].大连:大连理工大学,2007.
[44] 殷登皋.硅酸盐工业生产过程检测技术[M].武汉:武汉工业大学出版社,1999.
[45] 于浩凯.大型矿用球磨机的参数优化研究[D].洛阳:河南科技大学,2020.
[46] 于润如,严生.水泥厂工艺设计[M].北京:中国建材工业出版社,1995.
[47] 曾昌伍.新型干法水泥熟料生产线窑尾电、袋收尘器技术经济研究:以5 000 t/d新型干法水泥熟料生产线为例[D].合肥:合肥工业大学,2007.
[48] 张长森.粉体技术及设备[M].上海:华东理工大学出版社,2007.
[49] 张殿印,刘瑾.除尘设备手册[M].2版.北京:化学工业出版社,2019.
[50] 张继民,唐锋.卧式辊磨机的应用[J].水泥技术,2008(3):40.
[51] 张庆今.无机非金属材料工业机械与设备[M].广州:华南理工大学出版社,2011.
[52] 张少明,翟旭东,刘亚云.粉体工程[M].北京:中国建材工业出版社,1994.
[53] 张祥珍.建材机械与设备:上册[M].武汉:武汉工业大学出版社,1990.
[54] 郑水林.超细粉碎原理、工艺设备及应用[M].北京:中国建材工业出版社,1993.
[55] 周凯华.立式辊磨机结构设计及关键部件有限元分析[D].武汉:武汉理工大学,2013.
[56] 朱雯川.斗式提升机轻量化设计及启动特性研究[D].徐州:中国矿业大学,2022.